北大青鸟文教集团研究院 出品

新技术技能人才培养系列教程
人工智能开发工程师系列

机器学习基础

Foundations of Machine Learning

肖睿 段小手 刘世军 万文兵 王刚 赵璐华 / 编著

人 民 邮 电 出 版 社
北 京

图书在版编目（CIP）数据

机器学习基础 / 肖睿等编著. -- 北京 : 人民邮电出版社, 2021.7
ISBN 978-7-115-56281-4

Ⅰ. ①机… Ⅱ. ①肖… Ⅲ. ①机器学习－教材 Ⅳ. ①TP181

中国版本图书馆CIP数据核字(2021)第056823号

内容提要

近年来人工智能技术蓬勃发展，人工智能正在改变我们的生活。为了让读者在不需要掌握太多数学和计算机科学知识的情况下，能够快速上手，使用 Python 语言实现常用的机器学习算法，并解决一些实际的问题，我们策划并出版本书。

本书共 14 章，内容涵盖基本的机器学习概念和环境搭建，目前各个领域中的热门算法，以及数据预处理、模型评估和文本数据分析等。希望本书可以让读者轻松入门，在动手实践的过程中找到乐趣。

本书可以作为各高校人工智能相关专业的教材，也可以作为培训机构的教材，还适合人工智能技术爱好者自学使用。

◆ 编　　著　肖　睿　段小手　刘世军　万文兵　王　刚　赵璐华
责任编辑　祝智敏
责任印制　王　郁　马振武
◆ 人民邮电出版社出版发行　　北京市丰台区成寿寺路 11 号
邮编　100164　　电子邮件　315@ptpress.com.cn
网址　https://www.ptpress.com.cn
三河市君旺印务有限公司印刷
◆ 开本：787×1092　1/16
印张：16.25　　2021 年 7 月第 1 版
字数：323 千字　　2025 年 1 月河北第 8 次印刷

定价：59.80 元

读者服务热线：(010)81055256　印装质量热线：(010)81055316
反盗版热线：(010)81055315
广告经营许可证：京东市监广登字 20170147 号

人工智能开发工程师系列

编　委　会

序

工具和火的使用让人类成为高级生物，语言和文字为人类形成社会组织和社会文化提供了支撑。之后，人类历经农业革命、工业革命、能源革命、信息革命，终于走到今天的“智能革命”。薛定谔认为熵减是生命的本质，而第二热力学定律认为熵增是时间的本质。宇宙中生命的意义之一就是和时间对抗，而对抗的工具就是智能，智能的基础就是信息和信息熵。

人类智能可以分为：生物脑智能、工具自动化智能、人工智能等。其中人工智能主要是指机器智能，它又可以分为强人工智能和弱人工智能。强人工智能是制造有意识和生物功能的机器，如制造一个不但飞得快，还有意识、会扇动翅膀的鸟。弱人工智能则是不模仿手段，直接实现目标功能的机器，如制造只会飞的飞机。强人工智能现在还没有完全成为一门理性的学科，在心理学、神经科学等领域有很多问题需要解决，还有很长的路要走。弱人工智能是目前智能革命的主角，主要有基于知识工程和符号学习的传统人工智能，以及基于数据和统计学习的现代人工智能（包括机器学习和深度学习技术）。现代人工智能的本质是一种数据智能，主要适用于分析和预测，也是本序中讨论的主要的人工智能形式。其中，分析假设研究对象在问题领域的数据足够丰富；预测假设研究对象在时间变化中存在内在规律，过去的数据和未来的数据是同构的。分析和预测的基础是数学建模。根据以上对人工智能的分类和梳理，我们很容易就能判断当前的人工智能能做什么、不能做什么，既不会忽视人工智能的技术“威力”，也不会盲目神化人工智能。

很多人会把人工智能技术归属为计算机技术，但我认为计算机技术仅仅是人工智能的工具，而人工智能技术的核心在于问题的抽象和数据建模。如果把人工智能技术类比为天文学，计算机技术就可以类比为望远镜，二者有着密切的关系，但并不完全相同。至于其他计算机应用技术，如手机应用、网络游戏、计算机动画等技术，则可以类比为望远镜在军事、航海等领域的应用。如果将传统的计算机应用技术称为软件1.0，人工智能技术则可以称为软件2.0。软件1.0的核心是代码，解决的是确定性问题，对于问题解决方案的机制和原理是可以解释的、可以重复的；软件2.0的核心是数据，解决的是非确定性问题，对于问题解决方案的机制和原理缺乏可解释性和可重复性。用通俗的话来讲，软件1.0要求人们首先给出问题解决方案，然后用代码的方式告诉计算机如何去按照方案和步骤解决问题；软件2.0则只给出该问题的相关数据，然后让计算机自己学习这些数据，最后找出问题的解决方案，这个方案可以解决问题，但可能和我们自己的解决方案不同，我们也可能看不懂软件2.0的解决方案的原理，即“知其然不知其所以然”。但软件2.0非常适合解决人类感知类的问题，例如，计算机视觉、语音处理、机器翻译等。这类问题对于我们来说可以轻松解决，但是我们可能也说不清是怎么解决的，所以无法给出明确的解决方案和解决步骤，从而无法用软件 1.0 的方式让计算机解决这些问题。

如今，基于数据智能的人工智能技术正在变成一种通用技术，一种“看不见”但被广泛使用的技术。这类似于计算机对各个行业的影响，类似于互联网对各个行业的影响。近期，工业互联网以及更广泛的产业互联网，将成为人工智能、大数据、物联网、5G 等技术最大的应用场景。

人工智能技术在产业中有 5 个重要的工作环节：一是算法和模型研究，二是问题抽象和场景分析，三是模型训练和算力支持，四是数据采集和处理，五是应用场景的软硬件工程。其中前 4 个工作环节属于人工智能的研究和开发领域，第 5 个属于人工智能的应用领域。

（1）算法和模型研究。数据智能的本质是从过去的数据中发现固定的模式，假设数据是独立同分布的，其核心工作就是用一个数学模型来模拟现实世界中的事物。而如何选择合适的模型框架，并计算出模型参数，让模型尽可能地、稳定地逼近现实世界，就是算法和模型研究的核心。在实践中，机器学习一般采用数学公式来表示一种映射，深度学习则通过深度神经网络来表示一种映射，后者在对数学函数的表达能力上往往优于前者。

（2）问题抽象和场景分析。在人工智能的“眼”中，世界是数字化的、模型化的、抽象的。如何把现实世界中的问题找出来，并描述成抽象的数学问题，是人工智能技术应用的第一步。这需要结合深度的业务理解和场景分析才能够完成。例如，如何表示一幅图、一段语音，如何对用户行为进行采样，如何设置数据锚点，都非常需要问题抽象和场景分析能力，是与应用领域高度相关的。

（3）模型训练和算力支持。在数据智能尤其是深度学习技术中，深度神经网络的参数动辄数以亿计，使用的训练数据集也是海量的大数据，最终的网络参数通常使用梯度优化的数值计算方法计算，这对计算能力的要求非常高。在用于神经网络训练的计算机计算模型成熟之前，工程实践中一般使用的都是传统的冯•诺依曼计算模型的计算机，只是在计算机体系设计（包括并行计算和局部构件优化）、专用的计算芯片（如 GPU）、计算成本规划（如计算机、云计算平台）上进行不断的优化和增强。对于以上这些技术和工程进展的应用，是模型训练过程中需要解决的算力支持问题。

（4）数据采集和处理。在数据智能尤其是深度学习技术中，数据种类繁多，数据数量十分庞大。如何以低成本获取海量的数据样本并进行标注，往往是一种算法是否有可能成功、一种模型能否被训练出来的关键。因此，针对海量数据，如何采集、清洗、存储、交易、融合、分析变得至关重要，但往往也耗资巨大。这有时成为人工智能研究和应用组织之间的竞争壁垒，甚至出现了专门的数据采集和处理行业。

（5）应用场景的软硬件工程。训练出来的模型在具体场景中如何应用，涉及大量的软件工程、硬件工程、产品设计工作。在这个工作环节中，工程设计人员主要负责把已经训练好的数据智能模型应用到具体的产品和服务中，重点考虑设计和制造的成本、质量、用户体验。例如，在一个客户服务系统中如何应用对话机器人模型来完成机器人客服功能，在银行或社区的身份验证系统中如何应用面部识别模型来完成人脸识别工作，在随身翻译器中如何应用语音识别模型来完成语音自动翻译工作等。这类工作的重点并不在人工智能技术本身，而在如何围绕人工智能模型进行简单优化和微调之后，通过软件工程、硬件工程、产品设计工作来完成具体的智能产品或提供具体的智能服务。

在就业方面，产业内的人工智能人才可以分为5类，分别是研究人才、开发人才、工程人才、数据人才、应用人才。对于这5类人工智能人才，工作环节都有不同的侧重比例和要求。

（1）研究人才岗位，对于学历、数学基础都有非常高的要求；研究人才主要工作于学校或企业研究机构，其在人工智能技术的5个环节的工作量分配一般是20%、20%、30%、30%、0%。

（2）开发人才岗位，对于学历、数学基础都有要求；开发人才主要工作于企业人工智能技术提供机构的产品和服务部门，其在人工智能技术的5个环节的工作量分配一般是10%、20%、30%、30%、10%。

（3）工程人才，对从业者的学历有要求，对其数学基础要求不高，主要工作于人工智能技术提供机构的产品和服务部门，其在人工智能技术的5个环节的工作量分配一般是0%、20%、20%、30%、30%。

（4）数据人才，对从业者的学历、数学基础没有特殊要求，主要工作于人工智能技术提供机构、应用机构的数据和服务部门，其在人工智能技术的5个环节的工作量分配一般是0%、10%、10%、70%、10%。

（5）应用人才，对从业者的学历、数学基础没有特殊要求，主要工作于人工智能技术应用机构的产品和服务部门，大部分来自传统的计算机应用行业，其在人工智能技术的5个环节的工作量分配一般是0%、10%、10%、10%、70%。

课工场和人民邮电出版社联合出版的这一系列人工智能教材，目的是针对性地培养人工智能领域的研究人才、开发人才和工程人才，是经过5年的技术跟踪、岗位能力分析、教学实践经验总结而成的。对于人工智能领域的开发人才和工程人才，其技能体系主要包括5个方面。

（1）数据处理能力。数据处理能力包括对数据的敏感，对大数据的采集、整理、存储、分析和处理技巧，用数学方法和工具从数据中获取信息的能力。这一点，对于人工智能研究人才和开发人才，尤其重要。

（2）业务理解能力。业务理解能力包括对领域问题和应用场景的理解、抽象、数字化能力。其核心是如何把具体的业务问题，转换成可以用数据描述的模型问题或数学问题。

（3）工具和平台的应用能力。即如何利用现有的人工智能技术、工具、平台进行数据处理和模型训练，其核心是了解各种技术、工具和平台的适用范围和能力边界，如能做什么、不能做什么，假设是什么、原理是什么。

（4）技术更新能力。人工智能技术尤其是深度学习技术仍旧处于日新月异的发展时期，新技术、新工具、新平台层出不穷。作为人工智能研究人才、开发人才和工程人才，阅读最新的人工智能领域论文，跟踪最新的工具和代码，跟踪人工智能平台和生态发展，也是非常重要的。

（5）实践能力。在人工智能领域，实践技巧和经验，甚至“数据直觉”，往往是人工智能技术得以落地应用、给企业和组织带来价值的关键因素。在实践中，不仅要深入理解各种机器学习和深度学习技术的原理和应用方法，更要熟悉各种工具、平台、软件包的性能和缺陷，对于各种算法的适用范围和优缺点要有丰富的经验积累和把握。同时，还要对人工智能技术实践中的场景、算力、数据、平台工具有全面的认识和平衡能力。

课工场和人民邮电出版社联合出版的本系列人工智能教材和参考书，针对我国的人工智能领域的研究人才、开发人才和工程人才，在学习内容的选择、学习路径的设计、学习方法和项目支持方面，充分体现了以岗位能力分析为基础，以核心技能筛选和项目案例融合为核心，以螺旋渐进的学习模式和完善齐备的教学资料为特色的技术教材的要求。概括来说，本系列教材主要包含以下 3 个特色，可满足大专院校人工智能相关专业的教学和人才培养需求。

（1）实操性强。本系列的教材在理论和数学基础的讲解之上，非常注重技术在实践中的应用方法和应用范围的讨论，并尽可能地使用实战案例来展示理论、技术、工具的操作过程和使用效果，让读者在学习的过程中，一直沉浸在解决实际问题的对应岗位职业状态中，从而更好地理解理论和技术原理的适用范围，更熟练地掌握工具的实用技巧和了解相关性能指标，更从容地面对实际问题并找出解决方案，完成相应的人工智能技术岗位任务和考核指标。

（2）面向岗位。本系列的教材设计具备系统性、实用性和一定的前瞻性，使用了因受软件项目开发流程启发而形成的“逆向课程设计方法”，把课程当作软件产品，把教材研发当作软件研发。作者从岗位需求分析和用户能力分析、技能点设计和评测标准设计、课程体系总体架构设计、课程体系核心模块拆解、项目管理和质量控制、应用测试和迭代、产品部署和师资认证、用户反馈和迭代这 8 个环节，保证研发的教材符合岗位应用的需求，保证学习服务支持学习效果，而不仅仅是符合学科完备或学术研究的需求。

（3）适合学习。本系列的教材设计追求提高学生学习效率，对于教材来说，内容不应过分追求全面和深入，更应追求针对性和适应性；不应过分追求逻辑性，更应追求学习路径的设计和认知规律的应用。此外，教材还应更加强调教学场景的支持和学习服务的效果。

本系列教材是经过实际的教学检验的，可让教师和学生在使用过程中有更好的保障，少走弯路。本系列教材是面向具体岗位用人需求的，从而在技能和知识体系上是系统、完备的，非常便于大专院校的专业建设者参考和引用。因为人工智能技术的快速发展，尤其是深度学习和大数据技术的持续迭代，也会让部分教材内容，特别是使用的平台工具有落后的风险。所幸本系列教材的出版方也考虑到了这一点，会在教学支持平台上进行及时的内容更新，并在合适的时机进行教材本身的更新。

本系列教材的主题是以数据智能为核心的人工智能，既不包含传统的逻辑推理和知识工程，也不包含以应用为核心的智能设备和机器人工程。在数据智能领域，核心是基于统计学习方法的机器学习技术和基于人工神经网络的深度学习技术。在行业实践应用中，二者都是人工智能的核心技术，只是机器学习技术更加成熟，对数学基础知识的要求会更高一些；深度学习的发展速度比较快，在语音、图像、文字等感知领域的应用效果惊人，对数据和算力的要求比较高。在理论难度上，深度学习比机器学习简单；在应用和精通的难度上，机器学习比深度学习简单。

需要注意的是，人们往往认为人工智能对数学基础要求很高，而实际情况是：只有少数的研究和开发岗位会有一些高等数学方面的要求，但也仅限于线性代数、概率论、统计学习方法、凸函数、数值计算方法、微积分的一部分，并非全部数学领域。对于绝大多数的工程、应用和数据岗位，只需要具备简单的数学基础知识就可以胜任，数学并非核心能力要求，也不是学习上的“拦路虎”。因此，在少数学校的以人工智能研究人才为培养目标的人工智能专业教学中，会包含大量的数学理论和方法的内容，而在绝大多数以人工智能开发、工程、应用、数据人才培养的院校和专业教学中，并不需要包含大量的数学理论和方法的内容，这也是本系列教材在专业教学上的定位。

人工智能是人类在新时代最有潜力和生命力的技术之一，是国家和社会普遍支持和重点发展的产业，是人才积累少而人才需求大、职业发展和就业前景非常好的一个技术领域。可以与人工智能技术崛起媲美的可能只有40年前的计算机行业的崛起，以及20年前的互联网行业的崛起。我真心祝愿各位读者能够在本系列教材的帮助下，抓住技术升级的机遇，进入人工智能技术领域，成为职业赢家。

北大青鸟研究院院长 肖睿

于北大燕北园

前　言

欢迎各位读者选用本书。相信您在翻开本书的时候，已经了解近年来人工智能、机器学习等技术正在蓬勃发展，这些技术正在改变我们的生活。也许您也想投身到这场技术“浪潮”中，但又觉得学习曲线过于陡峭，不知从何入手。

正是为了让读者能够在不需要掌握太多数学和计算机科学知识的情况下，使用 Python 语言实现常用的算法，并解决一些实际问题，我们编写了本书。本书内容涵盖基本的机器学习概念和环境搭建，目前各个领域中的热门算法，以及数据预处理、模型评估和文本数据分析等。希望本书可以让读者轻松入门，在动手实践的过程中找到学习的乐趣。

本书各章的主要内容

第 1 章　机器学习概述：主要介绍机器学习的一些基本概念，包括机器学习的定义、起源与发展，机器学习的一些应用场景和该领域的学习路径，以及相关知识。希望读者学完本章后能了解什么是机器学习、该技术在日常生活和不同行业中有哪些应用、如何入门该领域，以及“监督学习”和“无监督学习”、“分类”和“回归”、“过拟合”和“欠拟合”等相关的基础知识。

第 2 章　机器学习工具的安装与使用：主要介绍机器学习领域常用的工具，包括 Anaconda、Jupyter Notebook、pandas、seaborn 和 scikit-learn 等。希望读者学完本章后，可以掌握 Anaconda 的安装和使用方法、Jupyter Notebook 的一些基本操作、pandas 的数据读取和统计方法、使用 seaborn 进行简单的数据可视化，以及如何使用 scikit-learn 训练并保存模型等知识。

第 3 章　线性模型：主要介绍几种常见的线性模型，包括线性回归、岭回归、套索回归、逻辑回归和线性支持向量机。希望读者学完本章后，可以初步了解线性模型的基本原理、L2 和 L1 正则化参数的作用，以及线性模型在分类任务中的使用方法。

第 4 章　决策树和随机森林：主要介绍决策树和随机森林，包括决策树的基本原理和用法、max_depth 参数的作用、决策树模型可视化的方法及其优势与不足等；随机森林的基本原理、主要参数的作用、与决策树的差异，以及其优势与不足等。希望读者学完本章后，能够掌握决策树与随机森林在实操中的应用。

第 5 章　支持向量机：主要介绍支持向量机，包括支持向量机的基本概念、不同核函数的区别、gamma 参数和 C 参数对模型的影响，以及支持向量机的优势与不足等。希望读者学完本章后，能理解上述概念，并掌握支持向量机在实操中的应用，同时初步接触到简单的探索性数据分析与最基本的数据预处理。

第 6 章　朴素贝叶斯：主要介绍朴素贝叶斯，包括朴素贝叶斯的基本原理和朴素贝叶斯的不同变体及适用场景等。希望读者学完本章后，能了解贝叶斯定理与朴素贝叶斯的基本概念、伯努利朴素贝叶斯的用法及适用范围、高斯朴素贝叶斯的用法及适用范围、多项式朴素贝叶斯的用法及适用范围，并且能够使用不同的朴素贝叶斯“变体”进行练习，能够使用学习曲线来比较样本数量对不同模型准确率的影响。

第 7 章　K 最近邻算法：主要介绍 K 最近邻算法，包括 K 最近邻算法的原理、其在分类及回归任务中的应用等。希望读者学完本章后，可以理解 K 最近邻算法的基本概念和工作机制，并且可以在实操中使用 K 最近邻算法进行模型训练，以及通过调节 n_neighbors 参数和 weights 参数来进一步提高模型的表现。

第 8 章　神经网络：主要介绍神经网络算法，包括神经网络的起源与发展、算法的基本原理、神经网络中的激活函数和一些重要的参数等。希望读者学完本章后，可以了解神经网络的相关概念，理解其原理和用法、几种激活函数的差异和主要参数对模型的影响。同时，能够使用神经网络进行简单的图像识别任务。

第 9 章　聚类：主要介绍聚类算法，包括聚类算法的原理和种类、K 均值算法的原理和使用、DBSCAN 算法的原理和使用等。希望读者学完本章后，可以理解聚类算法的基本概念及其用途，并且可以使用聚类算法进行实战练习。

第 10 章　数据降维、特征提取与流形学习：主要介绍数据降维与特征提取，包括使用主成分分析法的基本概念、使用方法，以及和 t-SNE 的对比等。希望读者学完本章后，能够掌握数据降维和特征提取的基础概念，并能够使用主成分分析法进行数据降维和特征提取，并了解如何使用 t-SNE 算法进行降维以提升数据可视化的效果。

第 11 章　模型选择、优化及评估：主要介绍模型的选择、优化以及评估，包括交叉验证法的原理和用法、网格搜索的原理及用法、分类模型的若干评价标准和回归模型的评估方法等。希望读者学完本章后，可以掌握使用交叉验证法对比多个模型的性能，并选择性能最佳的模型；以及使用网格搜索方法找到模型的最优参数；同时，掌握使用 precision、recall、f1_score 和 roc_auc_score 对分类模型进行评估，以及使用 R 平方分数评估回归模型。

第 12 章　数据预处理与特征选择：主要介绍数据预处理和特征选择，包括数据标准化、数据表达和特征选择等。希望读者学完本章后，可以掌握使用 StandardScaler、MinMaxScaler、Normalizer 和 RobustScaler 对数据进行标准化处理；并且可以理解数据表达的概念和作用，可以使用虚拟变量和数据分箱将原始数据进行重新表达；此外，还可以使用单变量统计、基于模型的特征选择和迭代特征选择，将原始数据中对模型影响最大的特征筛选出来。

第 13 章　处理文本数据：主要介绍文本数据的处理，包括文本数据的特征提取、汉语分词、词包模型等。希望读者学完本章后，可以使用 CountVectorizer 将文本数据转化为向量，并且使用词包模型将文本转化为数组，同时掌握如何对汉语文本数据进行分词处理，以及如何调节 n_Gram 参数让机器更好地“理解”文本数据。也希望读者可以使用所学知识，对文本数据进行“情感分析”实战练习。

第 14 章　未来职业发展前景与方向：作为本书的最后一章，希望给从事人工智能领域工作的读者一些未来职业发展的建议，包括如何成为数据科学家、如何在实践中提高自己的技能，以及未来的学习方向等。希望读者学完本章后，能对人工智能领域的职业发展方向有一定的了解，并了解如何进入人工智能领域，逐步提高自己的能力。

本书由课工场人工智能开发教研团队组织编写。尽管编者在写作过程中力求准确、完善，但鉴于水平有限，书中难免出现偏颇疏漏之处，殷切希望广大读者批评指正。

本书资源下载

读者可以通过访问人邮教育社区（http://www.ryjiaoyu.com）下载本书的配套资源（电子资源），如实战练习代码及作业参考答案等。

目　录

第 1 章

机器学习概述

技能目标

- 了解机器学习的基本概念
- 了解机器学习的应用场景
- 了解机器学习的学习路径
- 掌握机器学习的相关知识

本章任务

学习本章，读者需要完成以下 4 个任务。读者在学习过程中遇到的问题，可以访问课工场官网解决。

任务 1.1：了解机器学习的基本概念

了解什么是机器学习及其起源与发展。

任务 1.2：了解机器学习的应用场景

了解机器学习在电子商务、社交媒体、金融、医疗、交通等领域的应用。

任务 1.3：了解机器学习的学习路径

从编程语言开始，到算法、数据处理，再到模型调优。

任务 1.4：掌握机器学习的相关知识

掌握监督学习和无监督学习的概念，掌握分类与回归的概念，熟悉模型的过拟合和欠拟合等相关知识。

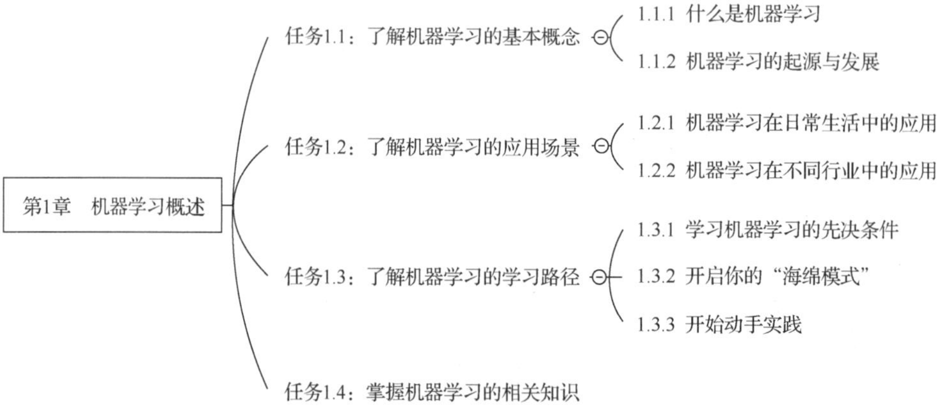

第1章　机器学习概述
- 任务1.1：了解机器学习的基本概念
  - 1.1.1 什么是机器学习
  - 1.1.2 机器学习的起源与发展
- 任务1.2：了解机器学习的应用场景
  - 1.2.1 机器学习在日常生活中的应用
  - 1.2.2 机器学习在不同行业中的应用
- 任务1.3：了解机器学习的学习路径
  - 1.3.1 学习机器学习的先决条件
  - 1.3.2 开启你的“海绵模式”
  - 1.3.3 开始动手实践
- 任务1.4：掌握机器学习的相关知识

近年来，随着数据数量和可用数据的种类的不断增长，以及更强大的计算能力和大规模数据存储技术的兴起，机器学习技术再次引起人们的关注。技术的发展使得机器学习有可能以更快的速度自动地生成可以分析更大、更复杂的数据的模型，并提供更快速准确的分析结果。通过建立精确的模型，各个行业可以更好地识别获利的机会或避免未知的风险。本章将向读者介绍机器学习的基本概念、应用场景、学习路径以及一些相关知识。

任务 1.1　了解机器学习的基本概念

【任务描述】

了解什么是机器学习及其起源与发展。

【关键步骤】

（1）了解机器学习的基本概念。

（2）了解机器学习的起源与发展。

1.1.1　什么是机器学习

1. 机器学习的定义

读者如果在网络上搜索“什么是机器学习”，可能会得到各种各样的答案。而目前引用得较多的关于机器学习的定义是：“机器学习是一种计算机程序，它可以让系统在未经人为主动编程的情况下，具有从经验（数据）中自动学习并自我改进的能力。”

机器学习的过程始于对数据的观察，例如，我们向计算机给出示例、经验数据或指导，以便让计算机根据我们提供的示例查找数据模式并做出更好的决策。机器学习的主要目的是允许计算机在没有人工干预或帮助的情况下自动学习，并相应地调整操作。

2. 机器学习与人工智能

如今，人们对机器学习和人工智能（Artificial Intelligence，AI）这两个概念有一些理解上的混淆，许多人会把这两个概念混为一谈。有些人认为人工智能就是机器学习，也有些人认为机器学习就是人工智能。当然，这两个概念是相互关联的，但它们并不完全相同。它们之间有如下的联系和差异。

（1）机器学习

实际上，机器学习是人工智能的一个子领域。人工智能所包含的范围更广，例如，知识图谱也是人工智能的一个子领域。机器学习除了在大家广泛讨论的人工智能领域有所应用，在其他领域也大放异彩，如数据挖掘。数据挖掘是一种检查大型数据库并从该数据库中提取新信息的技术，而机器学习是一种在数据挖掘中常用的技术。

如今，许多大型公司都在使用机器学习为用户提供更好的体验。例如，Amazon 公司使用机器学习根据用户的喜好向用户提供更好的产品推荐服务，Netflix 公司使用机器学习把用户喜欢的电视节目和电影推荐给他们。还有可能和读者距离更近的，如抖音平台，也是通过机器学习技术把可能吸引你的内容推送到手机上的。

（2）人工智能

现在，我们再来谈一谈人工智能，它与机器学习其实并不是完全等同的概念。前文提到，机器学习是人工智能的一个子领域。目前我们还没有找到足够清晰和准确的人工智能的定义，读者也可能会在各个地方找到不同的定义，但是这里有一个定义可以使读者了解人工智能到底是什么——“人工智能技术可以让计算机程序具备像人脑一样工作的能力。”

如果我们深入分析这个定义，就会发现人工智能意味着让计算机模仿人类大脑的思维、功能和工作方式。事实是，到目前为止，我们还无法建立强人工智能，即使我们已经非常接近它了。需要说明的是，目前我们无法建立和人类大脑完全相同的人工智能的原因之一是我们至今还不完全了解人类大脑，如我们为什么会做梦等。

1.1.2　机器学习的起源与发展

1. 机器学习的起源和早期发展

虽然在今天看来，人工智能和机器学习都是非常先进的技术，但其实它们并不是最近才被提出的。早在 1943 年，美国生物神经专家沃伦·麦卡洛克（Warren McCulloch）和数学家沃尔特·皮茨（Walter Pitts）撰写了一篇有关神经元及其工作方式的论文，而且他们还使用电路创建了一个论文中所阐述的模型。

1950 年，英国数学家、逻辑学家艾伦·图灵（Alan Turing）创建了举世闻名的图灵测试。直到今天，这项测试仍被人工智能领域看作最权威的测试。

到了 1952 年，第一款可以自主学习的计算机程序诞生了。这款程序就是由业内先驱亚瑟·塞缪尔（Arthur Samuel）所创作的跳棋游戏。而“机器学习”一词，也正是由亚瑟·塞缪尔最早提出来的。

1958 年，美国研究方向为心理学和认知心理学的弗兰克·罗森布拉特（Frank

Rosenblatt）设计出了第一个人工神经网络，称为 Perceptron，其主要用途是图案和形状识别。其实，我们现在所广泛应用的图像识别程序早在 60 多年前就有了雏形。

机器学习的另一个非常早期的应用出现在 1960 年，当时伯纳德·维德罗（Bernard Widrow）和马克西恩·霍夫（Marcian Hoff）在斯坦福大学创建了两个模型。第一个模型被称为 ADELINE，它可以检测二进制模式。例如，在比特流中，它可以预测下一位是什么。第二个模型被称为 MADELINE，它可以消除电话线上的回声，读者可以想象，它在现实世界中很有用，时至今日它仍在被使用。

虽然当时 MADELINE 取得了成功，但由于许多原因，直到 20 世纪 70 年代后期，冯·诺依曼（Von Neumann）体系普及后，它才获得了很大进展。这是一种将指令和数据存储在同一存储器中的体系，可以说它比神经网络更易于理解，因此后来许多人都基于这个体系来构建程序。

1982 年是人工神经网络再次兴起的一年，美国学者约翰·霍普菲尔德（John Hopfield）建议创建一个具有双向线（bidirectional lines）的网络，它有些类似神经元的工作方式。同年，日本宣布将重点放在更先进的神经网络上，这也刺激了美国对该领域的资助，从而使得学界在该领域进行了更多研究。

1986 年，美国斯坦福大学心理学系的 3 名研究人员扩展伯纳德·维德罗和马克西恩·霍夫在 1962 年创建的算法，开发出了反向传播神经网络——在神经网络中使用层，创建了所谓的“慢学习者”（slow learner），它的学习会消耗很多时间。

20 世纪 80 年代末到 20 世纪 90 年代末，机器学习领域的应用并不多，但是在 1997 年，IBM 公司创造的国际象棋计算机“深蓝”（Deep Blue）击败了当时的象棋世界冠军。此后，机器学习在该领域取得了较大的进展。例如，在 1998 年，AT&T 公司的贝尔实验室在数字识别方面的研究颇有成果，他们在美国邮政总局检测手写邮政编码准确度方面取得了良好的效果。

2. 机器学习的当代发展

进入 21 世纪以来，许多企业已经意识到机器学习将增强他们的计算能力以提高企业竞争优势。

2012 年，AlexNet 在 ImageNet 竞赛中大获全胜，这也引发了学界在机器学习中使用图形处理器（Graphics Processing Unit，GPU）和卷积神经网络的风潮。他们还创建了一种新的激活函数，可以大大提高卷积神经网络的效率。

2014 年，Google 公司收购了人工智能企业 DeepMind，起初 DeepMind 在视频游戏方面的处理能力可以达到几乎与人类相同的水平。到了 2016 年，DeepMind 旗下的阿尔法围棋（AlphaGo）在围棋比赛中击败了人类世界冠军，成为全球瞩目的热点。要知道，围棋被人们认为是有史以来最难的棋类竞技游戏。

2015 年，特斯拉创始人埃隆·马斯克（Elon Musk）等创立了非营利组织 OpenAI，旨在研发可以造福人类的安全人工智能。之后不久，OpenAI 的人工智能程序在 DOTA

游戏中也击败了人类世界冠军。

诸如此类的进展，还有很多。近几年来，机器学习尤其是深度学习，在医疗、金融、城市建设、交通等领域都有数不胜数的应用。可以说机器学习技术的逐渐普及，正在把人类带进更加智能的时代。

任务 1.2　了解机器学习的应用场景

【任务描述】

从实用的角度出发，了解机器学习在哪些领域已经有广泛的应用，并思考还有哪些领域可以借助机器学习技术得以改善。

【关键步骤】

（1）了解机器学习在日常生活中的应用。

（2）了解机器学习在不同行业中的应用。

1.2.1　机器学习在日常生活中的应用

任何一项“高大上”的技术都必须能够帮助我们改善生活才更有意义。其实机器学习技术已经悄无声息地融入我们的日常生活，它在不同的日常生活场景中都充当了非常重要的角色。

1. *虚拟个人助理*

Siri、Alexa 和 Google Now 是一些虚拟个人助理的典型例子。顾名思义，当我们通过语音询问时，它们就会帮助我们查找信息。我们需要激活它们，然后问类似“我今天的时间表是什么？”“从北京到昆明的航班有哪些？”等问题。为了回答问题，这些虚拟个人助理会查找信息，调用相关查询或向其他资源（如手机 App）发送命令以收集信息。我们甚至可以指导这些虚拟个人助理完成某些任务，如“设置明天早上 6 点的闹钟”“提醒我后天去签证办公室”等。

机器学习是这些虚拟个人助理的重要组成部分，因为它会根据我们之前的使用情况来收集和完善信息。先收集主人的使用习惯和偏好数据，再通过机器学习自动地学习主人的习惯与偏好，虚拟个人助理逐步改善自身的服务，使得自身越来越能满足主人的个性化需求。

2. *导航与打车软件*

当我们使用全球定位导航服务时，我们当前的位置和速度将保存在中央服务器中，以便进行交通流量数据采集。这些数据将用于构建当前流量的地图。机器学习技术则会根据这些历史数据来估计下一个时间点可能出现拥塞的区域，从而帮助用户规划出更节省时间的路线。

打车软件也是如此：在预订出租车时，机器学习系统会估算乘车价格，计算如何减少弯路。在一次采访中，当时的 Uber 工程主管杰夫·施耐德（Jeff Schneider）透露，他们使用机器学习技术，通过预测乘客打车需求来定义价格上浮时间和价格上浮的幅度。在我们使用打车软件服务的整个过程中，机器学习都扮演着重要的角色。

3. 视频监控

以往，我们的安防系统需要一个或几个人监视很多个监控画面。这是一项艰巨的工作，而且容易因为人的疲劳或疏忽导致出现监控失误。这就是训练计算机以完成此工作的想法有意义的原因。

如今，视频监控系统由人工智能技术驱动，它们跟踪人们的异常行为，如长时间站立不动、手持危险物品或者走路跌跌撞撞等。一旦发现异常，系统可以向安防管理员发出警报，帮助避免事故的发生。当这些活动被报告后，由人进行验证并完善标签，从而进一步改善监控工作。这一系列工作也是通过机器学习在后端完成的。

4. 社交媒体

从提供个性化的新闻到更好的广告定位，社交媒体 App 都在利用机器学习提高用户体验。用户在使用社交媒体 App 时可能都会发现其中一些有趣的功能，这些有趣的功能其实可能也是机器学习的应用。例如，您可能认识的人——因为机器学习可以基于经验的理解进行预测，所以社交媒体 App 会注意到我们经常联系的朋友、经常拜访的个人资料、我们的兴趣、工作场所或我们与某人在同一个群组中等。在不断学习的基础上，社交媒体 App 会判断出某人和我们相识，并且建议我们添加这些用户为好友。

再如 AI 美颜——读者可能会发现很多朋友在朋友圈分享的自拍要比本人好看一些，AI 美颜功能已经成为时下年轻人必备的功能。而机器学习技术帮助我们实现了这一功能——App 对用户的照片进行自动、智能调整，而不需要用户手动调整。AI 美颜功能一般包含如下两个部分。

➢ 人脸轮廓自动修正：对人脸大小、胖瘦进行自动调整，目前 App 中常用的瘦脸只是其中一个特例而已。

➢ 五官自动修正：包含眼睛大小自动调整，鼻子形状、位置自动修正，眉毛位置修正以及嘴形状、大小和位置自动修正等。App 中常用的大眼和立体修鼻功能也是其中一个特例。

5. 垃圾邮件和恶意软件过滤

现在的电子邮件客户端一般都会使用多种方法来过滤垃圾邮件，而为了确保这些垃圾邮件过滤器不断更新，它们就需要由机器学习提供技术支持——因为传统的基于规则的垃圾邮件过滤方法无法跟踪垃圾邮件发送者采用新技巧所发出的垃圾邮件。在这个场景中，多层感知器和决策树都是常见的一些垃圾邮件过滤算法。

另外，全球每天都会检测到多种恶意软件，每种恶意软件的代码与以前版本的相似程度达到了 90%～98%。由机器学习提供支持的系统安全程序可以理解编码模式。它们可以轻松检测出变异幅度范围为 2%～10%的新版恶意软件，并提供防范的措施。

6. *产品推荐*

读者可能也有这样的经历——几天前我们在网上购物，然后会持续收到相关商品推荐的电子邮件，或者购物网站 App 在平台内部推荐一些与我们兴趣相匹配的商品。这也是机器学习为我们提供的服务！它可以根据我们在网站或 App 上的浏览记录、购买记录、收藏或添加到购物车的商品、品牌偏好等，进行产品推荐。

7. *在线欺诈检测*

除了前文所提到的方向之外，机器学习也正在使网络空间成为更加安全的场所。在线欺诈检测便是一个典型的例子，例如，支付软件使用机器学习技术来防范欺诈行为。它们会使用一组算法来帮助支付软件比较所发生的数百万笔交易，并判断买卖双方之间发生的交易是合法的还是非法的。在判断出某笔交易是非法交易后，平台可以终止该笔交易，从而保护我们的财产安全。

1.2.2　机器学习在不同行业中的应用

前文我们提到的都是和我们日常生活息息相关的例子。实际上，机器学习在各个行业都有应用。无论是食品、交通运输，还是零售、电子商务，这项技术正在帮助各公司提高企业运营效率，同时帮助消费者获得更好的用户体验。下面我们具体来看一看机器学习在行业中的应用情况。

1. *机器学习在交通运输行业的应用*

运输中使用的技术早已超越本行业的界限。人工智能和机器学习算法正在被广泛使用，在预测、监控、管理流量等方面尤为突出。这些技术的使用引起了许多公司对自动化领域的兴趣。

自动驾驶汽车是目前大家讨论的一个主要的方面。尽管自动驾驶汽车仍处于测试阶段，但它将成为交通运输的未来。科学家们正在为这种复杂的产品开发各种新的算法，以便使新的功能得以实现，例如，分析和优化从各种来源收集的数据，并基于这些数据在真实世界中规划路线，实现自动驾驶。

计算机视觉和传感器融合的应用程序是自动驾驶汽车中至关重要的应用程序，可帮助分析路面上的不同对象并选择车辆控制方式。车辆对从不同来源获得的数据进行处理和分析，再反馈给控制系统，以便进行精确决策，并根据情况做出响应。目前，宝马公司、大众公司，甚至日本船运公司都建立了由人工智能专家组成的团队，致力于此类产品的研发。

2. *机器学习在医疗保健行业的应用*

机器学习技术通过先进的处理能力进一步加深我们对生命科学的了解，它正在将医疗保健行业水平提升到一个新的高度。由人工智能技术驱动的诊断程序收集患者数据以进行诊断并提出可能的准确治疗疾病的方法。

不过机器学习并不意味着要提出医疗手段的新方法，它只是以正确的方式为现有的医疗手段开辟一条“道路”，它能够比人类医生更敏捷地发现健康问题。人工神经网络在医疗保健中被广泛使用，Kohonen 神经网络是目前非常流行的神经网络之一，它的能力非常强大，可以自动收集数据并提供非常直观的可视化视觉效果。

机器学习加快了研究人员的研究速度，帮助他们了解生命科学、发现疾病的原因，并帮助他们找出精确的诊断方法来治疗疾病。

Philips 公司是医疗保健行业中领先的科技公司，它正在致力于将其产品平台与人工智能技术相结合，以此了解医疗保健的需求。还有像 Babylon Health、Infervision、Freenome 等公司专注于提供分析模型来进行病情预测，以便在有效治疗时间内诊断出病情。

3. 机器学习在农业中的应用

可以说，机器学习是适用于任何行业的技术，也包括农业。机器学习技术的采用可能会改变全世界的农业。这些技术主要集中用于开发自动化机器人。由于农业领域越来越缺少劳动力，未来我们会更加依赖机器去帮助人们检测杂草、检测土壤和诊断植物病害。

毫无疑问，农业机器人技术可以帮助农民提高生产力。例如，这些机器人可以帮助检测杂草数量和杂草类型，并根据需要执行操作。除此之外，使用这些技术还可以检测土壤和农作物的缺陷。Google 公司正在开发一种应用程序，这个应用程序能够告诉人们在哪种类型的土地中可以种植哪种植物；并且可以检测植物的疾病，判断对某种植物影响最大的疾病类型、其背后的原因以及治疗疾病的措施等。

国际半干旱地区热带作物研究所（International Crops Research Institute for the Semi-Arid Tropics，ICRISAT）和 Microsoft 公司合作开发了一款名为 Sowing App 的应用软件，这款软件可用于帮助农民提高农作物的单位面积产量（简称单产）。它可以帮助农民预测什么时间开始耕地、什么时间是最佳播种时间、种子如何处理、应该如何正确施用肥料，以及协助进行病虫害管理和灌溉管理等。据称，在这款 App 的帮助下，用户每公顷农作物的产量可提高 30%。

4. 机器学习在零售和服务业中的应用

我们知道，企业在开发产品之前都会将重点放在市场调研上，以确定其产品在现实世界中的生命周期。机器学习技术提供了预测产品需求的方法，并基于数据来分析客户需求的细节，从而提高企业的盈利能力。

人工智能和机器学习技术正在将零售和电子商务变成未来最重要的平台。在以前的零售行业中，很难找到和了解用户的搜索习惯，并将相关产品进行推荐，而机器学习正好克服了这种情况。使用机器学习技术，可以让客户更容易地找到他最感兴趣或者是最合适的产品。另一方面，机器学习有助于开发一些有趣且实用的应用，如三维服装设计、虚拟试穿等。

从服务行业的角度来说，当今的技术通过对话聊天机器人和虚拟助理正在改变客户服务的面貌。机器人客服向最终用户提供人工智能驱动的协助，如通过问答的方式解决用户的部分问题。机器学习和自然语言处理等技术的进步使得系统可以从交互式对话中提取客户的请求，识别他们的意图，并快速、灵敏地响应。有趣的是，有史以来第一位使用聊天机器人的是一位名叫哈德维尔（Hardwell）的电子舞曲从业者，他使用的聊天机器人可以准确地向歌迷提供有关他的新闻、歌曲和最新动向。

任务 1.3　了解机器学习的学习路径

【任务描述】

了解入门机器学习的先决条件、方法，以及如何进行实践。

【关键步骤】

（1）了解学习机器学习的先决条件。

（2）了解什么是“海绵模式”。

（3）了解如何进行实践。

1.3.1　学习机器学习的先决条件

对于尚未入门的读者来说，机器学习技术可能会令人生畏。实际上，读者并不需要成为专业的数学家或资深程序员即可进行机器学习的研究，但确实需要具备数学和编程领域的一些核心技能。

告诉读者一个好消息，一旦具备了学习机器学习的先决条件，其余的工作将会非常容易。实际上，机器学习无外乎将统计和计算机科学的概念应用于数据而已。因此读者可以先从以下几个方面入手。

1. 掌握一种编程语言

虽然目前市面上有很多工具可以让我们无须编程便可以开始机器学习的项目，但是我们建议大家掌握一门编程语言。这样读者可以更加直观地了解不同算法的原理以及其参数设置对结果的影响。而目前在机器学习领域，应用最广泛的语言之一就是 Python 了。

Python 拥有一个非常热情的用户社区，很多问题都可以通过社区得到解决的办法。实际上，简单是 Python 的最大优势之一。由于其精确、高效的语法，Python 可以通过比其他语言更少的代码来完成相同的任务。这使得产品或方案的迭代速度更快。另外，Python 拥有一个第三方库的“全明星阵容”，用于数据分析和机器学习，从而大大减少了产生结果所需的时间。

所以学习 Python 完全不需要读者攻读计算机科学专业，也不需要掌握全部的 Python 语句。相反，读者应专注于提升思维逻辑能力，如何时使用函数或条件语句、如何工作等。在养成了使用搜索和阅读文档的良好习惯之后，大家将自然而然地记住常用的语句。

2. *掌握数据科学中的统计学*

了解数据统计，尤其是贝叶斯概率，对于应用许多机器学习算法至关重要。在学习的过程中，读者可能会发现，一旦学会了编程的知识，直接调用 Python 中的机器学习库来完成一些小项目是非常有趣的事情。如果大家仅仅需要在实际项目中应用，那么做到这一步就可以了。但是，学习统计学和概率论也是非常有必要的。例如，数据分析至少需要描述性统计和概率论。这些概念将帮助大家根据数据做出更好的业务决策。关键概念包括概率分布、统计显著性、假设检验和回归。

此外，机器学习需要理解贝叶斯思想。贝叶斯思想是指收集更多数据而更新的过程，它是许多机器学习模型的“引擎”。关键概念包括条件概率、先验和后验、极大似然。

也许这些关键概念对读者来说听起来像“庞然大物”，不过不要担心，一旦大家“卷起袖子”并开始学习，这一切都会很容易理解。

3. *掌握数据科学中的数学*

可能很多文章都会告诉大家，学习机器学习之前要掌握微积分、线性代数等高等数学知识。很多对数学不是特别感兴趣的读者可能到这里就会望而却步。可是实际上，在这个领域中究竟需要掌握多少数学知识，完全是根据以后大家所从事的工作方向来定的。在实践中，尤其是在入门级角色中，大家经常会使用现成的机器学习工具包。许多编程语言如 Python 就有很多功能强大的库。我们并不需要重新发明“轮子”。

即便如此，在找工作的时候，面试官仍可能测试基本线性代数和微积分等知识。他们为什么这样做呢？

这是因为，在某个时候，我们所在的团队可能仍需要构建自定义的机器学习算法。例如，我们可能需要使其中的一种算法能够适应整个公司的技术堆栈或扩展算法的基本功能。为此，我们需要具备脱离工具包来自定义算法的能力。

1.3.2 开启你的“海绵模式”

所谓“海绵模式”就是指尽可能多地吸收基础理论知识，为自己打下坚实的基础。有些读者可能会问：“如果我不打算进行学术研究，只是想使用现有的机器学习工具包来实现一些应用，为什么还需要学习基础理论知识呢？”这是一个很好的问题。对于这个问题，我们的答案是：了解基础知识对于计划在工作中应用机器学习的任何人都很重要。在下面这些实际工作场景中，基础知识会提供很大的帮助。

1. *数据收集*

数据收集可能是一个昂贵且耗时的过程。我们需要收集哪些类型的数据？我们需要多少数据？这个项目是不是真的可行？……这些问题其实都需要基础知识帮我们找到答案。

2. *数据假设和预处理*

我们知道，不同的算法对输入的数据有不同的要求。我们应该如何预处理数据？我们应该对数据进行归一化处理吗？我们的模型在数据缺失的情况下是否仍然健壮？异常值该如何处理？……这些问题也需要我们有扎实的基础知识。

3. 解释模型结果

大家可能听说过机器学习是“黑匣子”的说法。但这种说法不一定是完全正确的。诚然，并非所有结果都可以直接解释，但是我们需要能够诊断模型以进行改进。如何判断我们的模型是过拟合还是欠拟合？我们该如何向业务部门解释这些结果？模型本身还剩下多少改进空间？……这些问题也依赖足够的基础知识来解答。

4. 改进和调整模型

首次尝试时，我们一般不会得到最佳模型。这时我们就需要了解不同参数调整和正则化方法带来的细微差别。如果模型过拟合，我们该如何补救？我们应该在功能设计或数据收集上花费更多时间吗？我们可以整合更多算法到模型中吗？……如果缺少基础知识，这些问题我们也没有办法解决。

5. 转化为业务价值

机器学习绝不是“空中楼阁”，而是一门与现实世界紧密联系的学科，它的存在就是为了改善我们的生活和工作。如果我们不去了解真实的业务场景，就无法发挥出机器学习的优势。例如，哪些结果指标可以更优化？还有没有其他更有效的算法？机器学习什么时候并不适用？……这些就需要读者不仅了解机器学习本身的技术概念，还要对应用场景有深刻的理解与认知。

1.3.3 开始动手实践

前文提到，机器学习不是“空中楼阁”，而是具有现实意义的学科，因此动手实践是读者学习过程中必不可少的部分。下面就来介绍如何进行实践操作。

1. 实践的基本目标

实践的基本目标包含 3 个方面。

（1）练习整个机器学习工作流程。机器学习工作流程包括数据收集、数据清洗和预处理、模型构建、调整和评估等。

（2）在真实数据集上进行练习。我们将开始建立并培养直觉思维，以了解哪些类型的模型适合于哪些类型的项目。

（3）深入研究各个方向。例如，最开始我们了解聚类算法，之后我们将对数据集采用不同类型的聚类算法，用于查看哪种算法表现更佳。

完成这些工作后，我们将会处理更大的项目而不会感到不知所措。

机器学习是一个广阔而丰富的领域，其几乎在所有行业都有独特的应用。读者很容易被庞杂的应用方向所困扰。此外，大家还容易“迷失”在单个模型中而看不到全局。

不过大家要谨记，机器学习的简单价值观就是：获取数据并将其转换为有用的东西。

2. “开箱即用”的工具

本书建议读者从“开箱即用”的工具实现开始，主要是基于以下两个原因。

（1）这是业内大多数机器学习的执行方式。有时候我们需要研究原始算法或从头开发它们，但是原型设计总是从使用现成的库开始的。

（2）我们将有机会练习整个机器学习工作流程，而不必在其中的任何一部分上花费太多时间。

由于本书所使用的编程语言是 Python，因此我们推荐 scikit-learn 作为大家入门学习的工具。（实际上本书的演示也都是基于 scikit-learn 来实现的。）scikit-learn，简称为 sklearn，是用于通用机器学习的“黄金”标准 Python 库。它几乎可以完成所有工作，并且内置了所有常见的算法。这能够让读者快速上手，从而不会出现“从入门就放弃”的现象。

3. *获取实践数据集*

在实践中，我们需要数据集来练习构建和调整模型。提供开发数据集的平台有很多，大家可以自行搜索。如下平台可以帮助我们获得非常不错的数据。

（1）UCI 机器学习库

UCI 机器学习库是美国加州大学欧文分校（University of California Irvine）提出的用于机器学习的库，它对初学者来说是非常宝贵的，目前包含超过 488 个专门为练习机器学习而精选的不同数据集，并且其数量还在增加。读者可以按任务（回归、分类或聚类）、行业、数据集的大小等进行搜索，并下载用于实践。

（2）Kaggle 网站

Kaggle 网站以举办数据科学比赛而闻名。该网站包含 180 多个社区数据集，其中不乏有趣的话题，从《口袋妖怪》数据到欧洲足球比赛，应有尽有，可以让大家的学习过程充满乐趣。

任务 1.4 掌握机器学习的相关知识

【任务描述】

了解机器学习领域的相关知识，包括监督学习和无监督学习、分类和回归等。

【关键步骤】

（1）了解什么是监督学习和无监督学习。

（2）了解什么是分类和回归。

（3）了解什么是数据集和数据的特征。

（4）了解什么是特征工程。

（5）了解什么是过拟合和欠拟合。

在开始学习机器学习之前，有一些基本概念需要读者有一个初步的认识。

1. *有监督和无监督学习*

机器学习的算法主要有两种：监督学习（supervised learning）和无监督学习

(unsupervised learning)。除了这两种之外，还有半监督学习，不过本书不会过多介绍半监督学习。

监督学习是通过现有训练数据集（以下简称训练集）进行建模，再用模型对新的数据样本进行分类或者回归分析的机器学习算法。在监督学习中，训练集一般包含样本特征变量以及分类标签，机器使用不同的算法得出数据并通过这些数据推断出分类的方法，然后用于新的样本中。

无监督学习（有些书籍也称为非监督式学习），则是在没有训练集的情况下，对没有标签的数据进行分析并建立合适的模型，以便给出问题解决方案的方法。

举个例子，假如现在有若干张猫和狗的照片，让你把照片中有猫的拿出来放在一堆，把有狗的照片放在另外一堆。因为我们从小就认识猫和狗，所以会十分容易地将它们分开。也就是说，我们经过经验数据的训练，知道哪些是猫的照片，哪些是狗的照片，因此这个工作实际上就是一个监督学习的过程。

那如果现在有一位科学家给了你一些未知生物的照片，要求你把它们分成不同的类型。这个任务就有点麻烦了。因为我们从来没有见过这些生物，也不知道它们有哪些物种。这个时候怎么办呢？通过观察你发现，好像有些生物有翅膀，有些没有；还有一些有獠牙，而另外一些没有獠牙。此时你就可以把有翅膀且有獠牙的分为一类，把有翅膀但没有獠牙的分为一类，把没有翅膀但有獠牙的分为一类，把没有翅膀也没有獠牙的再分为一类。在这个过程中你没有得到任何指导，而是自己根据观察到的生物特征来进行区分的，这个过程就是无监督学习过程。

2. 分类和回归

分类（classification）和回归（regression）都是监督学习中的概念。分类预测样本属于哪个类别，而回归预测样本目标字段的数值。

还是用监督学习的猫和狗照片的例子。当我们拿到一组猫和狗的照片，并且让我们把猫的照片放在一堆、狗的照片放在另外一堆的时候，我们执行的任务就是一个分类任务；但如果给我们一组猫的照片，让我们根据这些猫的特征来预测出它们的售价，这就是一个回归任务。这两种任务在机器学习领域是很常见的。

3. 数据集和特征

数据集（dataset）是预测系统的原材料，用于训练机器学习模型的历史数据。数据集由若干条数据组成，而每条数据又包含若干个特征（feature）。

特征是描述数据集中每个样本的属性，有的时候也被称为“字段”。例如，在客户信息研究这个场景中，我们将用特征记录每个客户的购买数量、年龄、是否关注了企业的公众号、是否关注了企业的微博、以往购买了哪些产品等信息。

4. 特征工程

特征工程是创建预测模型之前的过程，在这个过程中我们将对数据的特征进行分析、清理和结构化。此过程是最重要且成本最高的部分之一，目的是消除那些不利于进行预测的特征并适当地组织它们，以防止模型收到无用信息，防止这些信息误导模型并最终导致模型的准确率下降的情况发生。简而言之，特征工程可以理解成将数据特征准备好，以便我们能够训练出更准确的模型的过程。

5. 过拟合与欠拟合

当数据中存在大量噪声并被机器学习算法捕获时，就会发生过拟合（over-fitting）。简单来说，当模型或算法对训练数据拟合得“太好”时，就会发生过拟合。具体而言，如果模型或算法在训练集中的准确率很高，但是在验证集中的准确率偏低，就预示着发生了过拟合的现象。过拟合通常是模型过于复杂的结果，可以通过整合多个模型并在测试数据上使用交叉验证比较其预测准确率，根据实际情况降低模型的复杂度来防止过拟合。

当机器学习算法无法捕获数据的潜在趋势时，就会发生欠拟合（under-fiting）。通俗来讲，当模型或算法无法很好地拟合数据时，就会发生欠拟合。具体而言，如果模型或算法在训练集中的准确率很低，则预示着出现了欠拟合的现象。欠拟合通常是模型过于简单的结果。

过拟合和欠拟合都会导致模型对新数据集的预测效果不佳，因此我们在实践中要避免它们的发生。

至此，我们把机器学习中一些必要的相关知识介绍完了。从第 2 章开始，我们会和读者一起研究机器学习。相信在这个过程中，读者也会收获很多知识和乐趣。

本章小结

（1）人工智能所包含的范围更广，机器学习是人工智能的一个子领域。

（2）机器学习尤其是深度学习，在医疗、金融、城市建设、交通等领域都有数不胜数的应用。

（3）机器学习的意义在于获取数据并将其转换为有用的东西。

（4）机器学习领域的相关知识包括监督学习和无监督学习、分类和回归等。

本章习题

1. 简答题

（1）简述你在日常生活中用到了哪些基于机器学习的应用。

（2）简述什么是监督学习，什么是无监督学习。

（3）举例说明什么是过拟合，什么是欠拟合。

2. 操作题

（1）在任意一个平台上下载一个你感兴趣的数据集（如 UCI 机器学习库）。

（2）分析（1）中数据集都有哪些特征。

第 2 章

机器学习工具的安装与使用

技能目标

- 掌握 Anaconda 的安装与使用
- 掌握 pandas 和可视化工具的基本使用方法
- 掌握 scikit-learn 的基本操作

本章任务

学习本章，读者需要完成以下 3 个任务。读者在学习过程中遇到的问题，可以访问课工场官网解决。

任务 2.1：掌握 Anaconda 的安装与使用

从 Anaconda 官网下载安装文件，通过 Anaconda Navigator 启动 Jupyter Notebook，新建 Python 记事本文件，输入代码并运行。

任务 2.2：掌握 pandas 和可视化工具的基本使用方法

使用 pandas 读取 CSV 文件，并查看数据信息，使用 seaborn 和 Matplotlib 进行简单数据可视化。

任务 2.3：掌握 scikit-learn 的基本操作

使用 scikit-learn 载入内置数据集，将数据集拆分为训练集和测试集；训练简单模型并评估准确率，将训练好的模型保存为文件，并从文件载入模型。

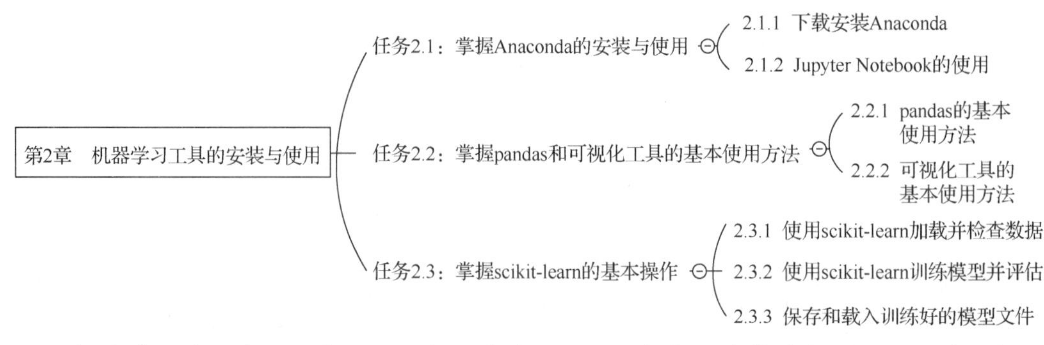

机器学习并不是一门纯理论研究的学科，它需要与实践非常紧密地结合，并切实可行地解决现实世界中的各种问题。对于每一个从事数据科学或机器学习的人来说，都需要掌握若干种工具。在机器学习领域，有非常强大的 Python 开源工具——scikit-learn，它不仅在教学领域影响深远，而且在实际生产环境中的应用也深入人心。本书主要以 scikit-learn 为工具进行演示。同时，我们会和读者一起基于 Anaconda 配置机器学习环境，并介绍相关工具的基本操作。

任务 2.1 掌握 Anaconda 的安装与使用

【任务描述】

下载并安装 Anaconda，学会如何启动。

【关键步骤】

（1）在 Anaconda 官网下载和操作系统版本一致的安装文件，并进行安装。

（2）通过 Anaconda Navigator 启动应用。

2.1.1 下载安装 Anaconda

1. Anaconda 简介

Anaconda 是一个开源的软件包集合平台，也是一个环境管理器。它可以在同一个机器上安装不同版本的软件包及其依赖项，并能够在不同的环境之间切换，包含 conda、Python 等 180 多个软件包及其依赖项，基本把机器学习领域需要用到的工具都集成好了。正是由于它的方便易用，目前 Anaconda 在全球已经拥有 1500 万用户，可以说是最受欢迎的数据科学平台。考虑到读者在 Windows 操作系统上安装 Python 并逐一配置、安装各种软件包有可能遇到各种各样的问题，因此本书推荐大家下载并安装 Anaconda。

2. Anaconda 下载与安装

读者可以在 Anaconda 官网下载 Anaconda 安装包。在 Anaconda 的官方网站，单击“Download”按钮，开始下载，如图 2.1 所示。

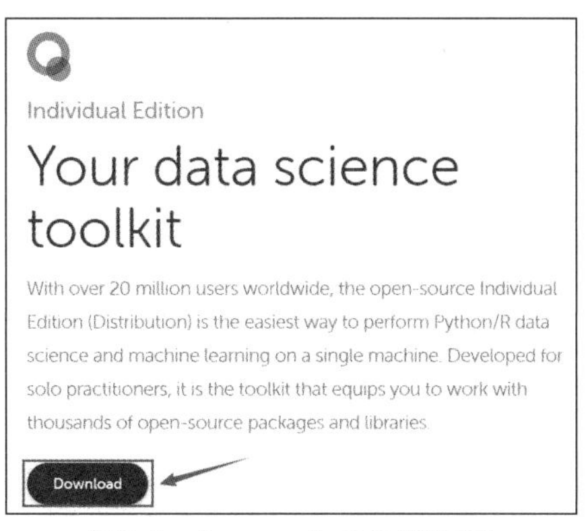

图2.1　Anaconda的下载页面

值得注意的是，读者需要根据自己操作系统的版本选择对应的 Anaconda 版本，如图 2.2 所示。

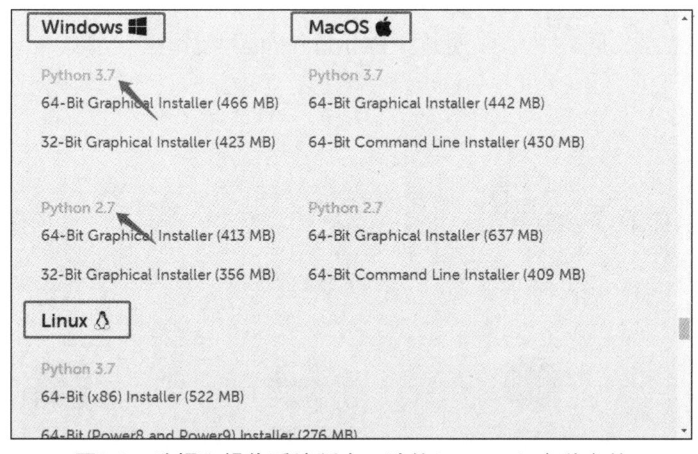

图2.2　选择和操作系统版本一致的Anaconda安装文件

从图 2.2 中我们可以看到，Anaconda 支持 Windows、mac OS、Linux 这 3 种不同的操作系统，同时还有 Python 3.7 和 Python 2.7。由于目前我国个人电脑使用最广泛的操作系统之一是 Windows，我们这里选择了下载 Windows 64 位图形界面的安装文件。

注意

本书所用版本为 Python 3.7，因为它与 Python 2.7 的语法有一些差异，所以请读者务必下载 Python 3.7 的 Anaconda。

下载完成之后，双击下载好的安装文件，根据安装界面的提示一步一步操作即可。稍等片刻就可以完成 Anaconda 的安装。

3. Anaconda 的启动

在 Anaconda 安装完毕之后，读者会在 Windows 的“开始”菜单中找到一个名为

“Anaconda3(64-bit)”的文件夹。单击该文件夹，可以看到一个名为“Anaconda Navigator”的程序。单击“Anaconda Navigator”便可以启动 Anaconda，如图 2.3 所示。

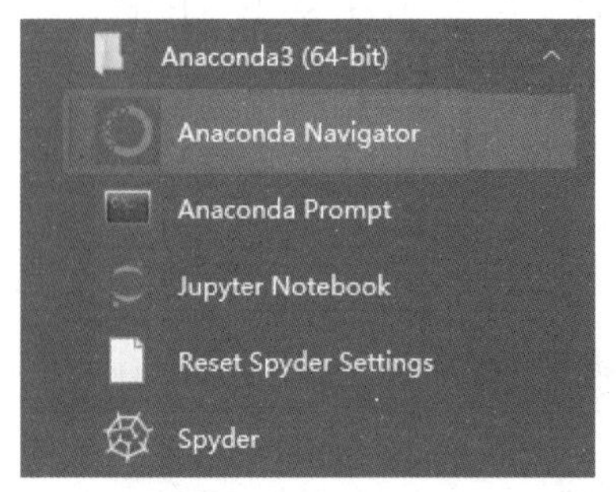

图2.3 “开始”菜单中的Anaconda Navigator

我们启动 Anaconda Navigator 后，会看到 Anaconda Navigator 中内置了很多工具，包括 JupyterLab、Jupyter Notebook、Qt Console 等，而且我们可以单独安装 RStudio、VScode 等开发工具。同时，可以通过“Evironments”按钮来新建或管理开发环境，如图 2.4 所示。

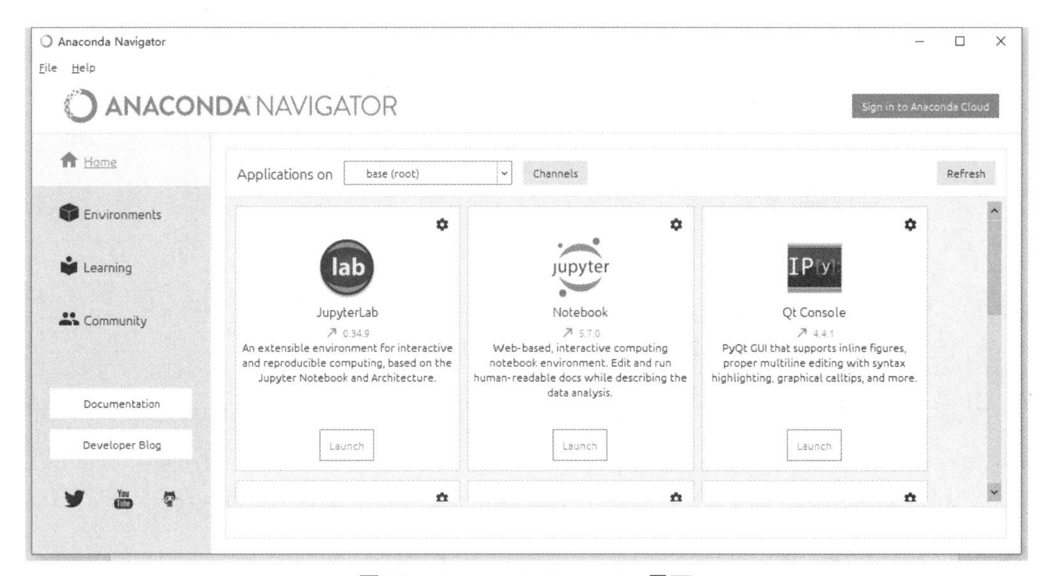

图2.4 Anaconda Navigator界面

在图 2.4 中所展示的各种工具中，本书使用最多的是 Jupyter Notebook。接下来，我们一起来看 Jupyter Notebook 的具体使用方法。

2.1.2 Jupyter Notebook 的使用

1. Jupyter Notebook 的启动

Jupyter Notebook 的前身是 IPython Notebook，它是一个交互式笔记本，支持 40 多种编程语言。在数据科学和机器学习领域，Jupyter Notebook 的应用都非常广泛。在 Anaconda

Navigator 中启动 Jupyter Notebook 十分简单，只要单击 Jupyter Notebook 中的“Launch”按钮就可以了，如图 2.5 所示。

图2.5　Jupyter Notebook的启动按钮

我们单击“Launch”按钮之后，系统默认的浏览器就会进入 Jupyter Notebook 的起始页面，如图 2.6 所示。

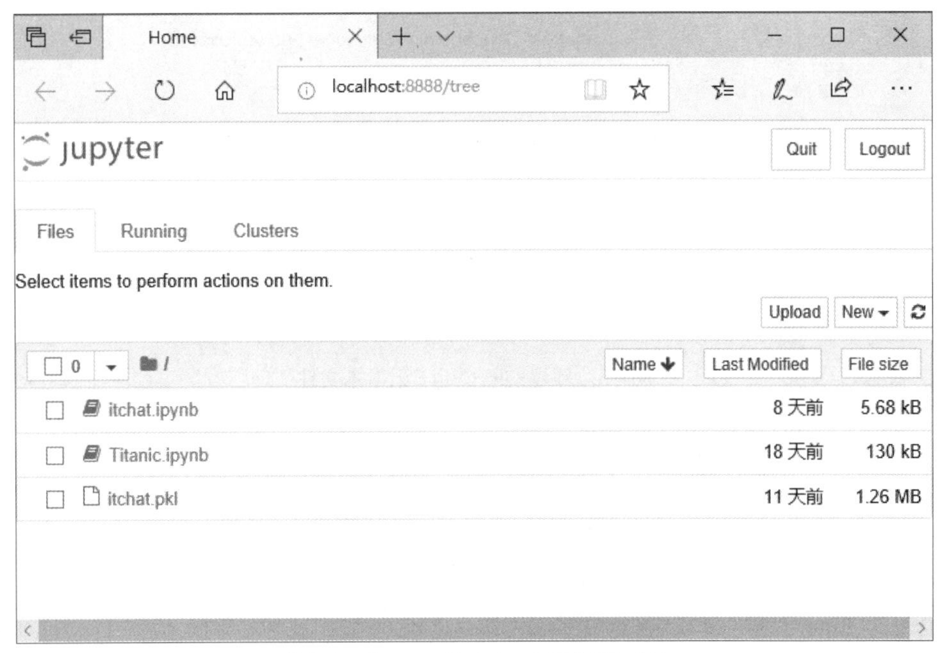

图2.6　Jupyter Notebook的起始页面

除了这种启动方式之外，我们还可以在 Anaconda Prompt 中以命令行的方式输入“jupyter notebook”，效果是完全一样的。如果希望 Jupyter Notebook 在指定的目录启动，则在 Anaconda Prompt 中先用 cd 命令进入该目录，再输入“jupyter notebook”按“Enter”

键运行即可。同时，读者可以在 Anaconda Prompt 中使用“pip install”来安装或更新第三方库，这和 Python 中安装或更新库的方式完全一样，本书不赘述。

2. Jupyter Notebook 新建 Python 文件

启动 Jupyter Notebook 之后，我们需要新建一个 Python 的记事本文件。单击起始页面右上方的“New”按钮，在弹出的下拉列表中选择“Python 3”，如图 2.7 所示。

图2.7 在Jupyter Notebook中新建Python 3记事本文件

单击“Python 3”之后，浏览器会自动新建一个选项卡，并跳转到新建的记事本文件，如图 2.8 所示。

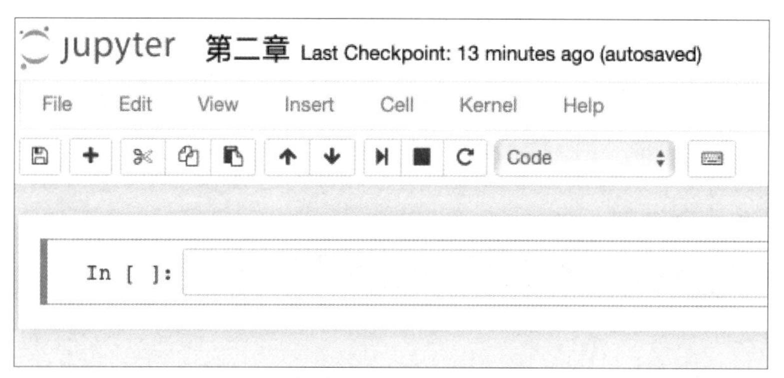

图2.8 新建的Python 3记事本文件

从图 2.8 中我们可以看到，在新建的记事本文件中有一个空白行，这叫作“单元格”，也就是我们输入代码的地方。

3. Jupyter Notebook 的基本操作

创建好 Python 3 的记事本文件后，我们就可以开始输入代码了。在标示为蓝色的单元格上按“Enter”键，单元格会被标示为绿色，这时我们就可以输入代码了。下面我们就输入一行代码，并按“Shift+Enter”组合键来运行程序，如图 2.9 所示。

从图 2.9 中我们可以看到，按“Shift+Enter”组合键运行代码，运行结果会直接显示在单元格下面，并且会自动进入下一个单元格的编辑状态。如果我们希望 Jupyter Notebook 只运行当前单元格代码，而不进入下一个单元格，只需要按“Ctrl+Enter”组合键运行代码。

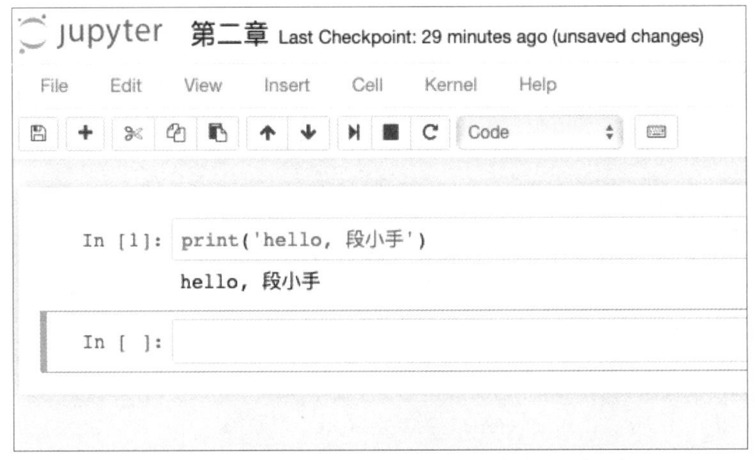

图2.9　在Jupyter Notebook中输入一行代码并运行

同时，Jupyter Notebook 还有很多方便的快捷键，例如：

在编辑状态下，按“Esc”键，退出编辑状态；

非编辑状态下，按“A”键，在当前单元格前面添加一个单元格；

非编辑状态下，按“B”键，在当前单元格后面添加一个单元格；

非编辑状态下，按两次“D”键，删除当前单元格；

非编辑状态下，按“M”键，转换当前单元格为 markdown 文本；

非编辑状态下，在 markdown 文本单元格上按“Y”键，切换回代码输入。

除了上述操作之外，Jupyter Notebook 还有很多奇妙的操作，我们留给读者自己去探索。在这个过程中，相信大家也会体验到很多乐趣。

任务 2.2　掌握 pandas 和可视化工具的基本使用方法

【任务描述】

掌握 pandas 和可视化工具的基本使用方法

【关键步骤】

（1）使用 pandas 读取数据、查看数据描述统计信息。

（2）使用 matplotlib 进行数据可视化。

2.2.1　pandas 的基本使用方法

1. 使用 pandas 读取数据

pandas 是一个开源的 Python 软件包，是数据处理和数据分析的“利器”。为了更直观地展示 pandas 的用法，我们先来举个例子：使用 pandas 读取数据集内容。如果读者完成了第 1 章的习题，那么应该已经有至少一个数据集。

这里我们使用的数据集是从 UCI 机器学习库中下载的银行营销数据集（Bank Marketing Data Set）。该数据集请在课工场官网下载。

数据集下载完毕之后，我们回到 Jupyter Notebook，输入如下代码：

```
#导入pandas，并重命名为pd
import Pandasas pd
```

按“Shift+Enter”组合键运行，如果系统没有报错，说明 pandas 导入成功了。接下来我们就用 pandas 来读取数据集。输入代码如下：

```
#使用pandas读取CSV文件，载入数据框（DataFrame）
#记得把文件路径换成你自己保存的路径
#这个数据集是用“;”作为分隔符的，需要设置sep参数为“;”，默认情况下是“,”
data = pd.read_csv('bank/bank.csv', sep = ';')
#用.head()可以显示数据框的前5行
data.head()
```

运行代码，我们会得到图 2.10 所示的结果。

Out[4]:

	age	job	marital	education	default	balance	housing	loan	contact	day	month	duration	campaign	pdays	previous	poutcome	y
0	30	unemployed	married	primary	no	1787	no	no	cellular	19	oct	79	1	-1	0	unknown	no
1	33	services	married	secondary	no	4789	yes	yes	cellular	11	may	220	1	339	4	failure	no
2	35	management	single	tertiary	no	1350	yes	no	cellular	16	apr	185	1	330	1	failure	no
3	30	management	married	tertiary	no	1476	yes	yes	unknown	3	jun	199	4	-1	0	unknown	no
4	59	blue-collar	married	secondary	no	0	yes	no	unknown	5	may	226	1	-1	0	unknown	no

图2.10　使用pandas读取CSV文件

从图 2.10 中我们可以看到，pandas 已经把 CSV 文件成功地读取，并将其转为数据框的形式。我们可以通过.head()查看数据集的前 5 行。

2. *使用 pandas 查看数据描述信息*

在使用 pandas 载入数据集之后，我们就可以进一步查看数据的相关信息了。首先我们可以看数据集有哪些特征，每个特征的数据类型是什么，以及是否有缺失值等。输入代码如下：

```
#查看数据集的描述信息
data.info()
```

运行代码，我们会得到图 2.11 所示的结果。

从图 2.11 中我们可以看到，该数据集包含 4521 个样本，代表了 4521 个银行客户。每个样本有 17 个特征，其中包括“age”（年龄）、“job”（工作）、“marital”（婚姻状况）等。从描述信息来看，这些样本的特征均没有缺失值。其中 int64 是指该特征是 64 位整数的数据类型，而 object 则是指特征的数据类型是字符串。最后一个特征“y”表示需要预测的目标，即该名客户是否会在银行进行定期存款。

由于在 UCI 机器学习库的网站上还有对每个特征的详细解释，这里我们暂时不展开。

随着内容的深入，我们还会对其他特征进行解释。

```
In [5]: #查看数据集的描述信息
        data.info()

        <class 'pandas.core.frame.DataFrame'>
        RangeIndex: 4521 entries, 0 to 4520
        Data columns (total 17 columns):
        age          4521 non-null int64
        job          4521 non-null object
        marital      4521 non-null object
        education    4521 non-null object
        default      4521 non-null object
        balance      4521 non-null int64
        housing      4521 non-null object
        loan         4521 non-null object
        contact      4521 non-null object
        day          4521 non-null int64
        month        4521 non-null object
        duration     4521 non-null int64
        campaign     4521 non-null int64
        pdays        4521 non-null int64
        previous     4521 non-null int64
        poutcome     4521 non-null object
        y            4521 non-null object
        dtypes: int64(7), object(10)
        memory usage: 600.5+ KB
```

图2.11　数据集的描述信息

3. 使用 pandas 查看数据统计信息

对数据集的描述信息有了一定了解之后，我们可以进一步对数据特征的统计信息进行研究。在 pandas 中，使用 describe()方法就可以轻松地察看到数据集的统计情况。现在输入代码如下：

```
#查看数据集的统计信息
data.describe()
```

运行代码，我们会得到图 2.12 所示的结果。

```
In [6]: #查看数据集的统计信息
        data.describe()
Out[6]:
```

	age	balance	day	duration	campaign	pdays	previous
count	4521.000000	4521.000000	4521.000000	4521.000000	4521.000000	4521.000000	4521.000000
mean	41.170095	1422.657819	15.915284	263.961292	2.793630	39.766645	0.542579
std	10.576211	3009.638142	8.247667	259.856633	3.109807	100.121124	1.693562
min	19.000000	-3313.000000	1.000000	4.000000	1.000000	-1.000000	0.000000
25%	33.000000	69.000000	9.000000	104.000000	1.000000	-1.000000	0.000000
50%	39.000000	444.000000	16.000000	185.000000	2.000000	-1.000000	0.000000
75%	49.000000	1480.000000	21.000000	329.000000	3.000000	-1.000000	0.000000
max	87.000000	71188.000000	31.000000	3025.000000	50.000000	871.000000	25.000000

图2.12　数据集的统计信息

从图 2.12 中我们可以看出，pandas 把数据特征的统计情况进行了反馈。首先读者可

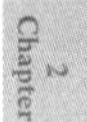

以看到，样本的年龄（age）的最小值（min）是 19.00，最大值（max）是 87.00，平均数（mean）为 41.17，中位数（50%）是 39.00，标准差（std）是 10.58，上下四分位数分别是 49.00 和 33.00。

同样地，在账户余额（balance）这一列中，也可以看到最小值是-3313.00，最大值是 71 188.00，平均值是 1422.66，中位数是 444，上下四分位数分别是 1480.00 和 69.00，标准差是 3009.64。这样看起来，样本的贫富差距还是相当大的。

细心的读者可能已经发现，在 pandas 返回的统计信息中，只有数值类型的特征，而数据类型为 object 的特征并没有返回。但这不是说 pandas 不能统计字符串类型的数据，我们可以这样输入代码：

```
#查看样本婚姻状况的统计信息
data['marital'].describe()
```

运行代码，我们会得到图 2.13 所示的结果。

```
In [8]:  #查看样本婚姻状况的统计信息
         data['marital'].describe()

Out[8]:  count         4521
         unique           3
         top        married
         freq          2797
         Name: marital, dtype: object
```

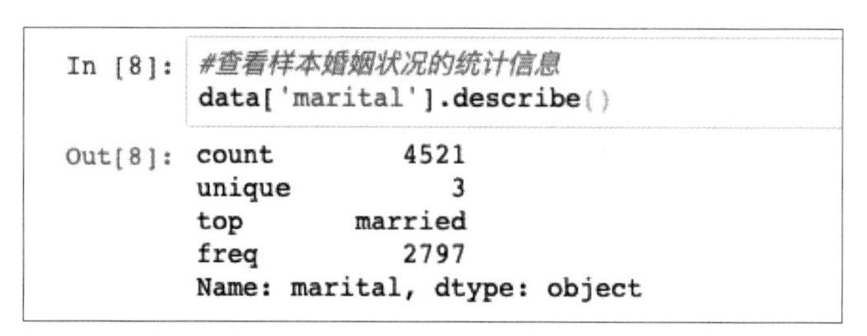

图2.13　样本婚姻状况的统计信息

从图 2.13 中我们可以看到，对于字符串类型的数据特征，pandas 同样可以进行统计。在样本的婚姻状况中，共有 3 个不同的值，其中出现频率最高的是“married”（已婚），频率达到了 2797。

那么在婚姻状况这一个特征中，除了“married”之外，我们可以用下面的代码来了解该特征还包含哪些值：

```
#查看样本婚姻状况中有哪些不同的数值
data['marital'].unique()
```

运行代码，我们可以得到图 2.14 所示的结果。

```
In [9]:  #查看样本婚姻状况中有哪些不同的数值
         data['marital'].unique()

Out[9]:  array(['married', 'single', 'divorced'], dtype=object)
```

图2.14　查看样本婚姻状况的不同数值

从图 2.14 中我们可以看到，pandas 给我们返回了一个数组（array），在这个数组中有 3 个值，分别是“married”（已婚）、“single”（单身），以及“divorced”（离异）。

在数据科学领域，当我们拿到新的数据集时，往往都会像上面这样，初步对数据的基本信息进行一些了解。除了使用 pandas 之外，还可以使用可视化工具来更直观地对数据进行分析。这也是读者要完成的下一个任务。

2.2.2　可视化工具的基本使用方法

1. **使用 seaborn 绘制直方图**

seaborn 是一个基于 Matplotlib 的图形可视化 python 包。它在 Matplotlib 的基础上进行了更高级的 API 封装，从而使得作图更加容易。Matplotlib 和 seaborn 在本书都有所涉及。

下面我们用 seaborn 绘制一个直方图，来直观展示样本年龄的分布情况。输入代码如下：

```
#使用 seaborn 需要先导入 Matplotlib
import matplotlib.pyplot as plt
#导入 seaborn
import seaborn as sns
#使用 distplot 来绘制图形
sns.distplot(data['age'])
#显示图形
plt.show()
```

运行上面这段代码，我们会得到图 2.15 所示的结果。

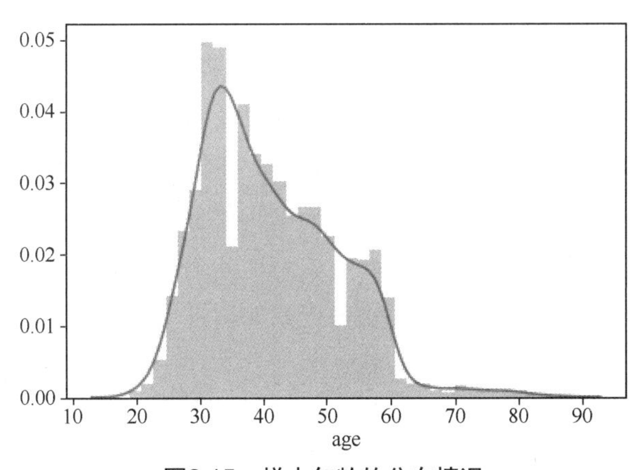

图2.15　样本年龄的分布情况

从图 2.15 中我们可以看到，样本的年龄主要集中在 30～40 岁，呈现出正偏态分布。整体来看，样本以青年人居多。

2. **使用 seaborn 绘制计数图**

除了可以使用 seaborn 对数值类特征绘制直方图之外，还可以用来计算字符串类型特征中不同的数值出现的次数。例如，我们想知道样中婚姻状况的分布情况，就可以使用 countplot 来进行绘制。代码如下：

```
#使用 countplt 展示样本婚姻状况分布
sns.countplot(data['marital'])
```

```
#显示图形
plt.show()
```

运行代码，会得到图 2.16 所示的结果。

从图 2.16 中我们可以非常直观地看到，seaborn 绘制的计数图清晰地展现了不同婚姻状况的样本数量情况。其中已婚的样本数量最多，单身的样本数量不到已婚样本数量的一半，而离异的样本数量最少，大约有 500 个。由此可见，使用 seaborn 的 countplot 绘制的计数图非常适合展示数据特征中不同类型的数量。

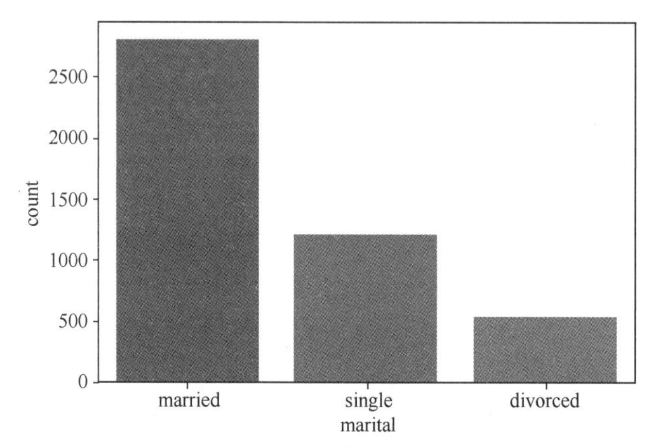

图2.16　样本婚姻状况的分布情况

3. **使用 seaborn 和 Matplotlib 按组展示多个特征**

除了前文使用 seaborn 绘制的简单图形之外，还可以对数据集中的特征按照分组的方式来进行展现。举个例子，假如我们想要知道，不同婚姻状况的人在年龄方面是否有明显的特征差异——已婚的样本年龄是何种分布？单身的人群是否更加年轻？是否有某个年龄段的人特别容易离婚？……诸如此类的问题。为了回答这些问题，我们就可以按照婚姻状况分组来绘制年龄分布情况。输入代码如下：

```
#定义一个网格，令网格的列代表婚姻状况
grid = sns.FacetGrid(data, col = 'marital')
#在网格中绘制样本年龄的直方图，步长指定为10
grid.map(plt.hist, 'age', bins = 10)
#显示图形
plt.show()
```

运行代码，我们会得到图 2.17 所示的结果。

从图 2.17 中我们可以看到，在已婚人群中，年龄在 30～40 岁的样本数量最多；而在单身人群中，25～30 岁的样本数量较大；与此同时，离异人群中年龄的分布相对更平均，30～60 岁的样本数量相差不大，看来年龄与是否离婚并没有明显的相关性。

以上就是一些基本的可视化工具的使用方法。除了我们这里给出的简单实例之外，seaborn 和 Matplotlib 还可以绘制很多优美的图形，在后文中，我们还会逐一进行展示和讲解。

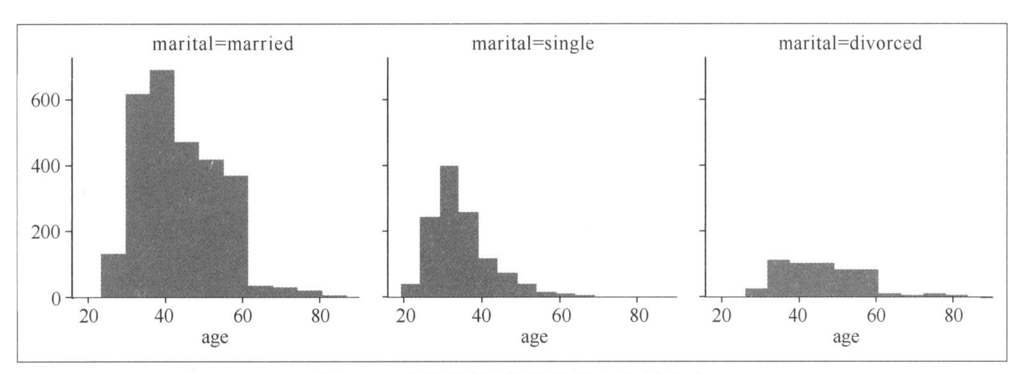

图2.17　不同婚姻状况的样本年龄分布

任务 2.3 掌握 scikit-learn 的基本操作

scikit-learn 是一个常用的第三方开源机器学习库。它对常用的机器学习算法进行了封装，包括分类、回归、聚类、数据降维等。scikit-learn 早在 2007 年便已发布，历经 10 余年的发展，如今已经拥有成熟的文档和社区。本书主要通过 scikit-learn 对算法的基本原理和实现进行讲解。下面是 scikit-learn 的一些基本操作。

2.3.1　使用 scikit-learn 加载并检查数据

scikit-learn 内置了一些标准数据集，以供用户进行学习和实验。例如，用于分类任务的鸢尾花数据集、手写数字识别数据集，以及用于回归任务的波士顿房价数据集等。通过下面的代码，我们可以将内置的数据集载入：

```
#首先从 scikit-learn 中导入 datasets 模块
from sklearn import datasets
#载入手写数字识别数据集
digits = datasets.load_digits()
#检查载入数据集中的键名
digits.keys
```

运行代码，我们会得到以下结果。

```
dict_keys(['data', 'target', 'target_names', 'images', 'DESCR'])
```

如果看到了这样一行结果，说明 scikit-learn 成功载入了数据集。从代码运行结果中可以看到，该数据集以字典数据类型进行存储，字典中的键名分别是“data”“target”“target_name”“images”“DESCR”，分别代表的是数据集中样本特征、样本标签、样本标签名、图像的像素特征和数据集的简要描述。

以上这些键名，读者可能暂时还不太清楚究竟都是什么意思。不用担心，这里我们只是演示 scikit-learn 的数据集载入方法，暂时不需要大家清楚各个键名所代表的含义。

不过大家可以使用下面的代码来获取数据集的描述：

```
#检查数据集中 DESCR 键所对应的值
print(digits.DESCR)
```

运行代码，会得到如下的结果。

```
Optical Recognition of Handwritten Digits Data Set
===================================================
Notes
-----
Data Set Characteristics:
    :Number of Instances: 5620
    :Number of Attributes: 64
    :Attribute Information: 8x8 image of integer pixels in the range 0..16.
    :Missing Attribute Values: None
    :Creator: E. Alpaydin (alpaydin '@' boun.edu.tr)
    :Date: July; 1998
This is a copy of the test set of the UCI ML hand-written digits datasets
http://          ml/datasets/Optical+Recognition+of+Handwritten+Digits
The data set contains images of hand-written digits: 10 classes where
each class refers to a digit.
Preprocessing programs made available by NIST were used to extract
normalized bitmaps of handwritten digits from a preprinted form. From a
total of 43 people, 30 contributed to the training set and different 13
to the test set. 32x32 bitmaps are divided into nonoverlapping blocks of
4x4 and the number of on pixels are counted in each block. This generates
an input matrix of 8x8 where each element is an integer in the range
0..16. This reduces dimensionality and gives invariance to small
distortions.
For info on NIST preprocessing routines, see M. D. Garris, J. L. Blue, G.
T. Candela, D. L. Dimmick, J. Geist, P. J. Grother, S. A. Janet, and C.
L. Wilson, NIST Form-Based Handprint Recognition System, NISTIR 5469,
1994.
References
----------
  - C. Kaynak (1995) Methods of Combining Multiple Classifiers and Their
    Applications to Handwritten Digit Recognition, MSc Thesis, Institute
    of Graduate Studies in Science and Engineering, Bogazici University.
  - E. Alpaydin, C. Kaynak (1998) Cascading Classifiers, Kybernetika.
  - Ken Tang and Ponnuthurai N. Suganthan and Xi Yao and A. Kai Qin.
    Linear dimensionalityreduction using relevance weighted LDA. School
    of Electrical and Electronic Engineering Nanyang Technological University.
    2005.
  - Claudio Gentile. A New Approximate Maximal Margin Classification
    Algorithm. NIPS. 2000.
```

以上的描述详细介绍了这个数据集的样本数量、特征数量、特征信息以及数据集的来源和下载地址等信息。感兴趣的读者可以仔细阅读，以便更了解该数据集的情况。

除此之外，读者也可以使用 digits.data、digits.targets 等语句来查看其他键名所对应的键值。

2.3.2　使用 scikit-learn 训练模型并评估

在 2.3.1 小节中，我们载入了手写数字识别数据集，接下来可以使用这个数据集来训练一个简单的模型。在这个数据集中，模型的任务是对数据中的手写数字进行识别，将它们放入正确的分类，即 0～9 这 10 类中，同时对模型的准确率进行评估。

我们首先需要把数据集拆分为训练集和测试集。这里输入代码如下：

```
#导入数据集拆分工具
from sklearn.model_selection import train_test_split
#把数据集中的样本特征赋值给 x
x = digits.data
#把样本的分类标签赋值给 y
y = digits.target
#检查 x 和 y 的形态
x.shape, y.shape
```

运行代码，我们会得到如下所示的结果。

```
((1797, 64), (1797,))
```

从上面的代码运行结果可以看出，x 中有 1797 行，代表 1797 个样本，有 64 列，代表样本的 64 个特征（因为样本是 8 像素×8 像素的图像，每个像素是一个特征）；y 也有 1797 行，代表每个样本的标签，但与 x 不同的是，y 只有一列。

现在把 x 和 y 拆分为训练集和测试集，输入代码如下：

```
#使用 train_test_split 将 x 和 y 分别拆分成训练集和测试集的特征和标签
#指定随机种子 random_state 为 42，便于复现
x_train, x_test, y_train, y_test = train_test_split(x, y, random_state
= 42)
#检查训练集和测试集中样本的形态
x_train.shape, x_test.shape
```

运行代码，会得到如下所示的结果。

```
((1347, 64), (450, 64))
```

从代码运行结果可以看出，经过 train_test_split 的拆分，训练集中现在有 1347 个样本，而测试集中有 450 个样本。

现在，读者就可以动手训练自己的第一个模型了。输入代码如下：

```
#导入支持向量机
from sklearn import svm
#使用 svm 中的 SVC 作为分类器
clf = svm.SVC()
#使用训练集对模型进行训练
```

```
clf.fit(x_train, y_train)
```

运行以上代码，会得到如下所示的结果。

```
SVC(C=1.0, cache_size=200, class_weight=None, coef0=0.0,
  decision_function_shape='ovr', degree=3, gamma='auto', kernel='rbf',
  max_iter=-1, probability=False, random_state=None, shrinking=True,
  tol=0.001, verbose=False)
```

上面代码运行结果展示给我们的是使用支持向量机所训练模型的参数。由于我们没有在代码中指定参数，因此这里全部参数保持默认的数值。关于支持向量机（Support Vector Machine, SVM）和这些参数，读者可能现在还不了解是什么意思，没有关系，第5章会专门介绍支持向量机算法。

接下来就可以对模型的准确率进行评估了，输入代码如下：

```
#使用 clf.score 在测试集中评估模型准确率
clf.score(x_test, y_test)
```

运行代码，会得到如下结果。

```
0.5222222222222223
```

从上面的代码运行结果可以看到，我们训练的第一个模型的准确率只有52.22%，可以说还有非常大的提升空间。在后文的学习中，我们会介绍如何通过调节模型参数来提高模型的准确率。

2.3.3 保存和载入训练好的模型文件

在模型训练好之后，我们要把模型保存成文件，以供将来部署到生产环境使用。以上文训练好的模型为例，可以使用 Python 中的 pickle 模块对模型进行保存。输入代码如下：

```
#导入 pickle 模块
import pickle
#建立一个名为 model.pkl 的文件，模式为“写入”
model = open('model.pkl', 'wb')
#使用 pickle 保存模型
pickle.dump(clf, model)
#关闭 model 文件
model.close()
```

运行上述代码之后，你会发现在你的硬盘上和 notebook 同一个文件夹下多了一个名为“model.pkl”的文件。这说明模型文件已经保存成功了。

当我们需要调用这个模型文件时，输入下面的代码即可把模型载入：

```
#以读取方式打开之前保存好的模型文件
model_file = open('model.pkl', 'rb')
#用 pickle 将打开的文件加载回来
clf2 = pickle.load(model_file)
#使用加载的模型预测测试集中最后一个样本
clf2.predict(x_test[-1:])
```

运行代码，我们会得到如下的结果。

```
array([8])
```

从上面的代码运行结果可以看出，pickle 把已经保存好的模型文件成功载入了，并且使用这个模型对测试集中最后一个样本的分类进行了预测。模型给出的预测结果是 8，也就是说，测试集中最后一个手写数字是 8。

注意

最新版的 scikit-learn 支持使用 joblib 来保存和载入模型文件。感兴趣的读者可以把 scikit-learn 升级到最新版本，并探索如何使用 joblib 来完成这项工作。

本章小结

（1）Anaconda 是一个开源的软件包集合平台、环境管理器，可在 Anaconda 官网下载版本相匹配的 Anaconda 安装文件进行安装。

（2）Jupyter Notebook 是一个交互式笔记本，支持 40 多种编程语言。

（3）pandas 是一个开源的 Python 软件包，使用 pandas 读取数据十分方便，可以使用 data.info()查看数据相关信息。

（4）seaborn 是一个基于 Matplotlib 的图形可视化 Python 包，使用 seaborn 绘制直方图、计数图，与 Matplotlib 一同分组对特征进行可视化。

（5）scikit-learn 是一个常用的第三方开源机器学习库。可使用 scikit-learn 载入数据集，使用 train_test_split 拆分训练集与测试集。

（6）使用 pickle 可将模型保存为文件，实现模型持久化。

本章习题

操作题

（1）下载和你的操作系统版本一致的 Anaconda 并进行安装。

（2）启动 Jupyter Notebook，新建一个 Python 记事本文件，输入任意 Python 代码并运行。

（3）使用 pandas 读取第 1 章习题中你下载好的数据集，并查看其描述信息。

（4）使用 seaborn 或 Matplotlib 对你下载的数据集中的某些特征进行可视化。

（5）使用 scikit-learn 将你下载的数据集拆分为训练集和测试集。

第3章

线性模型

技能目标

- 掌握线性模型的基本概念与线性回归的使用
- 掌握岭回归的原理及使用
- 掌握套索回归的原理及使用
- 了解逻辑回归和线性支持向量机

本章任务

学习本章，读者需要完成以下4个任务。读者在学习过程中遇到的问题，可以通过访问课工场官网解决。

任务3.1：掌握线性模型的基本概念与线性回归的使用

掌握线性模型的基本公式、原理及线性回归的使用。

任务3.2：掌握岭回归的原理及使用

掌握岭回归中的正则化参数以及其使用。

任务3.3：掌握套索回归的原理及使用

掌握套索回归的正则化参数以及其使用。

任务3.4：了解逻辑回归和线性支持向量机

了解作为分类模型的逻辑回归与线性支持向量机的使用。

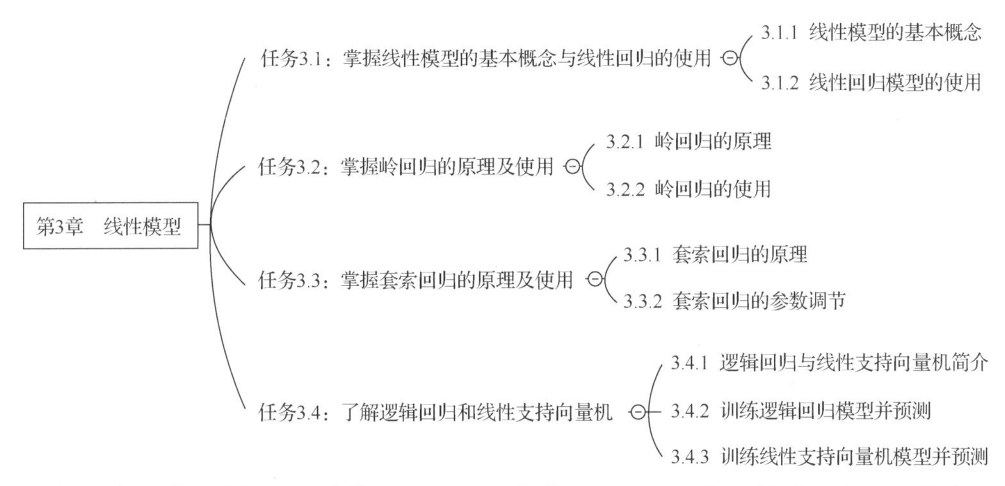

线性模型并不是指某一种算法，而是一类算法的统称。线性模型虽然已经存在了很长时间，但如今仍然是使用最多的算法之一。主要的原因是这类算法的性能表现十分优越，即便是在超大型数据集中，线性模型的训练速度也是非常快的。同时，线性模型的原理易于理解，这也是它们能够保持流行的另一个原因。世界上没有完美的算法，线性模型也有它们的不足——在面对特征较少，或者说维度较低的数据集时，线性模型的表现往往不能令人满意。但读者不必担心，无论如何，线性模型都足够解决数据科学中的绝大部分分类与回归的问题。

任务 3.1　掌握线性模型的基本概念与线性回归的使用

【任务描述】

掌握线性模型基本概念和线性回归的使用。

【关键步骤】

（1）掌握线性模型的基本公式和图形表达。

（2）使用简单数据集训练线性回归模型。

3.1.1　线性模型的基本概念

1. 线性模型的基本公式

实际上，线性模型属于统计学范畴的概念，但近年来在机器学习领域的应用越来越广泛。线性模型并非特指某一种算法，而是代表了一类算法。在机器学习的范畴中，常用的线性模型包括线性回归、岭回归、套索回归、逻辑回归和线性支持向量机等。在回归任务中，线性模型的基本公式如下：

$$\hat{y}=w_{[0]}\cdot x_{[0]}+w_{[1]}\cdot x_{[1]}+\ldots+w_{[n]}\cdot x_{[n]}+b$$

在上面的公式中，$x_{[0]}$～$x_{[n]}$代表数据集中每个样本的特征值，n 表示数据集中的每个

样本都有 n 个特征，w 和 b 分别代表模型计算出来每个特征的权重和偏差，而 $\hat{y}$（读作 y-hat）是模型计算出来的预测结果值。

为了使读者更加容易理解，可以假设某个数据集中的样本都只有一个特征，这样公式就变得非常简单，如下：

$$\hat{y}=w \cdot x+b$$

这个简化的公式很好地解释了什么是线性模型：它实际上就是一个直线方程。例如，某个特征权重 w 为-2，偏差 b 为 3，则方程写为：

$$\hat{y}=-2x+3$$

2. 线性模型的图形表达

下面使用图形的方式来绘制这个方程所对应的直线，在 Jupyter Notebook 中新建一个 Python 记事本文件，输入代码如下：

```
#导入NumPy
import numpy as np
#导入可视化工具Matplotlib
import matplotlib.pyplot as plt
#生成一个-10～10、元素数为200的等差数列
x = np.linspace(-10,10,200)
#输入直线方程
y = -2*x + 3
#使用Matplotlib绘制折线图
plt.plot(x,y,c='purple')
#折线图标题设为“basic linear model”
plt.title('basic linear model')
#显示图形
plt.show()
```

运行代码，会得到图 3.1 所示的结果。

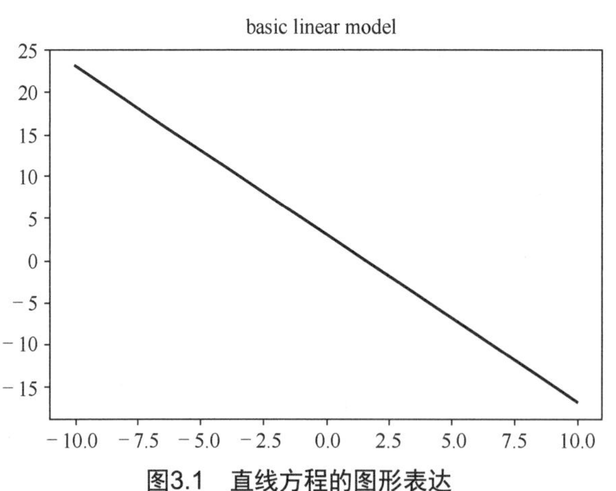

图3.1　直线方程的图形表达

从图 3.1 中可以非常容易地理解各种线性模型的基本工作原理：假设有一个数据集，

其样本分布在这条直线的两侧，则模型会将位于直线上方的样本分为一类，将直线下方的样本分为另一类。

对于样本有多个特征的数据集，读者可以想象，在多维空间中每个特征确定一条直线。多条直线组成一个超平面，这个超平面也就是高维数据集中的线性模型。

3.1.2　线性回归模型的使用

1. 生成简单数据集

线性模型的训练过程非常容易理解，读者可以把它当作一个求解多元一次方程的过程。为了直观地进行讲解，这里用一个非常简单的例子：假设有两名学生，第一名学生年龄 14 岁，身高 165cm；第二名学生年龄 18 岁，身高 175cm。现在可以用这两名学生的数据制作一个简单的数据集，输入代码如下：

```
#导入 pandas
import Pandas as pd
#用字典数据类型存储两个学生的年龄和身高数据
data = {'Age' : [14,18],
         'Height' : [165,175]}
#把字典数据类型转换为 pandas 数据框
data_frame = pd.DataFrame(data)
#检查是否成功
data_frame.head()
```

运行代码，会得到表 3-1 所示的结果。

表 3-1　两名学生的年龄和身高数据集

	Age	Height
0	14	165
1	18	175

从表 3-1 中可以看到，数据集已经成功建立，两个样本的年龄和身高数据分别存储在“Age”和“Height”中。

2. 样本数量为 2 时的线性回归模型

现在，我们就可以基于这个超小型数据集来训练一个最简单的线性模型了。这里用到最基本的线性模型，也就是线性回归（Linear Regression）模型。在 Jupyter Notebook 中输入代码如下：

```
#导入线性回归模型
from sklearn.linear_model import LinearRegression
#创建一个回归器，所有参数保持默认
reg = LinearRegression()
#把样本的年龄数据赋值给 x
#由于样本只有一个特征，因此需要用 reshape 处理
x = data_frame['Age'].values.reshape(-1,1)
```

```
#把样本的身高数据赋值给 y
y = data_frame['Height']
#使用 x、y 训练线性回归模型
reg.fit(x,y)
```

运行代码，会得到如下的结果。

```
LinearRegression(copy_X=True, fit_intercept=True, n_jobs=1, normalize=
False)
```

从上面的结果可以看出，模型训练完成，且返回了参数。为了更直观地看到模型的情况，我们可以用下面的代码将其可视化：

```
#令 z 为 10～20 的等差数列，元素数为 20
z = np.linspace(10,20,20)
#将 x 和 y 用散点图的形式展现出来
plt.scatter(x,y,s=80)
#用直线绘制模型
plt.plot(z, reg.predict(z.reshape(-1,1)),c='k')
#设定图题为"Age and Height"
plt.title('Age and Height')
#显示图形
plt.show()
```

运行代码，会得到图 3.2 所示的结果。

图3.2　使用两名学生的年龄和身高数据训练的线性回归模型

从图 3.2 中可以看到，线性回归拟合（fit）了两名学生的年龄和身高数据。从图形来看非常容易理解——两个点可以确定一条直线，这条直线便是使用线性回归算法训练的模型。如果想要知道这条直线的方程，可以使用下面的代码查看：

```
#输出模型中的 coef_和 intercept_参数
#coef_和 intercept_参数分别代表线性模型公式中的 w 和 b
print(reg.coef_, reg.intercept_)
```

运行代码，会得到如下的结果：

```
[2.5] 130.0
```

从上面的代码运行结果可以看到，该直线的方程为：

$$y=2.5x+130$$

基于这个方程，我们就很容易理解模型的工作原理了，也就是计算出直线或超平面的 coef_参数和 intercept_参数，以确定该直线或超平面的方程，并使用该方程预测新的样本在该直线或超平面上所对应的数值。如果现在有一名身高未知的 16 岁的学生，则模型会预测其身高为 2.5×16+130=170cm。

3. 样本数量大于 2 时的线性回归模型

善于思考的读者可能会问这样一个问题：如果我们的训练集中有更多样本，且这些样本的年龄和身高数据并非正好处于一条直线上，那么模型会是什么样子呢？例如，有 3 名学生，年龄和身高数据分别为[14 岁,165cm]、[16 岁,168cm]、[18 岁,175cm]。可以用下面的代码来进行实验：

```
#用字典数据类型存储 3 名学生的年龄和身高数据
data2 = {'Age' : [14,16,18],
        'Height' : [165,168,175]}
#把字典转换为 pandas 数据框
data_frame2 = pd.DataFrame(data2)
#检查是否成功
data_frame2.head()
```

运行代码，会得到表 3-2 所示的结果。

表 3-2 3 名学生的年龄和身高数据

	Age	Height
0	14	165
1	16	168
2	18	175

接下来，用 3 名学生的年龄和身高数据训练线性回归模型并将其可视化，代码如下：

```
#定义一个回归器 reg2
reg2 = LinearRegression()
#把样本的年龄赋值给 x2
x2 = data_frame2['Age'].values.reshape(-1,1)
#把样本的身高数据赋值给 y2
y2 = data_frame2['Height']
#使用 x2、y2 训练线性回归模型
reg2.fit(x2,y2)
#将 x2 和 y2 用散点图的形式展现出来
plt.scatter(x2,y2,s=80)
#用直线绘制模型，继续使用之前生成的等差数列 z
plt.plot(z, reg2.predict(z.reshape(-1,1)),c='k')
#设定图题为“Age and Height”
plt.title('Age and Height')
```

```
#显示图形
plt.show()
```

运行代码，会得到图 3.3 所示的结果。

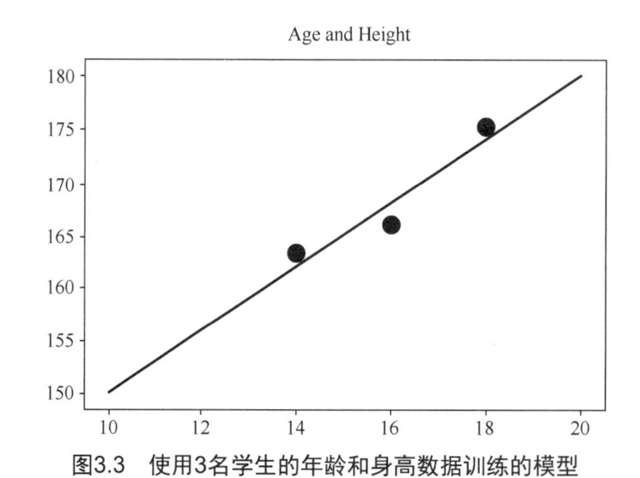

图3.3　使用3名学生的年龄和身高数据训练的模型

从图 3.3 中可以看到，这一次直线没有穿过任何一个点，而是处于与 3 个点距离之和最小的位置。仍然可以使用下面的代码来查看该直线的斜率与截距：

```
#查看 reg2 的斜率与截距
print(reg2.coef_,reg2.intercept_)
```

运行代码，可以得到如下的结果：

```
[3.] 120.00000000000003
```

从以上代码运行结果可以看到，这一次直线方程变成：

$$y=3x+120$$

假设现有一名未知身高的 17 岁学生，则模型会预测其身高为 3×17+120=171cm。到此，相信读者应完全理解了一般线性回归模型的基本原理——线性回归模型会在与每个数据点的距离的总和为最小值的位置生成一个直线或超平面，并根据该直线或超平面对新的样本进行预测。

任务 3.2　掌握岭回归的原理及使用

【任务描述】

掌握岭回归的原理及使用。

【关键步骤】

（1）掌握岭回归中的 L2 正则化参数。

（2）掌握岭回归的训练方法。

（3）掌握岭回归的参数调节。

3.2.1 岭回归的原理

1. 什么是 L2 正则化参数

在实际使用过程中，如果模型在验证集中的准确率显著低于模型在训练集中的准确率，就说明模型出现了过拟合的问题。普通线性回归比较容易出现过拟合。同时，由于线性回归不容易通过控制模型的复杂度来降低过拟合的程度，因此改良型的线性模型应运而生，如岭回归（Ridge）。岭回归使用 L2 正则化的方法来降低样本特征的权重，以降低特征对模型的影响，但是 L2 正则化不会将权重降为 0。也就是说，L2 正则化仍然会保留样本的全部特征。

下面继续使用学生年龄和身高数据，来直观展示岭回归的原理。输入代码如下：

```
#导入岭回归
from sklearn.linear_model import Ridge
#使用岭回归对数据进行拟合
ridge = Ridge().fit(x2, y2)
#将 x2 和 y2 用散点图的形式展现出来
plt.scatter(x2,y2,s=80)
#用直线绘制模型，继续使用之前生成的等差数列 z
plt.plot(z, ridge.predict(z.reshape(-1,1)),c='k')
#设定图题为“Age and Height”
plt.title('Age and Height')
#显示图形
plt.show()
```

运行代码，会得到图 3.4 所示的结果。

图3.4 使用学生年龄和身高数据训练的岭回归模型

从图 3.4 中可以看到，在使用默认参数的情况下，岭回归生成的模型看起来与线性回归模型非常接近。

2. L2 正则化参数对模型的影响

下面我们对正则化参数 alpha 进行调整，观察模型会发生什么样的变化。输入代码如下：

```
#使用 alpha 为 20 的岭回归对数据进行拟合
ridge2 = Ridge(alpha=20).fit(x2, y2)
#将 x2 和 y2 用散点图的形式展现出来
plt.scatter(x2,y2,s=80)
#用直线绘制模型，继续使用之前生成的等差数列 z
plt.plot(z, ridge2.predict(z.reshape(-1,1)),c='k')
#设定图题为“Age and Height”
plt.title('Age and Height')
#显示图形
plt.show()
```

运行代码，会得到图 3.5 所示的结果。

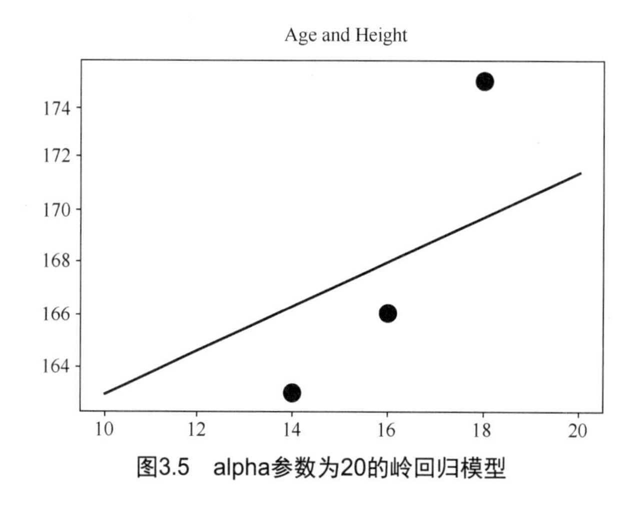

图3.5　alpha参数为20的岭回归模型

从图 3.5 中可以看到，通过调节 alpha 参数为 20，模型距离 3 个样本的点更远了。同时，相比没有调节 alpha 参数的岭回归模型，这条直线看上去没有那么“陡峭”了。这说明模型对训练集的拟合度降低，可避免出现过拟合。

同样，我们可以查看这条直线的斜率和截距，输入代码如下：

```
#查看 ridge2 的直线斜率与截距
print(ridge2.coef_, ridge2.intercept_)
```

运行代码，可以得到如下的结果：

```
[0.85714286] 154.28571428571428
```

从以上代码运行结果可以看到，alpha 参数调节到 20 的岭回归模型的直线方程为：

$$y=0.857x+154.286$$

对比之前使用线性回归训练出的模型直线方程，岭回归训练的模型直线斜率大幅降低了，而截距相对升高了。

3.2.2 岭回归的使用

1. 使用糖尿病数据集训练岭回归模型

为了更加清晰地展示岭回归如何通过调节参数来避免过拟合，下面使用一个真实的数据集来进行演示。输入代码如下：

```
#载入糖尿病数据集
from sklearn.datasets import load_diabetes
#导入数据集拆分工具
from sklearn.model_selection import train_test_split
#将样本特征与标签分别赋值给 X、y
X, y = load_diabetes().data, load_diabetes().target
#将数据集拆分成训练集和验证集
X_train, X_test, y_train, y_test = train_test_split(X, y, random_state
= 8)
#查看拆分是否成功
X.shape, X_train.shape
```

运行代码，将得到如下的结果：

```
((442, 10), (331, 10))
```

从上面的代码运行结果可以看到，scikit-learn 成功载入了糖尿病数据集，该数据集中样本数量为 442 个，每个样本有 10 个特征。通过拆分，训练集中的样本数量为 331 个，其余 111 个样本则作为验证集。现在开始使用训练集训练 alpha 参数为 0.1 的岭回归模型，输入代码如下：

```
#使用 alpha 参数为 0.1 的岭回归进行训练
ridge = Ridge(alpha = 0.1).fit(X_train, y_train)
#查看模型在训练集和验证集中的准确率
print(ridge.score(X_train, y_train))
print(ridge.score(X_test, y_test))
```

运行代码，会得到如下结果：

```
0.5215646055241339
0.47340195009453095
```

从上面的代码运行结果可以看到，在 alpha 参数为 0.1 的情况下，岭回归在训练集中的准确率是 0.52，而在验证集中的准确率是 0.47。训练集中的准确率较验证集的准确率稍高，说明模型出现了轻微的过拟合。

2. 岭回归的参数调节

接下来，我们通过调节岭回归的 alpha 参数，再对模型的准确率进行评估。输入代码如下：

```
#设置岭回归的参数为 5
ridge5 = Ridge(alpha = 5)
#使用训练集训练模型
ridge5.fit(X_train, y_train)
```

```
#查看模型在训练集和验证集中的准确率
print(ridge5.score(X_train, y_train))
print(ridge5.score(X_test, y_test))
```

运行代码，将得到如下的结果：

```
0.23603769215514647
0.25079436127855825
```

从上面的运行结果可以看出，把岭回归中的 alpha 参数设置为 5 之后，模型在训练集和验证集中的准确率都有所下降。在训练集中的准确率为 0.236，而在验证集中的准确率超过了训练集。与 alpha 参数为 0.1 的岭回归对比，可以看到模型的准确率下降了，但是过拟合的倾向消除了。

注意

这里仅为了演示 alpha 参数对模型准确率的影响。在实际工作中，不会为了避免过拟合而故意将模型准确率降低。调节参数的主要目的仍然是提高模型在验证集中的得分。

较高的 alpha 值代表算法对模型的限制更加严格，alpha 值越大，系数的极差越小，模型也越不容易出现过拟合。

3. ***岭回归中不同参数对特征权重的影响***

alpha 参数对于特征权重的影响可以通过图形进行更加清晰、直观地展示，输入代码如下：

```
#训练 4 个不同 alpha 参数的岭回归，alpha 值分别取 0.1、1、5、10
ridge01 = Ridge(alpha = 0.1).fit(X_train, y_train)
ridge1 = Ridge(alpha = 1).fit(X_train, y_train)
ridge5 = Ridge(alpha = 5).fit(X_train, y_train)
ridge10 = Ridge(alpha = 10).fit(X_train, y_train)
#绘制 alpha=0.1 时的模型系数
plt.plot(ridge01.coef_, 's', label = 'Ridge alpha=0.1')
#绘制 alpha=1 时的模型系数
plt.plot(ridge1.coef_, '^', label = 'Ridge alpha=1')
#绘制 alpha=5 时的模型系数
plt.plot(ridge5.coef_, 'v', label = 'Ridge alpha=5')
#绘制 alpha=10 时的模型系数
plt.plot(ridge10.coef_, 'o', label = 'Ridge alpha=10')
#设置图形横、纵轴的标签
plt.xlabel("coefficient index")
plt.ylabel("coefficient magnitude")
#绘制一条直线作为参考线
plt.hlines(0,0, len(ridge01.coef_))
#添加图注
plt.legend(loc = 'best')
```

```
#显示图形
plt.show()
```

运行代码，会得到图 3.6 所示的结果。

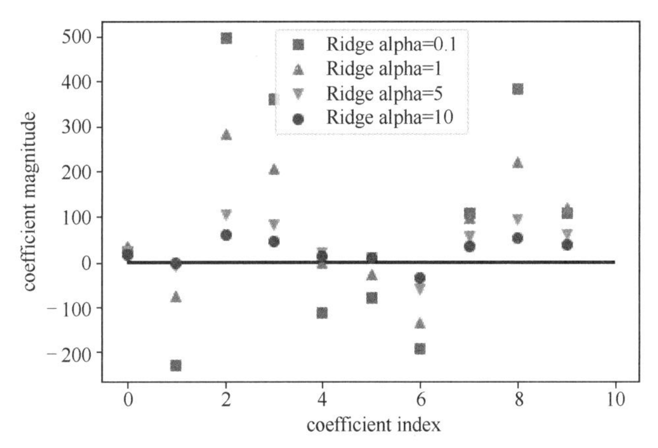

图3.6　不同alpha参数的岭回归中的coef_属性

从图 3.6 中可以看出，当 alpha 参数取 0.1 时，岭回归的 coef_属性的最小值要低于-200，而最大值达到 500 左右；随着 alpha 参数的逐渐增大，岭回归的 coef_属性的离散度逐步降低。当 alpha 参数达到 10 的时候，模型的 coef_属性更加集中在图中横线的位置，也就是 0 的附近。这时，模型的复杂度大大降低了，模型更不容易出现过拟合。

任务 3.3　掌握套索回归的原理及使用

【任务描述】

掌握套索回归基本概念和使用。

【关键步骤】

（1）掌握套索回归中的 L1 正则化参数。

（2）掌握套索回归的训练方法。

（3）了解 L1 正则化参数对于特征选择的影响。

3.3.1　套索回归的原理

1．套索回归中的 L1 正则化参数

在上一个任务中，读者了解了使用 L2 正则化的线性模型——岭回归。这种正则化的方式降低了样本特征的权重，可以避免过拟合的发生。同时还有另外一种正则化的方式——L1 正则化。L1 正则化会使某些特征的权重等于 0。也就是说，模型认为这个特征的重要性可以忽略不计，以至于可以彻底将其摒除。这使得模型具有自动选择特征的能力。

常见的使用 L1 正则化的线性模式是套索回归（Lasso）。下面继续使用糖尿病数据集来展示套索回归的使用，输入代码如下：

```
#导入套索回归
from sklearn.linear_model import Lasso
#使用套索回归拟合数据
lasso = Lasso().fit(X_train, y_train)
#返回模型参数
lasso
```

运行代码，可以得到如下的结果：

```
Lasso(alpha=1.0, copy_X=True, fit_intercept=True, max_iter=1000,
normalize=False, positive=False, precompute=False, random_state=None,
selection='cyclic', tol=0.0001, warm_start=False)
```

从代码运行结果可以看到，系统返回了套索回归的参数。其中要重点关注的也是 alpha 参数。在默认情况下，套索回归的 alpha 值为 1.0。

2. L1 正则化参数决定特征使用的数量

现在来评估 alpha 参数取 1.0 时的模型准确率和特征使用的情况，输入代码如下：

```
#输出套索回归在训练集中的准确率
print(lasso.score(X_train, y_train))
#输出套索回归在验证集中的准确率
print(lasso.score(X_test, y_test))
#输出套索回归使用的特征数量
print(np.sum(lasso.coef_ != 0))
```

运行代码，会得到以下的结果：

```
0.36242428249291325
0.36561858962128
3
```

从代码运行结果中可以看到，模型在训练集和验证集中的准确率相差无几，并没有出现过拟合的现象。相反地，无论是在训练集中还是在验证集中，模型的准确率都比较低，只有 0.36 左右，恰恰说明模型出现了欠拟合的现象。导致欠拟合的原因是模型只使用了 10 个特征中的 3 个。也就是说套索回归将另外 7 个特征的权重降到了 0，使得模型过于简单了。

3.3.2 套索回归的参数调节

1. L1 正则化参数对模型准确率的影响

为了避免模型受到过大的约束而导致欠拟合，可以调节套索回归中的 alpha 参数。在套索回归中，参数值越低，则模型越复杂，也越容易倾向于过拟合。读者可以使用下面的代码进行试验：

```
#设置套索回归的 alpha 值为 0.1，并拟合数据
lasso01 = Lasso(alpha=0.1, max_iter=100000).fit(X_train, y_train)
```

```
#输出训练集中的准确率
print(lasso01.score(X_train, y_train))
#输出验证集中的准确率
print(lasso01.score(X_test, y_test))
#查看模型使用的特征数量
print(np.sum(lasso01.coef_ != 0))
```

运行代码，会得到以下的结果：

```
0.519480608218357
0.47994757514558173
7
```

从代码运行结果可以看到，当我们把套索回归的alpha参数设置为0.1时，模型在训练集中的准确率提高到了51.95%，而在验证集中的准确率提升到了47.99%，比alpha参数取1.0时均有提升。且模型在训练集中的准确率稍微高于在验证集中的准确率，已经呈现出轻微的过拟合倾向。通过查看权重不为0的特征个数，可以看到在alpha参数为0.1时，套索回归使用的特征为7个，比alpha参数取1.0时多使用了4个。

2. **不同L1正则化参数选择的特征数量对比**

同样，可以使用图形来观察在alpha参数取不同值时套索回归模型给各个特征分配的权重。输入代码如下：

```
#设置套索回归的alpha值为0.001，并拟合数据
lasso001 = Lasso(alpha=0.001, max_iter=100000).fit(X_train, y_train)
#绘制alpha值等于1时的模型系数
plt.plot(lasso.coef_, 's', label="Lasso alpha=1")
#绘制alpha值等于0.1时的模型系数
plt.plot(lasso01.coef_, '^', label="Lasso alpha=0.1")
#绘制alpha值等于0.001时的模型系数
plt.plot(lasso001.coef_, 'v', label="Lasso alpha=0.001")
#绘制一条直线作为参考线
plt.hlines(0,0, len(lasso.coef_))
#设置图注样式与位置
plt.legend(ncol=2,loc=(0,1.05))
#设置横、纵轴的标签
plt.xlabel("Coefficient index")
plt.ylabel("Coefficient magnitude")
#显示图形
plt.show()
```

运行代码，可以得到图3.7所示的结果。

从图3.7中可以看到，当alpha参数为1.0时，大部分特征的权重都被压缩到了0，只有第2、第3、第8个特征的权重是大于0的。随着逐步减少alpha参数，离开图中代表0的横线的特征权重越来越多。当alpha参数为0.1时，有6个特征的权重不为0；而当alpha参数为0.001时，所有的特征权重都不为0，这说明数据集样本的所有特征都被模型使用了。这时模型的复杂度是最高的，也最容易出现过拟合的现象。

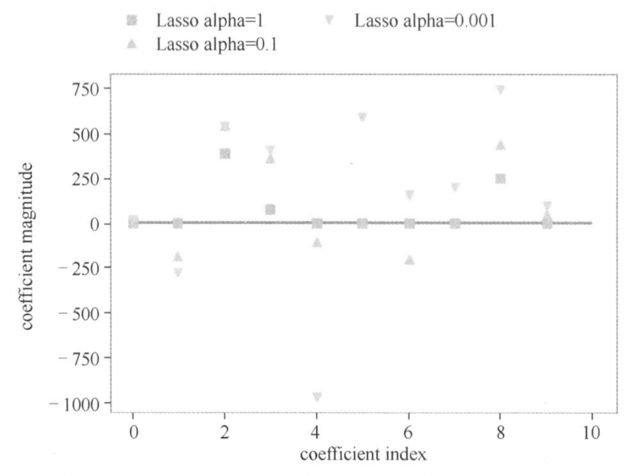

图3.7　不同alpha参数的套索回归模型中的特征权重

注意，通过对使用不同正则化方式的算法进行对比，可以得出这样一个结论：如果数据集中样本特征较少，且每个特征都比较重要，则应该选择使用 L2 正则化的线性模型，如岭回归；反之，如果数据集中的样本特征较多，且只有一部分比较重要，则应该选择使用 L1 正则化的线性模型，如套索回归。

任务 3.4 了解逻辑回归和线性支持向量机

【任务描述】

了解逻辑回归与线性支持向量机的基本概念及使用。

【关键步骤】

（1）了解逻辑回归和支持向量机的基本概念。

（2）掌握逻辑回归的训练及预测方法。

（3）掌握线性支持向量机的训练及预测方法。

3.4.1 逻辑回归与线性支持向量机简介

在前文中介绍了最基本的线性模型——线性回归、使用 L2 正则化的线性模型——岭回归，以及使用 L1 的线性模型——套索回归。这几个模型都是用来进行回归分析的。在线性模型中，还有一些是用来做分类任务的，如逻辑回归（Logistic Regression）和线性支持向量机（Linear SVM）。

注意

虽然逻辑回归里有“回归”二字，但是它是用于分类任务的，而非回归任务。

在逻辑回归和线性支持向量机中，也同样有一个正则化参数的调节。与岭回归和套索回归不同的是，在逻辑回归和线性支持向量机中，这个参数不是alpha，而是C，alpha并不等于C，而是C^{-1}。

3.4.2　训练逻辑回归模型并预测

用学生年龄和身高数据做一个简单的示例——这次我们给数据添加一个标签。如3名学生中，14岁身高165cm的同学，可以认为是同龄人中个子比较高的，18岁身高175cm的同学也是比较高的，而年龄16岁身高163cm的同学，可能属于比较矮的。我们可以在数据集中加一个名为“is_tall”的标签，用“1”代表比较高，用“0”代表比较矮，输入代码如下：

```
#制作一个带身高标签的数据集
data = {'Age': [14,16,18],
        'Height': [165,163,175],
        'is_tall': [1, 0, 1]}
#转化为pandas数据框
data_frame = pd.DataFrame(data)
#检查是否成功
data_frame.head()
```

运行代码，可以得到表3-3所示的结果。

表3-3　3名学生的年龄和身高数据带身高标签

	Age	Height	is_tall
0	14	165	1
1	16	163	0
2	18	175	1

如果读者也得到了这个表格，说明代码运行成功，数据集制作好了。下面用这个数据集来训练一个逻辑回归模型。输入代码如下：

```
#导入逻辑回归
from sklearn.linear_model import LogisticRegression
#创建分类器
clf = LogisticRegression()
#定义数据集中的x和y
#x是Age和Height，因此要把标签列drop掉，axis = 1代表删除列，如果是0则代表删除行
x = data_frame.drop('is_tall', axis = 1)
#y是数据集中的标签列“is_tall”
y = data['is_tall']
clf.fit(x,y)
```

运行代码，会得到以下的结果：

```
LogisticRegression(C=1.0, class_weight=None, dual=False, fit_intercept=
```

```
True,
            intercept_scaling=1, max_iter=100, multi_class='ovr', n_jobs=1,
            penalty='l2',   random_state=None,   solver='liblinear',   tol=
0.0001,
            verbose=0, warm_start=False)
```

从上面的代码运行结果可以看到，逻辑回归模型已经训练完成 1。读者需要关注的是参数 C。默认情况下，C 的值是 1.0。

假设现在有第 4 名学生，年龄是 19 岁，身高是 176cm，那么他属于比较高的学生还是比较矮的学生呢？可以使用已经训练好的逻辑回归模型进行预测。输入代码如下：

```
#输入第 4 名学生的年龄身高数据
student4 = [[19,176]]
#使用训练好的模型进行预测
clf.predict(student4)
```

运行代码，可以得到以下结果：

```
array([1])
```

从代码运行结果可以看到，逻辑回归模型把第 4 名学生放入分类 1，也就是说模型认为该同学属于身高较高的学生。

3.4.3 训练线性支持向量机模型并预测

同样，我们也可以使用线性支持向量机来进行预测，看看预测结果是否和逻辑回归一致。输入代码如下：

```
#导入线性支持向量机
from sklearn.svm import LinearSVC
#使用线性支持向量机创建分类器
svc = LinearSVC()
#拟合数据
svc.fit(x, y)
```

运行代码，会得到如下结果：

```
LinearSVC(C=1.0, class_weight=None, dual=True, fit_intercept=True,
    intercept_scaling=1, loss='squared_hinge', max_iter=1000,
    multi_class='ovr', penalty='l2', random_state=None, tol=0.0001,
    verbose=0)
```

从代码运行结果来看，线性支持向量机的训练已经完成。和逻辑回归相同的是，线性支持向量机的参数 C 默认也是 1.0。下面使用线性支持向量机来对第 4 名学生的身高标签进行预测。输入代码如下：

```
#使用线性支持向量机进行预测
svc.predict(student4)
```

运行代码，会得到以下结果：

```
array([1])
```

从以上代码运行结果可以看到，线性支持向量机对第 4 名学生身高标签的预测也是

“1”，和逻辑回归模型给出的结果是完全一致的，看来这名学生确实属于同龄人中身高比较高的了。

注意

支持向量机包括线性支持向量机和非线性支持向量机。在后文中，会有支持向量机的详细讲解。线性支持向量机属于线性模型，在本章中读者简单了解即可。

本章小结

（1）线性模型是应用非常广泛的模型，线性回归是最简单的线性模型之一。

（2）岭回归使用 L2 正则化参数来避免过拟合。

（3）套索回归使用 L1 正则化参数进行特征选择。

（4）逻辑回归和线性支持向量机是用于分类的线性模型。

本章习题

操作题

（1）生成一个任意的简单数据集，并使用 pandas 载入。

（2）使用（1）中的数据集训练线性回归模型，并将模型绘制成图形。

（3）载入糖尿病数据集，使用它训练岭回归与套索回归模型。

（4）调节岭回归与套索回归的参数，观察其对模型准确率的影响。

第 4 章

决策树和随机森林

技能目标

- 初步掌握决策树算法的基本原理和使用方法
- 初步掌握随机森林算法的基本原理和使用方法
- 使用决策树和随机森林算法对数据集进行实战练习

本章任务

学习本章，读者需要完成以下 3 个任务。读者在学习过程中遇到的问题，可以通过访问课工场官网解决。

任务 4.1：初步掌握决策树算法

了解决策树算法的原理，掌握其基本使用方法。

任务 4.2：初步掌握随机森林算法

了解随机森林算法的原理，掌握其基本使用方法。

任务 4.3：使用决策树与随机森林实战练习

在真实数据集中，使用决策树和随机森林算法进行训练。

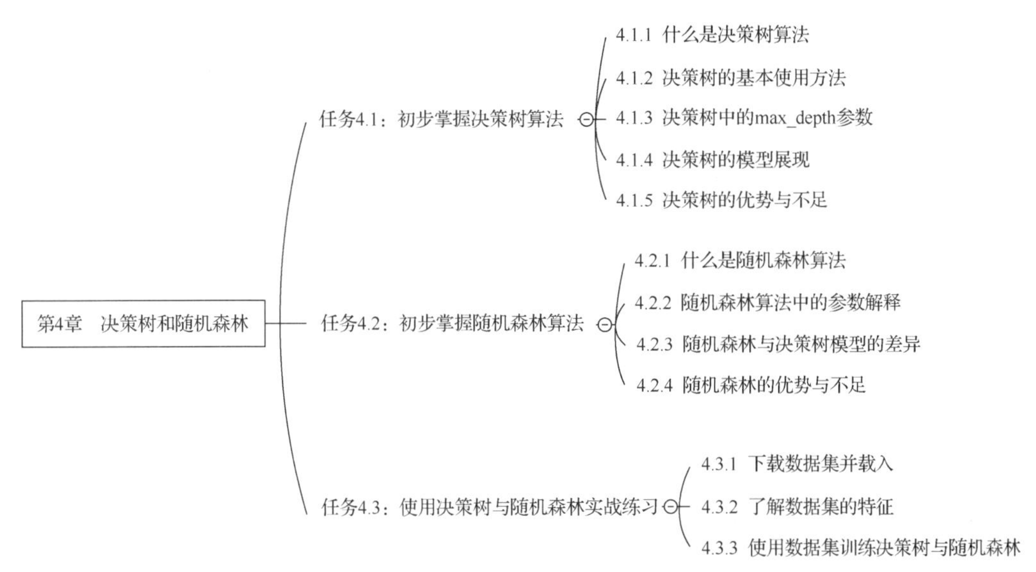

决策树算法是十大经典的数据挖掘算法之一，是一种用于分类和回归的监督学习算法。其目标是创建一个模型，通过学习从数据特征推断出简单的决策规则来预测目标变量的值。随机森林算法是一种以决策树为基础的机器学习算法，该算法在被运用时构建大量决策树并输出，作为分类或回归任务的预测结果。

任务 4.1　初步掌握决策树算法

【任务描述】

掌握决策树算法的原理和基本使用范围，了解其优势与不足。

【关键步骤】

（1）掌握决策树算法的原理。

（2）掌握决策树算法的基本使用范围。

（3）了解决策树算法的优势与不足。

4.1.1　什么是决策树算法

决策树算法是一种历史悠久的算法。它的原理十分容易理解，即通过对样本特征进行一系列“是”或“否”的判断，进而做出决策。在日常生活中，我们在大脑中也经常运行这个过程。举一个简单的例子，你听说长辈家的孩子要过生日了，打算送个礼物祝贺，可是送什么礼物会比较合适呢？这时你的大脑里就会运行一个决策的过程，如图 4.1 所示。

在图 4.1 中可以看到，在给长辈家的孩子送什么生日礼物的决策过程中，我们的思维过程呈现出树状结构，这也是“决策树”名字的由来。在这棵“树”中，4 种不同的礼物出现在最终节点上，它们被称为决策树的“树叶”，也就是数据集样本的标签。而性别、平时是否化妆、是否喜欢打游戏就是样本的特征。

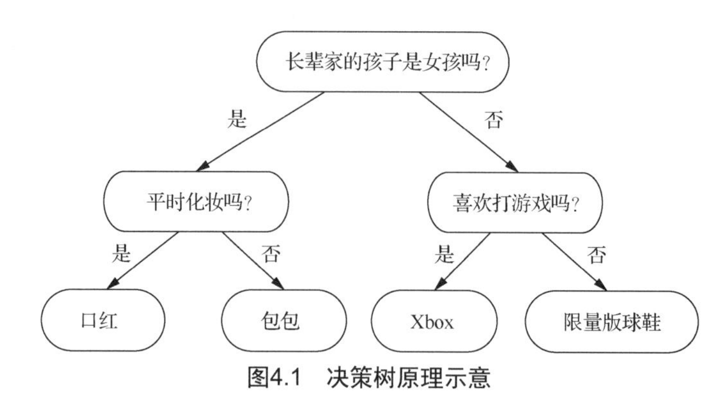

图4.1 决策树原理示意

4.1.2 决策树的基本使用方法

下面我们用 scikit-learn 来实现前文中的决策的过程，输入代码如下：

```
#导入 pandas
import Pandasas pd
#从 scikit-learn 中导入 tree 模块
from sklearn import tree
```

运行代码，如果程序没有报错，说明 pandas 和 scikit-learn 的 tree 模块导入成功。继续输入代码如下：

```
#制作一个简单数据集
#性别特征中，用 0 表示女性，1 表示男性
#化妆特征，1 表示平时化妆，0 表示不化妆
#打游戏特征，1 表示喜欢打游戏，0 表示不喜欢
#“礼物”列，代表最后分类的标签
data = {'性别':[0 ,0 ,1 ,1],
         '化妆': [1, 0, 0, 0],
         '打游戏': [0, 0, 1, 0],
         '礼物': ['口红', '包包', 'Xbox', '限量版球鞋']}
#使用 pandas 将数据转换为数据框
df = pd.DataFrame(data)
#检查是否成功
df.head()
```

运行代码，会得到表 4-1 所示的结果。

表 4-1 不同性别和爱好的孩子对应的礼物标签

	化妆	性别	打游戏	礼物
0	1	0	0	口红
1	0	0	0	包包
2	0	1	1	Xbox
3	0	1	0	限量版球鞋

如果读者也得到了表 4-1 所示的结果，说明代码运行成功，数据集已经制作完成了。接下来就用这个数据集训练一个简单的决策树模型。输入代码如下：

```
#数据集中，除去“礼物”列，其余作为样本特征
x = df.drop('礼物', axis = 1)
#“礼物”列作为样本标签
y = df['礼物']
#创建一个分类器，使用 tree 模块中的决策树分类器
clf = tree.DecisionTreeClassifier()
#使用样本特征和标签训练分类器
clf.fit(x,y)
```

运行代码，可以得到以下的结果：

```
DecisionTreeClassifier(class_weight=None, criterion='gini', max_depth=
None,
            max_features=None, max_leaf_nodes=None,
            min_impurity_decrease=0.0, min_impurity_split=None,
            min_samples_leaf=1, min_samples_split=2,
            min_weight_fraction_leaf=0.0, presort=False, random_state=
None,
            splitter='best')
```

从上面的运行结果可知，决策树模型已经训练完毕，并返回了参数。接下来就可以使用它帮助我们进行选择礼物的决策了。输入代码如下：

```
#已知孩子平时化妆，性别为女性，不打游戏
#顺序需要和训练集中的特征顺序一致
child = [1, 0, 0]
#使用训练好的模型进行预测
gift = clf.predict([child])
#输出预测结果
print(gift)
```

运行代码，会得到以下结果：

```
['口红']
```

从代码的运行结果可以看到，决策树模型根据我们输入的孩子的特征，给出了选择礼物的建议，和我们做出的选择是完全一致的。

4.1.3　决策树中的 max_depth 参数

在使用决策树算法构建模型的过程中，我们需要重点关注一个参数——max_depth 参数。这个参数用来设置决策树的最大层数。层数越大，模型越复杂；反之，层数越小，模型越简单。在默认状态下，max_depth 的取值为 None，这表示不限制决策树的层数，直到模型将样本放进正确的分类为止。而对于超高维度的数据集来说，这样做效率会比较低。因此，有时我们需要对最大层数进行限制，也就是限制提问“是”或“否”的个数。

为了清晰、直观地了解 max_depth 参数对模型的影响，我们可以使用可视化的方式进行展示。首先我们需要一个样本数量更多的数据集，scikit-learn 内置了一个生成示例

数据的工具，我们就使用它来进行讲解。首先，输入代码如下：

```
#从 scikit-learn 的 datasets 模块中导入用于制作分类或聚类的包 make_blobs
from sklearn.datasets import make_blobs
#使用 make_blobs 生成数据，并分别赋值给 X 和 y
#n_samples 代表生成数据集的样本数量，这里设置为 100
#centers 表示生成的数据集分为多少类，这里设置为 3
#n_features 表示生成的数据集样本的特征数量，这里设置为 2
X, y = make_blobs(n_samples = 100, centers = 3, n_features = 2)
#查看样本特征 X 的形态
X.shape
```

运行代码，会得到如下的结果：

```
(100, 2)
```

如果读者也得到了这个结果，说明代码运行成功，样本特征 X 有 100 行和 2 列，也就是说样本的数量是 100，每个样本有 2 个特征。

下面我们利用散点图对样本数据进行可视化，输入代码如下：

```
#导入可视化工具 Matplotlib，命名为 plt
import matplotlib.pyplot as plt
#设置图形的宽和高
plt.figure(figsize=(9,6))
#绘制散点图，X[:,0]代表所有样本的第一个特征
#X[:,1]代表所有样本的第二个特征
#c = y 代表使用颜色区分样本的不同标签
#edgecolors 设置的是散点的边缘色，k 代表黑色
#s = 80 代表设置散点的大小为 80
plt.scatter(X[:,0],X[:,1], c = y, cmap='autumn', edgecolors='k',s = 80)
#显示图形
plt.show()
```

运行代码，会得到图 4.2 所示的结果。

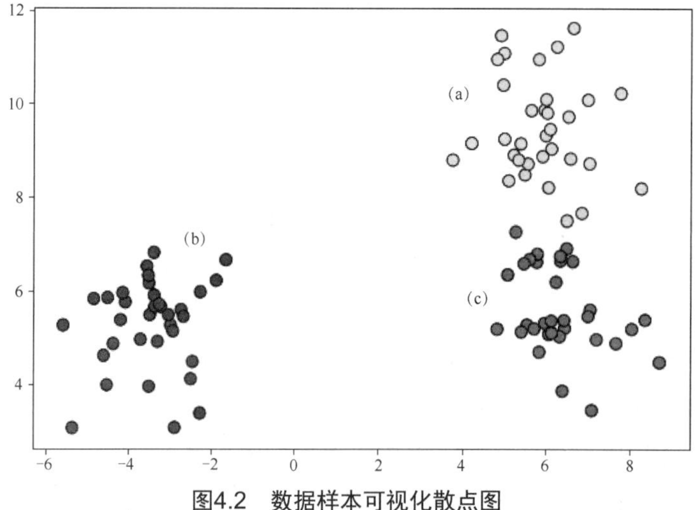

图4.2　数据样本可视化散点图

从图 4.2 中可以看到，图中的散点有（a）、（b）、（c）这 3 种，代表 3 种不同的分类，分布在二维空间中。接下来就可以使用决策树算法训练具有不同 max_depth 的模型，并观察它们的区别。

注意

读者生成的图形可能会与图 4.2 有所不同，这是正常的。因为 make_blobs 使用随机的方式生成数据。也就是说，如果读者多次运行生成数据集的代码，每次得到的结果也是不同的。

我们先来尝试设置 max_depth 为 1，也就是令决策树的最大层数为 1，输入代码如下：

```
#导入 NumPy
import numpy as np
#创建一个 max_depth 为 1 的分类器
clf1 = tree.DecisionTreeClassifier(max_depth = 1)
#使用前文生成的数据集训练分类器
clf1.fit(X, y)
#以下代码用于进行模型的可视化
#首先设置图形的横、纵坐标范围
x_min, x_max = X[:,0].min() - 1, X[:,0].max() + 1
y_min, y_max = X[:,1].min() - 1, X[:,1].max() + 1
#然后使用 NumPy 的 meshgrid()方法生成一个布满空间的网格
xx, yy = np.meshgrid(np.arange(x_min, x_max, 0.02),
                     np.arange(y_min, y_max, 0.02))
#使用 max_depth 为 1 的分类器对网格中所有数据进行预测
z = clf1.predict(np.c_[xx.ravel(),yy.ravel()])
#让 z 的形态和 xx 保持一致，以便绘图
z = z.reshape(xx.shape)
#创建大小为 9×6 的画布
plt.figure(figsize=(9,6))
#在画布中生成色块，注意区分类型，cmap 定义的是色调
plt.pcolormesh(xx, yy, z, cmap = 'spring')
#同样把数据集用散点图进行绘制
plt.scatter(X[:, 0], X[:, 1], c=y, cmap='autumn', edgecolor='k', s=80)
#对图形的横、纵坐标范围进行限定
plt.xlim(xx.min(), xx.max())
plt.ylim(yy.min(), yy.max())
#设置图形
plt.title("Tree:(max_depth = 1)")
#显示图形
plt.show()
```

运行代码，会得到图 4.3 所示的结果。

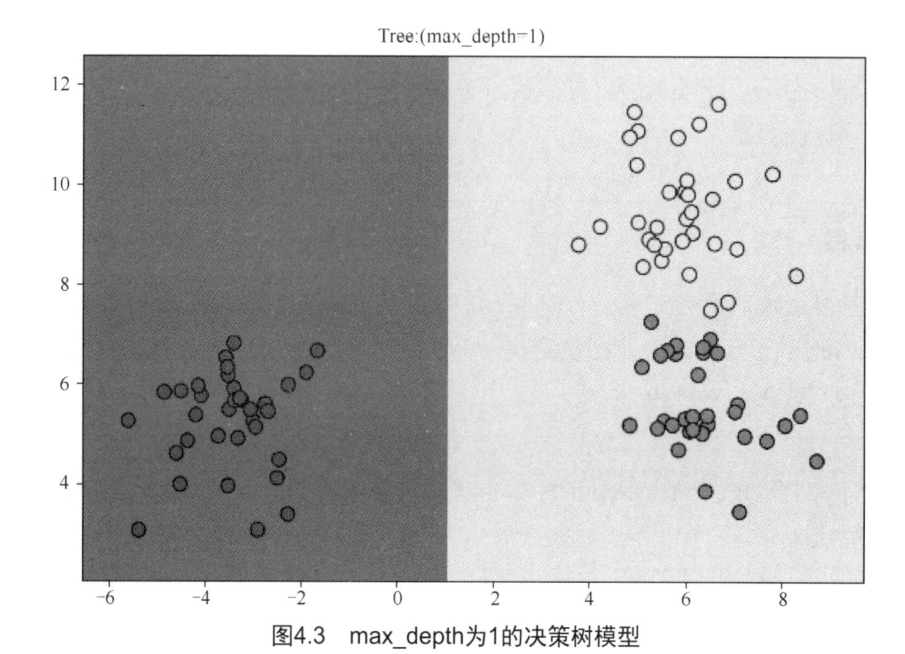

图4.3 max_depth为1的决策树模型

从图 4.3 中可以看到，当我们把决策树的 max_depth 参数设置为 1 时，模型过于简单，只进行了两个分类。这时的模型出现了欠拟合的问题，其不能把大部分样本放入正确的分类。

下面，我们尝试调高 max_depth 的数值，如调整到 3，提高模型的复杂度，再来观察分类器的工作情况。输入代码如下：

```
#创建一个 max_depth 为 3 的分类器
clf3 = tree.DecisionTreeClassifier(max_depth = 3)
#使用前文生成的数据集训练分类器
clf3.fit(X, y)
#以下代码用于进行模型的可视化
#首先设置图形的横、纵坐标范围
x_min, x_max = X[:,0].min() - 1, X[:,0].max() + 1
y_min, y_max = X[:,1].min() - 1, X[:,1].max() + 1
#然后使用 NumPy 的 meshgrid()方法生成一个布满空间的网格
xx, yy = np.meshgrid(np.arange(x_min, x_max, 0.02),
                     np.arange(y_min, y_max, 0.02))
#使用 max_depth 为 3 的分类器对网格中所有数据进行预测
z = clf3.predict(np.c_[xx.ravel(),yy.ravel()])
#让 z 的形态和 xx 保持一致
z = z.reshape(xx.shape)
#创建大小为 9×6 的画布
plt.figure(figsize=(9,6))
#在画布中生成色块，注意区分类型，cmap 定义的是色调
plt.pcolormesh(xx, yy, z, cmap = 'spring')
#同样把数据集用散点图进行绘制
```

```
plt.scatter(X[:, 0], X[:, 1], c=y, cmap='autumn', edgecolor='k', s=80)
#对图形的横、纵坐标范围进行限定
plt.xlim(xx.min(), xx.max())
plt.ylim(yy.min(), yy.max())
#设置图题
plt.title("Tree:(max_depth = 3)")
#显示图形
plt.show()
```

运行代码，会得到图 4.4 所示的结果。

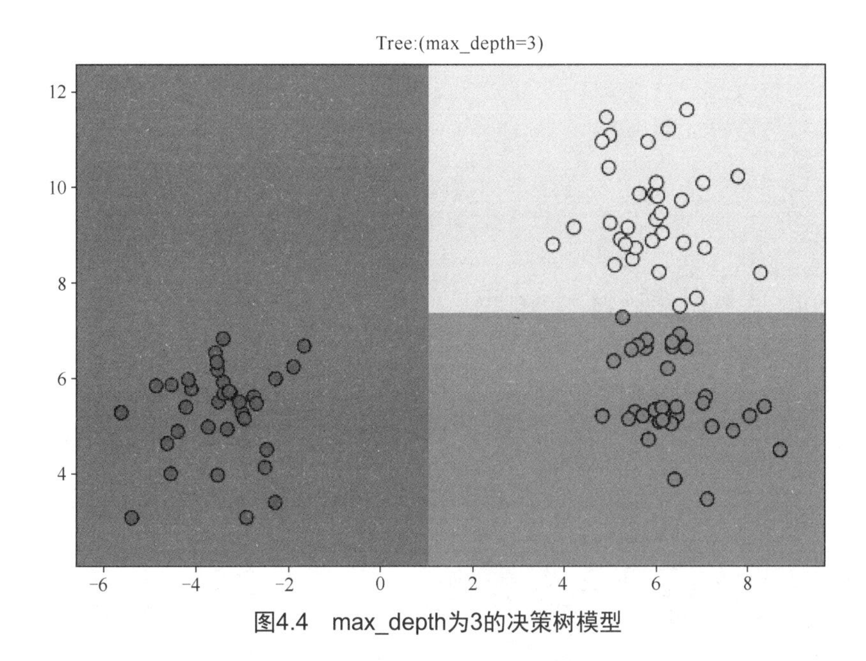

图4.4　max_depth为3的决策树模型

从图 4.4 中可以看到，当 max_depth 为 3 时，分类器已经可以将所有样本放入正确分类了。这个模型的复杂度明显比 max_depth 为 1 的模型提高了一些。这时的模型表现基本是令人满意的。

如果我们继续调高 max_depth 的数值，又会发生什么样的变化呢？读者可以输入下面的代码进行试验：

```
#创建一个 max_depth 为 10 的分类器
clf10 = tree.DecisionTreeClassifier(max_depth = 10)
#使用前文生成的数据集训练分类器
clf10.fit(X, y)
#以下代码用于进行模型的可视化
#首先设置图形的横、纵坐标范围
x_min, x_max = X[:,0].min() - 1, X[:,0].max() + 1
y_min, y_max = X[:,1].min() - 1, X[:,1].max() + 1
#然后使用 NumPy 的 meshgrid()方法生成一个布满空间的网格
xx, yy = np.meshgrid(np.arange(x_min, x_max, 0.02),
                     np.arange(y_min, y_max, 0.02))
```

```
#使用 max_depth 为 10 的分类器对网格中所有数据进行预测
z = clf10.predict(np.c_[xx.ravel(),yy.ravel()])
#让 z 的形态和 xx 保持一致
z = z.reshape(xx.shape)
#创建大小为 9×6 的画布
plt.figure(figsize=(9,6))
#在画布中生成色块，注意区分类型，cmap 定义的是色调
plt.pcolormesh(xx, yy, z, cmap = 'spring')
#同样把数据集用散点图进行绘制
plt.scatter(X[:, 0], X[:, 1], c=y, cmap='autumn', edgecolor='k', s=80)
#对图形的横、纵坐标范围进行限定
plt.xlim(xx.min(), xx.max())
plt.ylim(yy.min(), yy.max())
#设置图题
plt.title("Tree:(max_depth = 10)")
#显示图形
plt.show()
```

运行代码，会得到图 4.5 所示的结果。

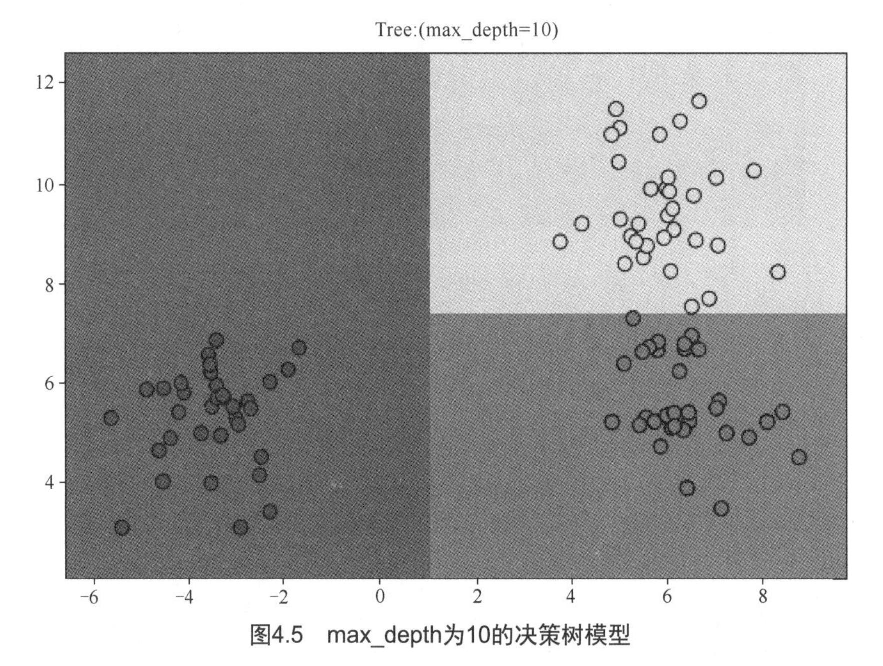

图4.5　max_depth为10的决策树模型

观察图 4.5，读者会发现和图 4.4 几乎是完全一样的。这表明，在该数据集中，当决策树的最大层数达到 3 时，已经可以将所有样本放入正确分类了。即便把 max_depth 继续调高，模型也不会发生太大变化。当然，这里也有手动生成的数据集特征很少的原因。读者可以想象，假如你面对的数据集中样本有成千上万个特征时，不限制决策树的 max_depth 参数会导致模型的训练极为耗时且会占用大量资源。因此 max_depth 参数实际上是决策树模型的停止条件，即当达到这个条件时，模型便会停止训练了。

如前文所述，读者生成的数据集有可能与本章中的数据集不同，这会导致决策树模型不一定都在 max_depth 为 3 时将全部样本放入正确分类。读者可以做更多次的试验，找到符合你生成的数据集的最佳参数。

4.1.4　决策树的模型展现

同样，scikit-learn 提供了绘制决策树模型的方法，这样可以非常清晰地展示模型的结果和工作过程，便于向非专业人士进行模型解释。

下面我们就把这个过程进行直观的展示，输入代码如下：

```
#使用 plot_tree 对 max_depth 为 10 的决策树进行可视化
tree.plot_tree(clf10)
#显示图形
plt.show()
```

运行代码，会得到图 4.6 所示的结果。

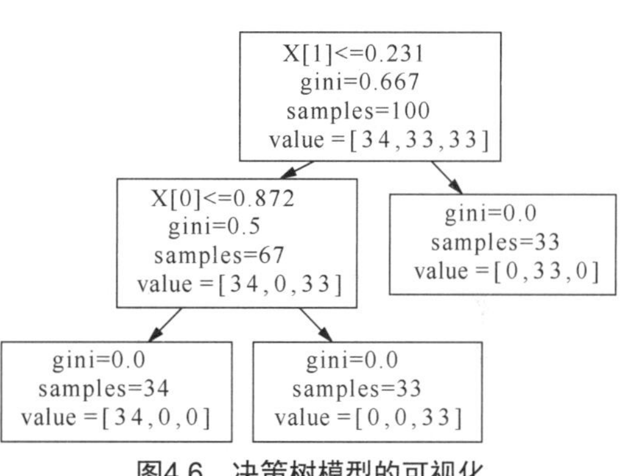

图4.6　决策树模型的可视化

从图 4.6 中可以看到，在这个分类的过程中，决策树实际只用了 2 层便完成了任务。在第一个节点处，模型对样本的第 2 个特征进行判断，如果该特征值小于或等于 0.231，则向左分枝，否则向右。此时向左分枝的样本有 67 个，分别属于第 1 类和第 3 类。而向右分枝的样本有 33 个，属于第 2 类。接下来模型继续对向左分枝的 67 个样本进行判断，如果样本的第 1 个特征小于或等于 0.872，则继续向左分枝，否则向右。在这一层中，向左分支的样本数量有 34 个，属于第 1 类；向右分枝的样本有 33 个，属于第 3 个分类。到此，模型已经将所有样本放进正确分类中，流程结束。

只有 0.21 版本以上的 scikit-learn 支持使用 plot_tree()方法对模型进行可视化。如果读者使用的版本较低，可以使用 pip install －U scikit-learn 命令将 scikit-learn 升级到最新版本。

注意

读者使用 make_blob 生成的数据集与本章中的数据集可能不一致，也会导致模型可视化的结果不一样，这是正常的。

4.1.5 决策树的优势与不足

正如图 4.6 所示，决策树算法的一个巨大的优势就是可以清晰直观地将其工作过程进行可视化，以便让非专业人士也能完全理解模型在完成任务的过程中发生了什么。在实际工作中，因为我们不可避免地要去和非技术人员解释模型是怎样得到结果输出的，因此决策树在这方面可以提供极大的便利。

此外，决策树在训练的过程中对每个特征的处理都是相互独立的。就像图 4.6 中所展示的，决策树先对 X[1]进行判断，再对 X[0]进行判断，两个过程互不干扰，这样一来就不会对数据预处理有苛刻的要求，这也是决策树的一个优势。

同时，决策树算法也有它的不足之处——容易出现过拟合的问题。在实际使用的时候，往往会通过限制 max_depth 参数来缓解过拟合的问题。但在这个过程中又有可能导致模型的准确率降低，例如，在图 4.3 中，由于 max_depth 设置过低导致模型不能将样本放进正确分类。为了解决决策树的局限性，随机森林便应运而生。接下来，我们一起来了解随机森林。

任务 4.2 初步掌握随机森林算法

【任务描述】

掌握随机森林算法的原理和使用，了解其优势与不足。

【关键步骤】

（1）了解随机森林算法的原理。

（2）掌握随机森林算法的使用。

（3）了解随机森林算法的优势与不足。

4.2.1 什么是随机森林算法

在前文中，我们讲到决策树容易出现过拟合的问题，在实际使用中，应该如何解决这个问题呢？我们可以想象，假如我们从样本中抽取一部分来训练一棵决策树，再抽取另外一部分样本训练第二棵决策树，以此类推。最后把若干棵决策树预测的结果取平均值，这样就避免了单棵决策树预测结果可能过于“武断”的问题。而这种整合多个模型的方法，被称为“集合方法”（ensemble method）。

在本小节中，主要介绍的就是这样一种算法：训练多棵决策树模型，并使用它们决策结果的平均值作为最终预测的结果。而这种算法的名字也非常形象——因为是由多棵随机的决策树组成的，所以被称为“随机森林”。

我们通过下面的代码来直观感受随机森林的构建。

```
#从 scikit-learn 导入随机森林算法
from sklearn.ensemble import RandomForestClassifier
#用 make_blob 生成一个试验数据集，并将特征赋值给 X，标签赋值给 y
X, y = make_blobs(n_samples = 100, centers = 3, n_features = 2, random_state
= 42)
#创建随机森林分类器，并拟合样本数据
forest = RandomForestClassifier().fit(X,y)
#将构建好的模型参数返回
forest
```

运行代码，我们会得到以下的结果：

```
RandomForestClassifier(bootstrap=True, class_weight=None, criterion='gini',
max_depth=None, max_features='auto', max_leaf_nodes=None,
min_impurity_decrease=0.0, min_impurity_split=None,
min_samples_leaf=1, min_samples_split=2,
min_weight_fraction_leaf=0.0, n_estimators=10,
n_jobs=None, oob_score=False, random_state=None,
verbose=0, warm_start=False)
```

从以上结果中我们可以看到模型返回的参数。有几个参数需要重点讲解。

4.2.2　随机森林算法中的参数解释

1. bootstrap *参数*

bootstrap 参数指的是 bootstrap sample，也就是“有放回的随机抽样”，也被称为“自展法”。举个例子，假如原始数据集里面有 5 个样本，分别是“赵小红”“钱小绿”“孙小黄”“李小蓝”“周小青”，那么 bootstrap 第一次从原始数据集抽样的时候，样本可能会变成“赵小红”“钱小绿”“孙小黄”“孙小黄”“李小蓝”；第二次抽样的时候，抽取的样本可能是“赵小红”“赵小红”“钱小绿”“孙小黄”“李小蓝”。以后的每一次抽样结果都与之类似。

之所以这样做，是因为在随机森林中要构建多棵决策树，而每棵决策树的训练数据要有所不同。这样可以保证我们训练的每棵决策树模型都是不同的，否则最后使用多棵决策树预测结果的平均值就没有意义。

2. max_features *参数*

经过 bootstrap 抽样之后，随机森林中的每一棵不同的决策树会在样本中选择不同个数的样本特征，这就是 max_features 参数所控制的部分。默认状态下，指定使用的特征数是 sqrt(n_features)。如果我们把 max_features 的参数值设置为原始数据集中特征的数量，那么每棵决策树的特征选择范围就会是数据集的全部特征；反之，假如我们把 max_features 指定为 1，那么随机森林中的每棵决策树只能在样本特征中选择一个来进行训练。简单来说，max_features 的数值越高，随机森林中的每棵决策树的相似度越高，max_features 的数值越低，随机森林中每棵决策树的相似度越低。

3. n_estimators 参数

n_estimators 参数控制的是随机森林中决策树的数量。不难想象，决策树的数量越多，通常随机森林所得到的结果准确率也越高，但是训练的时间也更长；决策树的数量越少，随机森林训练的时间越短，但是结果的准确率有可能下降。在 scikit-learn 的 0.20 和 0.21 版本中，n_estimators 参数默认值是 10。根据官方的说法，在 0.22 版本中，n_estimators 的数量会增加到 100。

4.2.3 随机森林与决策树模型的差异

如果读者想直观地观察随机森林和决策树算法训练后的模型区别有多大，可以使用下面的代码来进行可视化：

```
#此处复用前面绘图的代码，就不重复注释了
x_min, x_max = X[:, 0].min() - 1, X[:, 0].max() + 1
y_min, y_max = X[:, 1].min() - 1, X[:, 1].max() + 1
xx, yy = np.meshgrid(np.arange(x_min, x_max, .02),
                     np.arange(y_min, y_max, .02))
Z = forest.predict(np.c_[xx.ravel(), yy.ravel()])
Z = Z.reshape(xx.shape)
plt.figure(figsize = (9,6))
plt.pcolormesh(xx, yy, Z, cmap='cool')
plt.scatter(X[:, 0], X[:, 1], c=y, cmap='Accent', edgecolor='k', s=80)
plt.xlim(xx.min(), xx.max())
plt.ylim(yy.min(), yy.max())
plt.title("Classifier:RandomForest")
plt.show()
```

运行代码，会得到图 4.7 所示的结果。

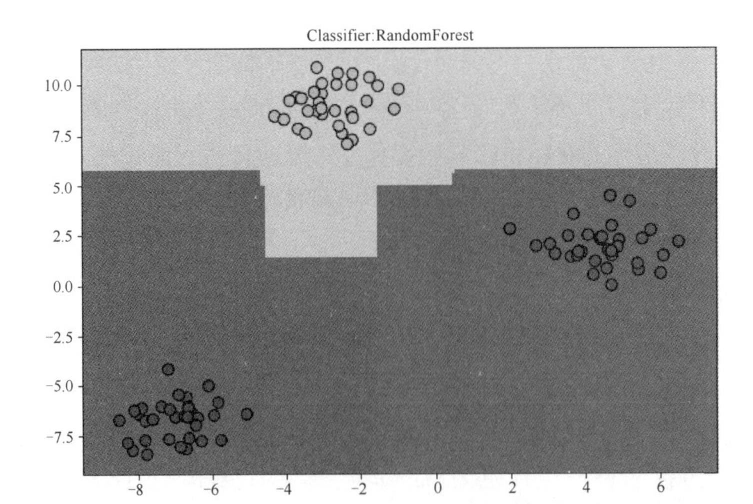

图4.7 使用随机森林训练的模型

对比图 4.7 和图 4.5，可以非常清楚地看到随机森林和决策树所生成的模型的区别还是比较大的。在图 4.5 中，决策树生成的模型对于不同分类的边界线都是直线，而在图 4.7 中随机森林生成的模型对于不同分类的边界线就“曲折”了很多。这样看起来，随机森林生成的模型要比决策树更复杂。这是在使用 make_blobs 生成的数据集中，我们通过指定 n_features 让样本只有两个特征导致的。如果数据集中样本的特征更多，那么随机森林所生成的模型则有可能比决策树的模型更加简单。

4.2.4　随机森林的优势与不足

和决策树一样，随机森林也是应用非常广泛的算法。随机森林既可以用于分类任务，也可以用于回归任务，而且随机森林几乎具有决策树的所有优势，如对数据预处理的要求不高、参数调节难度较小等。同时随机森林与决策树相比，更不容易出现过拟合的现象。在这一点上，可以说随机森林弥补了决策树的不足。

还有一点优势，随机森林是支持并行处理的。当使用大规模数据集时，由于随机森林需要创建多棵决策树来进行训练，对计算能力就有较高的要求。这时我们可以通过调节 n_jobs 参数来指定随机森林使用的 CPU 内核数量。例如，你的 CPU 是 4 核的，就可以指定 n_jobs 参数为 4，这样随机森林将使用 4 个内核同时进行训练。而当 n_jobs 参数设置为-1 时，随机森林会使用 CPU 的全部内核，这样一来就会显著地提高模型的训练速度。

不过随机森林也有它的不足，如在模型可视化方面，随机森林就不及决策树简单、直接。对于样本特征非常多，或者是样本特征非常稀疏的数据集来说，随机森林的表现往往不及线性模型。同时，随机森林对内存的占用也相对较大，训练速度与线性模型相比也慢一些。

任务 4.3　使用决策树与随机森林实战练习

【任务描述】

使用真实数据集进行决策树与随机森林的实战练习。

【关键步骤】

（1）下载数据集并进行载入。

（2）了解数据集的特征。

（3）使用数据集训练决策树与随机森林。

4.3.1　下载数据集并载入

首先，我们要下载一个小型的数据集，并保存到本地。这个数据集名字叫作 Heart

Disease UCI，来自 UCI 机器学习库。这个数据集可用来预测病人是否患有心脏病，它有 14 个特征，包括年龄、性别、胸痛类型等。我们把这个数据集下载到本地，用它来进行一些更加复杂的练习。该数据集可以从本书的电子资料下载。

把数据集下载并保存到本地之后，可以使用 pandas 来进行读取，输入代码如下：

```
#使用 pandas 读取下载好的 csv 文件，读取路径为本地保存 csv 文件的目录
heart = pd.read_csv('heart.csv')
#检查是否载入成功
heart.head()
```

运行代码，会得到表 4-2 所示的结果。

表 4-2　心脏病数据集载入成功

	age	sex	cp	trestbps	chol	fbs	…	oldpeak	slope	ca	thal	target
0	63	1	3	145	233	1	…	2.3	0	0	1	1
1	37	1	2	130	250	0	…	3.5	0	0	2	1
2	41	0	1	130	204	0	…	1.4	2	0	2	1

如果你得到了和表 4-2 一样的结果，说明代码运行成功。心脏病数据集成功载入 pandas 的数据框。

4.3.2　了解数据集的特征

接下来我们看数据集有哪些特征，输入代码如下：

```
#查看数据集的基本信息
heart.info()
```

运行代码，会得到如下的结果：

```
<class 'pandas.core.frame.DataFrame'>
RangeIndex: 303 entries, 0 to 302
Data columns (total 14 columns):
age         303 non-null int64
sex         303 non-null int64
cp          303 non-null int64
trestbps    303 non-null int64
chol        303 non-null int64
fbs         303 non-null int64
restecg     303 non-null int64
thalach     303 non-null int64
exang       303 non-null int64
oldpeak     303 non-null float64
slope       303 non-null int64
ca          303 non-null int64
thal        303 non-null int64
target      303 non-null int64
dtypes: float64(1), int64(13)
```

```
memory usage: 33.2 KB
```

从结果中我们可以看到，数据集有 14 列，第 1 列到第 13 列是样本的特征；第 14 列，也就是 target，是数据集样本的标签。数据集中有 303 个样本，而且每个样本的特征中均没有空值。这样看来数据集的质量还是相当不错的。

这里简单介绍数据集各个特征的含义。

- age：整数类型，代表的是患者的年龄。
- sex：整数类型，代表的是患者的性别，1 代表男性，0 代表女性。
- cp：整数类型，是 chest pain type 的缩写，代表的是胸痛的类型，0 代表典型的心绞痛，1 代表非典型的心绞痛，2 代表非心绞痛的疼痛，3 代表无临床症状。
- trestbps：整数类型，代表静息状态下患者的血压，单位为毫米汞柱（mmHg）。
- chol：整数类型，代表血清胆汁淤积，单位为毫克每分升（mg/dL）。
- fbs：整数类型，是 fasting blood sugar 的缩写，意为空腹血糖，大于 120mg/dL 记为 1，否则记为 0。
- restecg：整数类型，代表患者静息状态下的心电图结果。
- thalach：整数类型，代表患者的最大心率。
- exang：整数类型，代表患者是否有运动引发的心绞痛，1 代表有，0 代表无。
- oldpeak：浮点数类型，代表从运动到静息引发的 ST 段压低（ST 段指医学名词）。
- slope：整数类型，代表运动时心电图 ST 段的斜率。
- ca：整数类型，代表的是被透视荧光检查标注颜色的大血管的数量（0～3）。
- thal：整数类型，代表患者缺陷的类型。
- target：整数类型，代表患者检测的诊断结果，1 代表患病，0 代表没有患病。

4.3.3 使用数据集训练决策树与随机森林

接下来，我们使用该数据集训练一个决策树模型，看看模型的表现如何，输入代码如下：

```
#创建决策树分类器
clf_tree = tree.DecisionTreeClassifier()
#导入数据集拆分工具
from sklearn.model_selection import train_test_split
#将样本特征和标签分别赋值给 x 和 y
x = heart.drop('target', axis = 1)
y = heart['target']
#将 x、y 拆分成训练集和验证集
x_train, x_test, y_train, y_test = train_test_split(x,y,random_state=0)
#使用决策树分类器对数据进行拟合
clf_tree.fit(x_train, y_train)
#使用验证集评估模型的准确率
print(clf_tree.score(x_train, y_train))
```

```
print(clf_tree.score(x_test, y_test))
```

运行代码，会得到以下的结果：

```
1.0
0.8026315789473685
```

从代码运行结果中可以看到，决策树模型在验证集中的准确率达到了 80.26%。也就是说模型把 80.26%的验证集中的样本放进了正确的分类。应该说结果还是可以接受的，但是模型在训练集的准确率达到了 100%，比验证集的准确率稍高一些。这说明模型出现了轻微的过拟合。

接下来，我们使用随机森林来进行试验。前文中说过，随机森林中的 n_estimators 参数控制随机森林中决策树的数量。那读者可能会问这样一个问题：我们怎么知道 n_estimators 设置为多少才会让模型在验证集中的准确率最高呢？为了找到最佳参数，我们可以让决策树的数量从 10 棵开始进行试验，再用 20 棵，然后 30 棵……以此类推，直到 n_estimators 参数达到 100。为了实现这个过程，可以输入以下的代码：

```
#创建一个空列表，用来存储模型的准确率
score_list = []
#创建一个 10～100 的循环，步长为 10
for i in range(10, 100, 10):
        #让随机森林的 n_estimators 参数以 10 为单位，10～100 遍历
        clf_forest = RandomForestClassifier(n_estimators = i, random_
state = 0)
        #用不同参数的随机森林拟合训练集
        clf_forest.fit(x_train, y_train)
        #将模型在验证集中的准确率逐一添加到先前创建的空列表中
        score_list.append(clf_forest.score(x_test, y_test))
#使用折线图展示不同参数对应的模型准确率
plt.plot(range(10,100,10), score_list)
#显示图形
plt.show()
```

运行代码，会得到图 4.8 所示的结果。

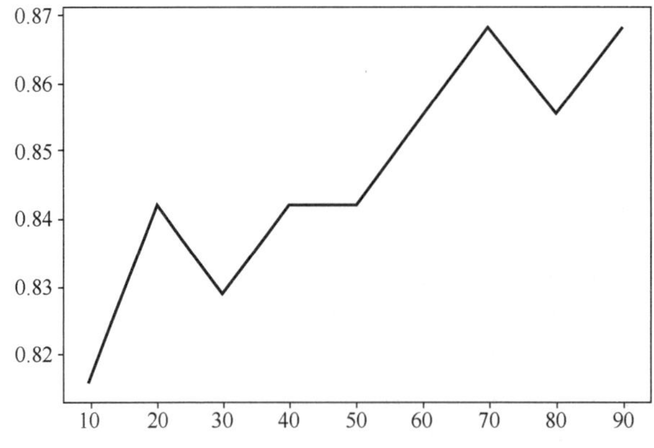

图4.8　不同n_estimators参数对应的模型准确率

从图 4.8 中可以看到，当 n_estimators 达到 70 时，模型在验证集中的准确率达到了最高点。也就是说，当 n_estimators 参数设置为 70 时，模型的表现达到最佳。当 n_estimators 参数达到 90 时，模型的准确率和 n_estimators 为 70 时基本是一致的，但是本着“决策树层数越少越提高性能”的原则，我们会选择设置该参数为 70。

那么 n_estimators 等于 70 时，模型的准确率是多少呢？可以使用下面这两行代码来进行查看：

```
#查看列表中哪一个数值最大
print(np.argmax(score_list))
#输出最大的数值
print(np.max(score_list))
```

运行代码，会得到如下的结果：

```
6
0.868421052631579
```

从上面的代码运行结果可以看出，列表中的第 7 个元素的数值最大（第 1 个元素的序号是 0）。这也印证了当 n_estimators 等于 70 时模型的准确率最高，达到了 86.84%。与决策树生成的模型相比，随机森林生成的模型的准确率还是有所提高的。

本章小结

（1）决策树的基本原理：通过对样本特征进行一系列“是”或“否”的判断，进而做出决策。

（2）随机森林的基本原理：训练多棵决策树模型，并使用它们决策结果的平均值作为最终预测的结果。

（3）与决策树相比，随机森林更不容易出现过拟合的现象。

本章习题

操作题

（1）请生成一个简单的数据集，尝试用不同参数的决策树算法进行试验。

（2）使用（1）中生成的数据集，尝试用不同参数的随机森林算法进行试验。

（3）使用本章中的心脏病数据集，找到最佳的 max_features 参数，以及该参数下模型在验证集的准确率。

第 5 章

支持向量机

技能目标

- 理解支持向量机的基本原理
- 理解支持向量机的核函数和 gamma 参数
- 使用支持向量机算法对真实数据集进行实战练习

本章任务

学习本章，读者需要完成以下 3 个任务。读者在学习过程中遇到的问题，可以访问课工场官网解决。

任务 5.1：理解支持向量机的基本原理

理解线性不可分的概念，了解将数据投射到高维空间的方法和支持向量机的原理。

任务 5.2：理解支持向量机的核函数和 gamma 参数

理解不同内核（核函数）和不同 gamma 参数对支持向量机模型的影响。

任务 5.3：使用支持向量机算法进行实战练习

在真实数据集中，使用支持向量机训练模型，并通过数据预处理改善模型。

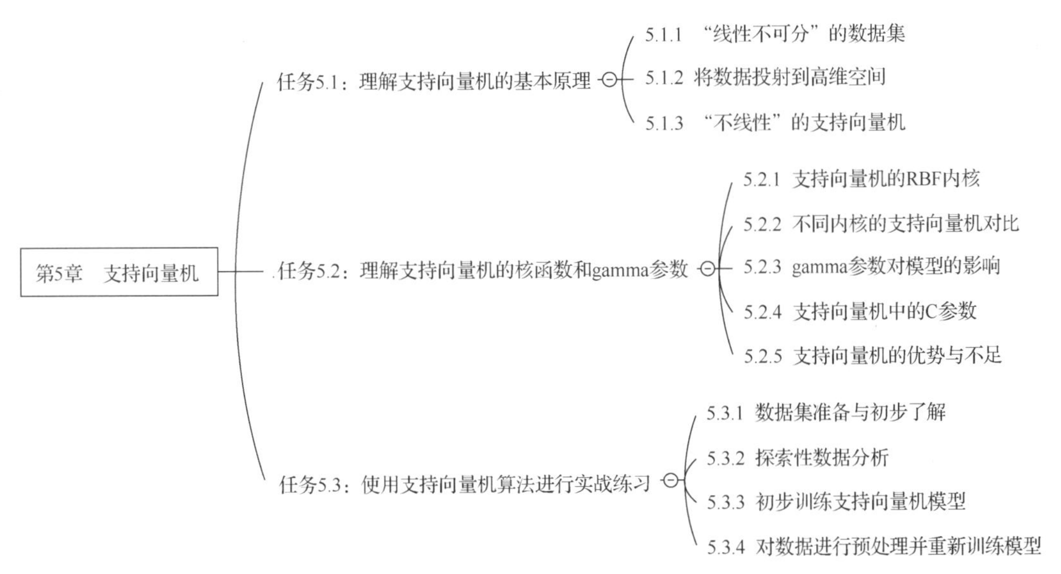

在机器学习中，支持向量机又称支持向量网络，是在分类与回归分析中分析数据的监督学习算法。给定一组训练实例，每个训练实例被标记为属于两个类别中的一个，支持向量机创建并训练一个将新的实例分配给两个类别之一的模型，使其成为非概率二元线性分类器。支持向量机模型是将实例表示为空间中的点，这样映射就使得单独类别的实例被尽可能宽的明显的间隔分开，然后将新的实例映射到同一空间，并基于它们落在间隔的哪一侧来预测所属类别。

任务 5.1 理解支持向量机的基本原理

【任务描述】

理解支持向量机的基本原理。

【关键步骤】

（1）理解什么是“线性不可分”的数据集。

（2）理解如何将数据投射到高维空间。

（3）理解支持向量机的基本原理。

5.1.1 “线性不可分”的数据集

本章将向大家介绍一种新的算法——支持向量机。这个术语在第 3 章中已经有所涉及，我们提到过支持向量机中的一种——线性支持向量机（linear SVM），它是一种使用线性内核的、用于分类的支持向量机。在本章中，我们重点研究的对象是内核化的支持向量机（kernelized SVM，一般简称为 SVM），它可以看作线性支持向量机的一种扩展。在该算法中，模型不再是像线性模型生成的直线或者是超平面。因此它可以解决非线性特征的数据样本分类或回归问题。这里的术语有些拗口，不过没有关系，我们仍然可以用图形来帮助读者直观地理解。

首先，读者可以用下面的代码生成一个非线性特征的数据集：

```
#导入必要的库
from sklearn.datasets import make_blobs
import matplotlib.pyplot as plt
import numpy as np
#使用make_blobs来生成试验数据
x, y = make_blobs(centers=4, random_state= 18)
#对标签y进行用2整除求余的操作，目的是把标签从4个变为2个
y = y % 2
#用散点图来直观展示这些线性不可分的数据
plt.scatter(x[:,0], x[:,1], c = y, s = 80, cmap = 'autumn', edgecolor =
'k')
#显示图形
plt.show()
```

运行代码，会得到图5.1所示的结果。

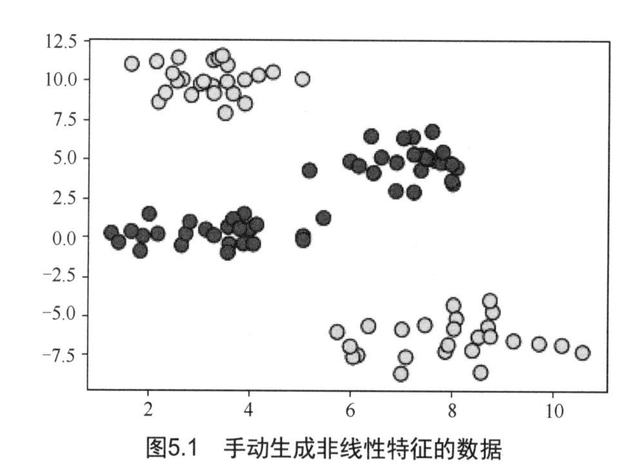

图5.1　手动生成非线性特征的数据

读者如果仔细观察图5.1，就会发现这是一个让线性模型“无从下手”的数据集。深色的点和浅色的点很难用一条直线分隔，无论是直线还是超平面，都无法“拐弯儿”。也就是说，该数据集是“线性不可分”的。

5.1.2　将数据投射到高维空间

在图5.1所示的情况下，我们可以考虑给样本增加特征。例如，在这个数据集中，样本的特征是x[:,0]和x[:,1]，分别对应图5.1中散点的横、纵坐标。那我们不妨把x[:,1]的平方作为第3个特征，让数据集的特征数量增加到3，这样原始数据便不再是二维的了，而是投射到了三维空间中。

为了让读者直观地理解这个过程，还是用代码来进行演示：

```
#为了绘制三维图形，需要导入 Matplotlib 中的三维绘图工具
from mpl_toolkits.mplot3d import Axes3D, axes3d
#创建一个绘图区域
figure = plt.figure()
#把 x 第 2 个特征的平方作为第 3 个特征，添加到原始数据中
x_new = np.hstack([x, x[:, 1:] ** 2])
#下面的代码是关于绘图的，不要求读者掌握，故暂时不详细注释
ax = Axes3D(figure, elev=-152, azim=26)
mask=y==0
ax.scatter(x_new[mask, 0], x_new[mask, 1], x_new[mask, 2], c='r', s=80)
ax.scatter(x_new[~mask, 0], x_new[~mask, 1], x_new[~mask, 2], c='b',
marker='^', s=80)
plt.show()
```

运行代码，会得到图 5.2 所示的结果。

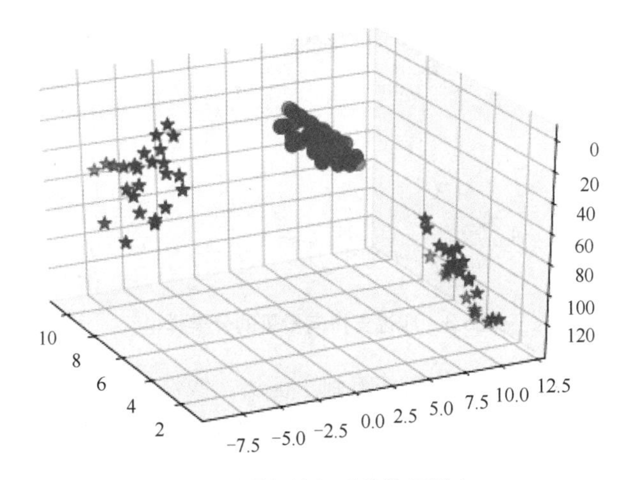

图5.2　添加特征后的数据样本

从图 5.2 中可以看到，在把样本第 2 个特征的平方作为第 3 个特征添加之后，原始数据从二维变成了三维。直白地讲，我们可以用一个“平板”插到圆点和五角星之间，把它们分隔。

5.1.3 “不线性”的支持向量机

为了验证这个想法，我们可以用一个线性模型来试验。输入代码如下：

```
#这里使用线性支持向量机进行试验
from sklearn.svm import LinearSVC
#用线性支持向量机拟合数据并生成模型
linear_svm_3d = LinearSVC().fit(x_new, y)
#下面的代码仅用于绘图，不要求读者掌握，因此不详细注释
coef, intercept = linear_svm_3d.coef_.ravel(), linear_svm_3d.intercept_
figure = plt.figure()
ax = Axes3D(figure, elev=-152, azim=26)
```

```
    xx = np.linspace(x_new[:, 0].min() - 2, x_new[:, 0].max() + 2, 50)
    yy = np.linspace(x_new[:, 1].min() - 2, x_new[:, 1].max() + 2, 50)
    XX, YY = np.meshgrid(xx, yy)
    ZZ = (coef[0] * XX + coef[1] * YY + intercept) / -coef[2]
    ax.plot_surface(XX, YY, ZZ, rstride=8, cstride=8, alpha=0.3)
    ax.scatter(x_new[mask, 0], x_new[mask, 1], x_new[mask, 2], c='r', s=80)
    ax.scatter(x_new[~mask, 0], x_new[~mask, 1], x_new[~mask, 2], c='b',
marker='*', s=80)
    plt.show()
```

运行代码，可以得到图 5.3 所示的结果。

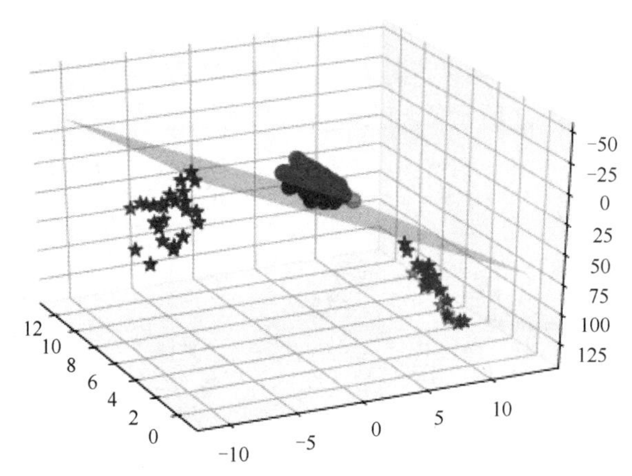

图5.3　线性支持向量机的分类模型

从图 5.3 中可以看到，我们的想法得到了证实。线性支持向量机生成的模型正如同一块“平板”，把原本无法用线性模型进行分类的数据成功地分隔了。

不过此时此刻，对于原始的二维数据来说，线性支持向量机已经变得“不线性”了。假设读者从这个三维图形的上方俯视，看到的模型就会是图 5.4 所示的样子。

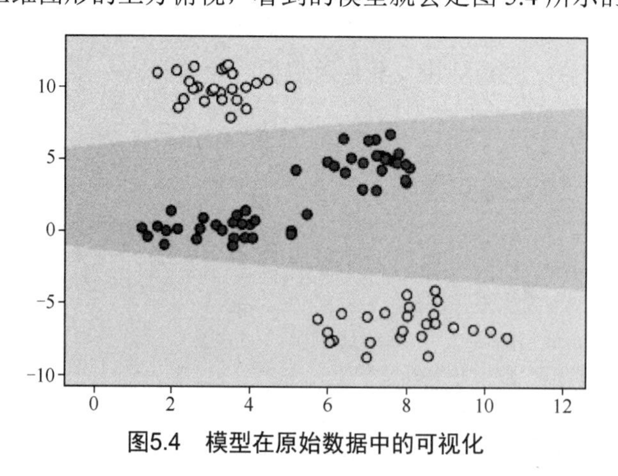

图5.4　模型在原始数据中的可视化

从图 5.4 中可以看到，原本应该是一条直线的线性支持向量机，此时完全变成了另外一种形状，并且成功地将非线性特征的样本放入了正确的分类。将数据特征从低维投射到高维的方法，在支持向量机中称作核函数（kernel function）。在 5.2 节中，我们一起来深入了解支持向量机的核函数。

任务 5.2　理解支持向量机的核函数和 gamma 参数

【任务描述】

掌握决策树算法的核函数和 gamma 参数，了解其优势与不足。

【关键步骤】

（1）理解支持向量机的 RBF 内核。

（2）理解不同内核对支持向量机模型的影响。

（3）理解不同 gamma 参数对模型的影响。

（4）了解支持向量机的优势与不足。

5.2.1　支持向量机的 RBF 内核

在 5.1 节中，我们介绍了将数据特征从低维投射到高维的方法，也提到这实际上是支持向量机的工作原理。在支持向量机中，有两种常用的核函数可以将数据特征投射到高维，一种是多项式内核（polynomial kernel），另一种是径向基（Radial Basis Function，RBF）内核。其中多项式内核就如同我们在 5.1.3 小节中所做的，将数据特征的平方，或 3 次方，甚至 5 次方作为新的数据特征添加到原始数据中，以便增加数据的维度来投射到高维空间。而 RBF 内核稍微难以理解。它会对原始数据中样本之间的距离进行重新计算，如以下公式所示：

$$k_{RBF}(x_1,x_2)=\exp(\gamma\|x_1-x_2\|^2)$$

在这个公式中，x_1 和 x_2 代表数据集中的两个样本。$k_{RBF}(x_1,x_2)$代表对于 RBF 内核来说 x_1 和 x_2 之间的距离；exp 代表以自然常数为底的指数函数；$\|x_1-x_2\|$指的是 x_1 和 x_2 的欧几里得距离；γ（gamma）是 RBF 内核中用来控制内核宽度的函数。

这看起来有些复杂，因此仍然用图形来帮助读者理解。绘制图形的代码如下：

```
#导入支持向量机
from sklearn import svm
#生成一个用于试验的数据集
x, y = make_blobs(n_samples=50, centers=2, random_state=20)
#训练一个支持向量机模型，内核选择 RBF
clf = svm.SVC(kernel = 'rbf', gamma='auto')
clf.fit(x,y)
#下面的代码用于绘图
#仅为展示 RBF 内核，故不做详细注释
plt.scatter(x[:, 0], x[:, 1], c=y, s=80, cmap='autumn',edgecolor='grey')
```

```
    ax = plt.gca()
    xlim = ax.get_xlim()
    ylim = ax.get_ylim()
    xx = np.linspace(xlim[0], xlim[1], 30)
    yy = np.linspace(ylim[0], ylim[1], 30)
    YY, XX = np.meshgrid(yy, xx)
    xy = np.vstack([XX.ravel(), YY.ravel()]).T
    Z = clf.decision_function(xy).reshape(XX.shape)
    ax.contour(XX, YY, Z, colors='k', levels=[-1, 0, 1], alpha=0.5,
                linestyles=['--', '-', '--'])
    ax.scatter(clf.support_vectors_[:, 0], clf.support_vectors_[:, 1],
s=100,
                linewidth=1, facecolors='none')
    plt.show()
```

运行代码，可以得到图 5.5 所示的结果。

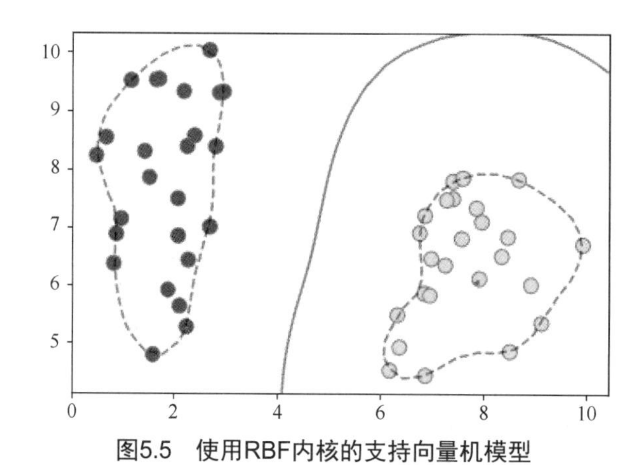

图5.5　使用RBF内核的支持向量机模型

从图 5.5 中可以看到，对于支持向量机来说，并非每一个样本都对模型的结果有重要的影响，而是处在虚线（称为“决定边界”）上的样本才对模型的分类起到至关重要的作用。而这些处于决定边界上的样本，被称为“支持向量”（support vectors）。支持向量机也因此而得名。前文提到的 gamma 参数，控制的就是 RBF 内核圈入样本的数量，这里设置为 auto，支持向量机便会根据数据集的标签，自动选择 gamma 参数的大小，以便将尽可能多的样本放入正确的分类。如果手动调节 gamma 参数，将其值设置得越小，则 RBF 内核会将更多的样本“圈”进来，这时的模型就更简单（决定边界更平滑）；反之，gamma 值设置得越大，则 RBF 内核圈入的样本越少，模型也就更复杂。

注意

在支持向量机中，除了多项式内核和 RBF 内核之外，也可以使用线性内核。使用线性内核时生成的模型，和使用线性模型算法生成的模型是非常接近的。

5.2.2　不同内核的支持向量机对比

如果读者希望了解不同内核函数的支持向量机所生成的模型具体有什么区别，可以用一个 scikit-learn 内置的小数据集——鸢尾花数据集来进行试验。代码如下：

```
#导入鸢尾花数据集
from sklearn.datasets import load_iris
#定义一个函数用来生成填满空间的网格
def make_meshgrid(x, y, h=.02):
    x_min, x_max = x.min() - 1, x.max() + 1
    y_min, y_max = y.min() - 1, y.max() + 1
    xx, yy = np.meshgrid(np.arange(x_min, x_max, h),
                         np.arange(y_min, y_max, h))
    return xx, yy
#定义一个绘制等高线的函数
def plot_contours(ax, clf, xx, yy, **params):
     Z = clf.predict(np.c_[xx.ravel(), yy.ravel()])
     Z = Z.reshape(xx.shape)
     out = ax.contourf(xx, yy, Z, **params)
     return out
# 使用鸢尾花数据集
iris = load_iris()
# 只选取数据集的前两个特征，便于可视化
X = iris.data[:, :2]
y = iris.target
# 固定 SVM 的正则化参数 C 为 1.0
C = 1.0
#创建使用不同的内核的支持向量机模型并拟合数据
models = (svm.SVC(kernel='linear', C=C),
            svm.SVC(kernel='rbf', gamma=0.7, C=C),
            svm.SVC(kernel='poly', degree=3, C=C))
models = (clf.fit(X, y) for clf in models)
#设定图题
titles = ('SVC with linear kernel',
             'SVC with RBF kernel',
             'SVC with polynomial (degree 3) kernel')
#设定子图形的个数和排列方式为 1 行 3 列
fig, sub = plt.subplots(1, 3,figsize=(12,3))
#控制子图形的间距
plt.subplots_adjust(wspace=0.4, hspace=0.2)
#使用前面定义的函数画图
X0, X1 = X[:, 0], X[:, 1]
xx, yy = make_meshgrid(X0, X1)
for clf, title, ax in zip(models, titles, sub.flatten()):
      plot_contours(ax, clf, xx, yy,
```

```
                            cmap=plt.cm.autumn, alpha=0.8)
        ax.scatter(X0, X1, c=y, cmap=plt.cm.plasma, s=40, edgecolors='k')
        ax.set_xlim(xx.min(), xx.max())
        ax.set_ylim(yy.min(), yy.max())
        ax.set_xlabel('Feature 0')
        ax.set_ylabel('Feature 1')
        ax.set_xticks(())
        ax.set_yticks(())
        ax.set_title(title)
#将图形显示出来
plt.show()
```

运行代码，可以得到图 5.6 所示的结果。

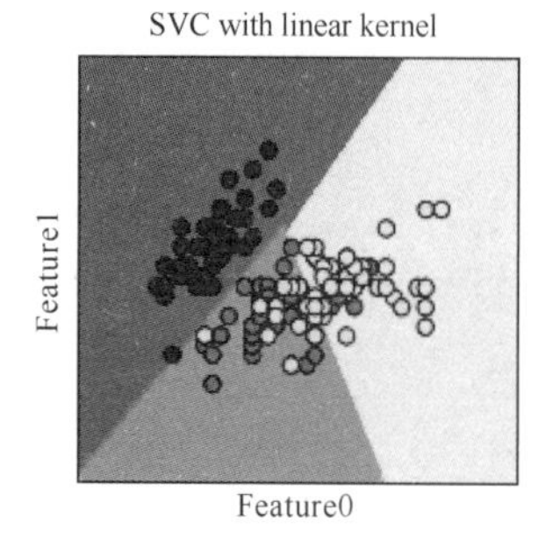

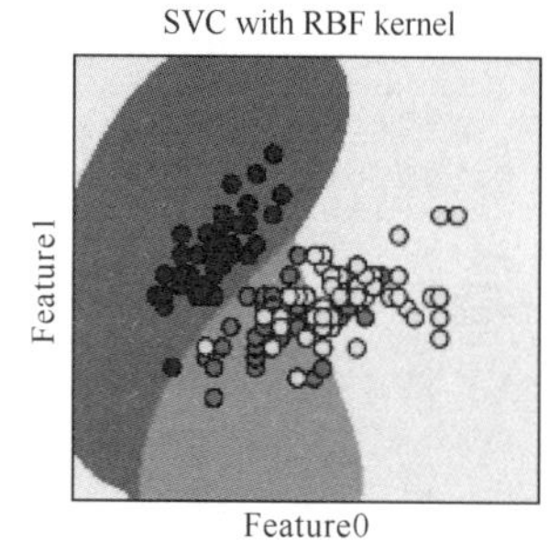

SVC with polynomial(degree3) kernel
Feature1
Feature0

图5.6　3种不同内核的支持向量机模型对比

从图 5.6 中可以看到，当使用线性内核时（左图），支持向量机生成的决定边界基本都是由直线组成的，和线性模型生成的决定边界基本一致；而使用 RBF 内核时，模型的决定边界和图 5.5 中比较近似，是以曲线将不同标签的样本“圈起来”形成的决定边界；而使用多项式内核的支持向量机，生成的决定边界和图 5.4 比较近似，看起来像是高次函数曲线。

注意

在这个试验中，我们设定了多项式内核的支持向量机 degree 参数为 3，这表示我们将样本特征进行 3 次方并作为新的特征添加，这个参数只有使用多项式内核时才有效。如果使用其他核函数，则支持向量机会忽略这个参数。

5.2.3　gamma 参数对模型的影响

在 scikit-learn 中，如果不指定支持向量机的核函数，则默认情况下会使用 RBF 内核。对于 RBF 内核的支持向量机来说，gamma 参数直接决定了模型的复杂度。因此在使用过程中，常常需要尝试不同的 gamma 参数来找到最佳模型。读者可以使用下面的代码来直观感受 gamma 参数对模型复杂度的影响：

```
#创建 3 个 RBF 内核的支持向量机模型，gamma 参数分别取 0.5、5 和 50
models = (svm.SVC(kernel='rbf', gamma=0.5),
          svm.SVC(kernel='rbf', gamma=5),
          svm.SVC(kernel='rbf', gamma=50))
#继续使用鸢尾花数据集进行试验
models = (clf.fit(X, y) for clf in models)
#设定图题
titles = ('gamma = 0.1',
          'gamma = 1',
          'gamma = 10',)
#设置子图形个数和排列
fig, sub = plt.subplots(1, 3,figsize = (10,3))
X0, X1 = X[:, 0], X[:, 1]
#复用之前定义好的绘图函数
xx, yy = make_meshgrid(X0, X1)
for clf, title, ax in zip(models, titles, sub.flatten()):
    plot_contours(ax, clf, xx, yy,
                  cmap=plt.cm.autumn, alpha=0.8)
    ax.scatter(X0, X1, c=y, cmap=plt.cm.spring, s=40, edgecolors='k')
    ax.set_xlim(xx.min(), xx.max())
    ax.set_ylim(yy.min(), yy.max())
    ax.set_xlabel('Feature 0')
    ax.set_ylabel('Feature 1')
    ax.set_xticks(())
    ax.set_yticks(())
    ax.set_title(title)
#将图形显示出来
plt.show()
```

运行代码，会得到图 5.7 所示的结果。

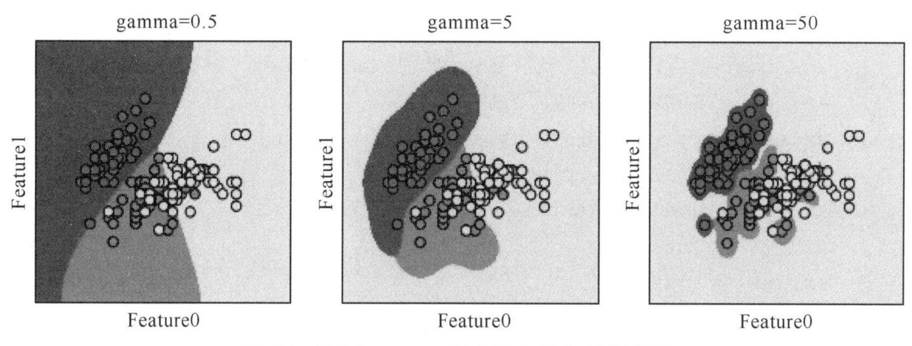

图5.7　不同gamma参数的支持向量机模型

从图 5.7 中可以看到，按照从左到右的顺序，支持向量机的 gamma 参数逐步增大，从 0.5 到 5，再到 50。当 gamma 值为 0.5 时，RBF 内核的半径最大，决定边界也最平滑；

当 gamma 值达到 5 时，模型的 RBF 内核半径变小了很多，决定边界也变得相对复杂；而当 gamma 参数增大到 50 时，模型 RBF 内核半径变得更小，决定边界也似乎在试图更紧密地“包裹”住样本，将更多的点放入正确的分类。也就是说，越大的 gamma 参数值对应的支持向量机模型越复杂，也越容易出现过拟合的现象。从经验来说，一般会设置 gamma 值为特征数量的倒数，如样本有 2 个特征，则 gamma 值取 0.5。

5.2.4 支持向量机中的 C 参数

除了 gamma 参数之外，在支持向量机中还有一个参数可以用来调节模型的复杂度——C 参数。和线性模型类似，支持向量机中的 C 参数也是一个正则化参数，可用来平衡模型在训练集中的准确率和决策边界的复杂度。下面我们用图形来直观地观察不同的 C 参数对模型的影响。输入代码如下：

```
#创建 3 个 RBF 内核的支持向量机模型，C 参数分别取 0.01、1 和 100
models2 = (svm.SVC(kernel='rbf', C = 0.01),
            svm.SVC(kernel='rbf', C = 1),
            svm.SVC(kernel='rbf', C = 100))
#继续使用鸢尾花数据集进行试验
models2 = (clf2.fit(X, y) for clf2 in models2)
#设定图题
titles = ('C = 0.01',
               'C = 1',
               'C = 100',)
#设置子图形个数和排列
fig, sub = plt.subplots(1, 3,figsize = (10,3))
X0, X1 = X[:, 0], X[:, 1]
#复用之前定义好的绘图函数
xx, yy = make_meshgrid(X0, X1)
for clf, title, ax in zip(models2, titles, sub.flatten()):
      plot_contours(ax, clf, xx, yy,
                        cmap=plt.cm.autumn, alpha=0.8)
      ax.scatter(X0, X1, c=y, cmap=plt.cm.spring, s=40, edgecolors='k')
      ax.set_xlim(xx.min(), xx.max())
      ax.set_ylim(yy.min(), yy.max())
      ax.set_xlabel('Feature 0')
      ax.set_ylabel('Feature 1')
      ax.set_xticks(())
      ax.set_yticks(())
      ax.set_title(title)
#将图形显示出来
plt.show()
```

运行代码，会得到图 5.8 所示的结果。

在图 5.8 中，从左到右模型的 C 参数分别是 0.01、1 和 100。通过对比可以看出，C

参数的数值越小，模型的决定边界越平滑，或者说模型越简单，这时的模型倾向于欠拟合；C 参数的数值越大，模型就越复杂，也会把训练集中更多的样本归入正确的分类，而这时模型也更倾向于过拟合。因此在实际应用中，根据不同样本的情况，也可以通过调节 C 参数来控制模型的复杂度和准确率。

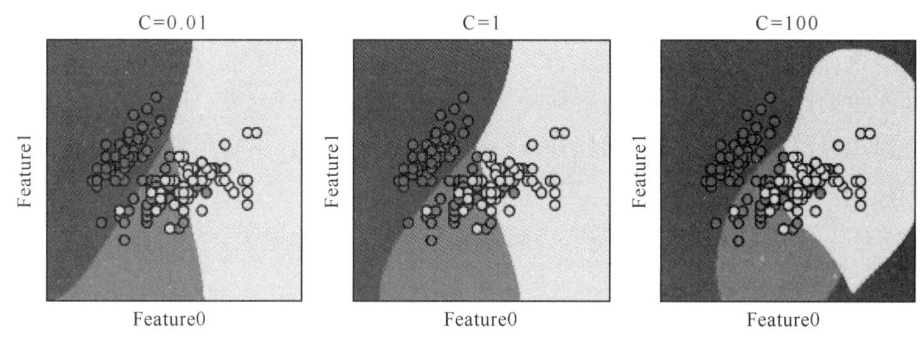

图5.8 不同的C参数对模型的影响

5.2.5 支持向量机的优势与不足

在神经网络“走红”之前，支持向量机曾经风靡一时。支持向量机与线性模型不同，即便是在低维数据集中它的表现也是可圈可点的。通过对 gamma 参数和 C 参数的调节，即便样本特征较少也可以生成比较复杂的模型，这一点是支持向量机的优势。

但支持向量机也有它的不足之处。首先是性能方面，如果数据集的规模非常大（如样本数量超过 10 万），那么支持向量机会比较消耗内存，训练的时间也会很长。其次，支持向量机的建模过程不像决策树算法那么易于展示，这让我们给非专业人士解释模型的难度也增加了不少。再者，支持向量机对数据预处理的要求比较高，如果样本特征的量级差异比较大的话，支持向量机的准确率会大打折扣。

在 5.3 节中，我们会和读者一起使用真实数据集并用支持向量机算法进行实战练习，在这个过程中，读者应该会对支持向量机的特点有更深刻的体会。

任务 5.3 使用支持向量机算法进行实战练习

【任务描述】

使用真实的数据集，用支持向量机进行实战。

【关键步骤】

（1）获取并初步了解数据集。

（2）探索性数据分析。

（3）初步训练支持向量机模型。

（4）进行数据预处理并重新训练模型。

5.3.1 数据集准备与初步了解

在本小节中，读者将会使用一个真实的数据集进行支持向量机的实战练习。爱吃鲍鱼的读者一定会喜欢这个练习，因为我们将会使用一个和“鲍鱼”相关的数据集——该数据集用于预测鲍鱼的年龄。

在本章的前文主要介绍的内容都是使用支持向量机进行分类。需要读者了解的是，支持向量机算法也可以用于回归任务。在下面这个练习中，主要用到的就是支持向量机的回归模型。

读者下载完成数据集之后，将文件解压并保存在你的电脑上，然后就可以使用 pandas 对数据进行加载。输入代码如下：

```
#使用 pandas 来载入数据
import Pandas as pd
#使用 pandas 读取下载的 CSV 文件，文件路径换成本地路径
abalone = pd.read_csv('abalone.csv')
#检查是否加载成功
abalone.head()
```

运行代码，会得到表 5-1 所示的结果。

表 5-1 鲍鱼数据集的前 5 行

	Sex	Length	Diameter	Height	Whole weight	Shucked weight	Viscera weight	Shell weight	Rings
0	M	0.455	0.365	0.095	0.5140	0.2245	0.1010	0.150	15
1	M	0.350	0.265	0.090	0.2255	0.0995	0.0485	0.070	7
2	F	0.530	0.420	0.135	0.6770	0.2565	0.1415	0.210	9
3	M	0.440	0.365	0.125	0.5160	0.2155	0.1140	0.155	10
4	I	0.330	0.255	0.080	0.2050	0.0895	0.0395	0.055	7

如果读者得到了和表 5-1 一样的结果，说明数据集加载成功了。接下来可以检查样本特征的数据类型，并查看是否有缺失值。输入代码如下：

```
#查看数据类型以及是否有空值
abalone.info()
```

运行代码，会得到以下结果：

```
<class 'pandas.core.frame.DataFrame'>
RangeIndex: 4177 entries, 0 to 4176
Data columns (total 9 columns):
Sex               4177 non-null object
Length             4177 non-null float64
Diameter           4177 non-null float64
Height             4177 non-null float64
Whole weight        4177 non-null float64
```

```
Shucked weight    4177 non-null float64
Viscera weight    4177 non-null float64
Shell weight     4177 non-null float64
Rings          4177 non-null int64
dtypes: float64(7), int64(1), object(1)
memory usage: 293.8+ KB
```

从以上结果中可以看到，鲍鱼数据集中一共有 4177 个样本，样本数据共有 9 列，每列均没有空值。其中第 1～8 列是样本的特征，第 9 列是样本的标签，也就是鲍鱼的年龄。表 5-2 介绍了这 9 列数据类型及代表的含义。

表 5-2　鲍鱼数据集各列所代表的含义

特征	数据类型	单位	简要描述
Sex	字符串		性别：M 表示雄性、F 表示雌性、I 表示幼仔
Length	浮点数	毫米	外壳最大长度
Diameter	浮点数	毫米	直径：最大长度测量线的垂线长度
Height	浮点数	毫米	高度：测量连壳带肉的高度
Whole weight	浮点数	克	整个鲍鱼的重量
Shucked weight	浮点数	克	去壳后肉的重量
Viscera weight	浮点数	克	内脏重量：去除体液的重量
Shell weight	浮点数	克	外壳重量：晒干后的重量
Rings	整数		该数值加 1.5 即鲍鱼的年龄

一般来说，在拿到一个新的数据集时，我们需要先对这些数据进行探索性数据分析（Exploratory Data Analysis，EDA）。以便对数据特征的分布情况以及相互的关联进行一定的了解。

5.3.2　探索性数据分析

首先我们可以提出第一个问题：在样本中，是雄性鲍鱼多一些，还是雌性鲍鱼多一些，还是幼仔多一些（很多海洋生物在成年之前是没有性别的）？为了找到这个问题的答案，读者可以用下面的代码来进行探索：

```
#接下来会用到 seaborn
import seaborn as sns
#绘制计数图，了解鲍鱼性别分布
sns.countplot(x = 'Sex', data = abalone, palette = 'Set2')
#展示图形
plt.show()
```

运行代码，会得到图 5.9 所示的结果。

从图 5.9 中可以看到，雄性鲍鱼、雌性鲍鱼和鲍鱼幼仔到数量分布还是比较平均的。其中雄性鲍鱼最多，大约 1500 个；而雌性鲍鱼最少，目测不到 1300 个；鲍鱼幼仔的数量介于雄性鲍鱼和雌性鲍鱼之间，大约 1300 个。基本上，3 种性别的鲍鱼都包含了进来，可以说数据集兼顾了不同性别样本的数据采集。

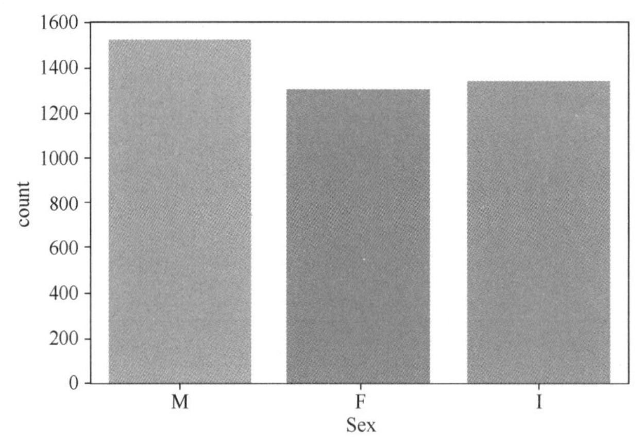

图5.9 样本鲍鱼的性别分布

接下来，读者可以再思考一个问题。如果鲍鱼需要成年以后才会分化成不同性别的个体，那么鲍鱼成熟的年龄是多少岁呢？或者在这个数据集中，不同性别的鲍鱼年龄是怎样的分布状态呢？可以用下面的代码来进行分析：

```
#用 Rings+1.5 计算出年龄，并添加到原数据集中，命名为“age”
abalone['age'] = abalone['Rings'] + 1.5
#创建一个大小为 15×5 的绘图区
plt.figure(figsize = (15,5))
#分别用分簇散点图 swarmplot 和小提琴图 violinplot 进行可视化
sns.swarmplot(x = 'Sex', y = 'age', data = abalone, hue = 'Sex')
sns.violinplot(x = 'Sex', y = 'age', data = abalone)
#展示图形
plt.show()
```

运行代码，可以得到图 5.10 所示的结果。

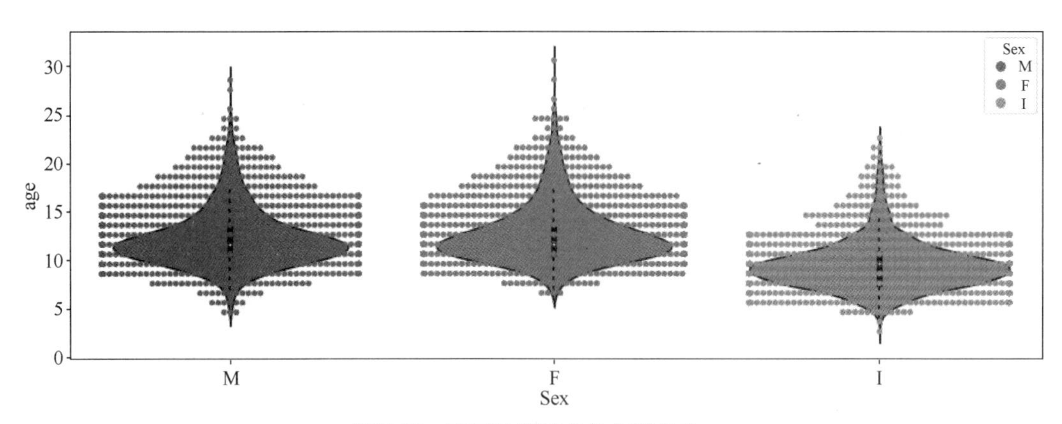

图5.10 不同性别鲍鱼的年龄分布

从图 5.10 中可以看到，在该数据集中，雄性鲍鱼的年龄主要分布在 7.5 岁～19 岁；

雌性鲍鱼的年龄主要分布在 8 岁～19 岁；而鲍鱼幼仔的年龄，主要分布在 5 岁～13 岁。读者可能会觉得有点奇怪，为什么有些已经发育出性别的鲍鱼年龄比幼仔还小。这可能是因为有些鲍鱼成熟得比较早，而另一些成熟得比较晚，毕竟它们生活的环境有可能有差异，从而导致生长的速度不一致。

5.3.3　初步训练支持向量机模型

现在我们可以尝试使用支持向量机对鲍鱼的年龄进行预测，看看现在模型的表现如何，输入代码如下：

```
#导入数据集拆分工具
from sklearn.model_selection import train_test_split
#导入支持向量机回归模型
from sklearn.svm import SVR
#因为“Sex”这一列是字符串，所以用 get_dummies 进行以下处理
#转换为整数类型
data = pd.get_dummies(abalone)
#检查转换是否成功
data.head()
```

运行代码，会得到表 5-3 所示的结果。

表 5-3　get_dummies 处理后的数据集（有删减）

	Length	Rings	age	……	Sex_F	Sex_I	Sex_M
0	0.455	15	16.5	……	0	0	1
1	0.350	7	8.5	……	0	0	1
2	0.530	9	10.5	……	1	0	0
3	0.440	10	11.5	……	0	0	1
4	0.330	7	8.5	……	0	1	0

注意：因为列表太宽，为了方便读者观察，我们把中间的几列用“……”表示。

从表 5-3 中可以看到，通过 get_dummies 的处理，原来字符串类型的样本特征现在变成了整数类型。例如，原始数据集中，雄性鲍鱼在“Sex”一列中以“M”表示，在转换之后，变成在“Sex_M”这一列用“1”表示，在“Sex_F”和“Sex_I”中的数值则为 0。这种数据处理的方法被称为“独热编码”(one-hot encoding)。

将样本转换完成之后，便可以尝试训练模型。继续输入代码：

```
#除“Rings”和“age”这两列之外的数据作为特征输入给 x
x = data.drop(['Rings','age'], axis =1)
#将“age”作为标签输入给 y
y = data['age']
#将 x 和 y 拆分成训练集和验证集
x_train, x_test, y_train, y_test = train_test_split(x,y)
#检查拆分是否成功
```

```
x_train.shape
```

运行代码，会得到以下结果：

```
(3132, 10)
```

如果读者也得到了这个结果，说明数据集拆分成功。在原始的 4177 个样本中，有 3132 个样本被划入训练集，另外 1045 个样本划入验证集。下面就开始训练模型，并使用验证集对模型的准确率进行评估。输入代码如下：

```
#创建一个支持向量机回归器，gamma 参数取 1/8，即 0.125
svr = SVR(gamma = 0.125)
#使用训练集训练模型
svr.fit(x_train, y_train)
#检查模型的准确率
svr.score(x_test, y_test)
```

运行代码，会得到如下结果：

```
0.45522768628671306
```

从上面的代码运行结果可以看到，在鲍鱼年龄预测任务中，支持向量机的表现非常糟糕，其 R 平方分数只有 0.455。这是一个完全不可以接受的结果。

注意

和分类算法不同的是，回归算法对于模型的准确率评估默认是用 R 平方分数进行评估。R 平方分数的概念会在后文详细介绍。

注意

多次运行代码，得到的分数会不同，这是非常正常的。因为这里我们没有指定 train_test_split 的 random_state 参数，所以每次拆分出的训练集和验证集也都不一定相同，但分数不会相差太多。

5.3.4 对数据进行预处理并重新训练模型

为什么支持向量机模型的表现如此差呢？前文提到，支持向量机对数据预处理有较高的要求。问题应该是样本特征中包含了太多噪声，如离群值，或者叫溢出值。所以我们要仔细观察样本的情况，如何能够对模型的表现进行优化。

我们来检查样本的各个特征中有没有离群值，这一步同样可以用可视化的方式进行。输入代码如下：

```
#绘制箱形图，查看样本特征中的离群值
data.boxplot(rot = 270, figsize = (15,5))
#显示图形
plt.show()
```

运行代码，会得到图 5.11 所示的结果。

从图 5.11 中可以看到，在“Rings”和“age”特征中，离群值的情况是非常显著的。这里我们暂且只讨论“age”的情况，因为模型预测的目标是这一列。仔细观察“age”的箱体情况，上沿大致在 17，而下沿大致在 5。这个时候还不能简单地把这个范围之外的样本直接去掉。我们还需要看一看其他特征与“age”特征的关系，再决定如何处理离群值。

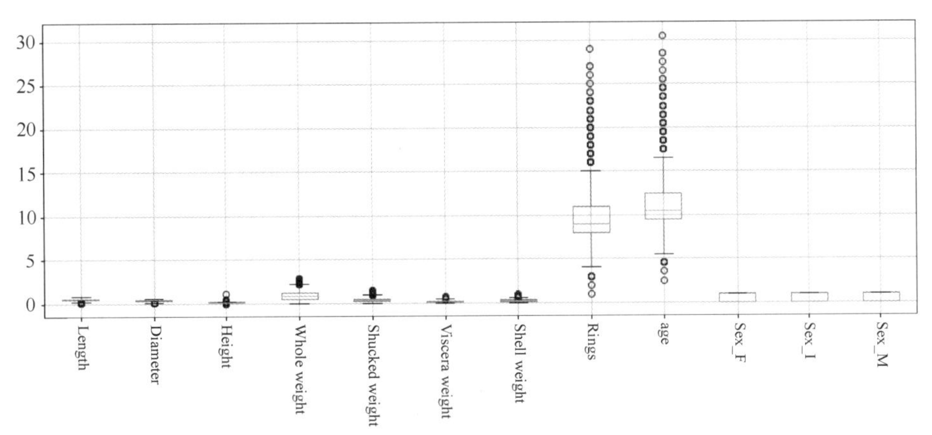

图5.11　使用箱形图查看样本特征的离群值

首先是长度“Length”这一列，输入代码如下：

```
#用“length”和“age”数据绘制散点图
plt.scatter(x = data['Length'], y = data['age'],)
#加上网格便于观察
plt.grid(True)
#显示图形
plt.show()
```

运行代码，会得到图 5.12 所示的结果。

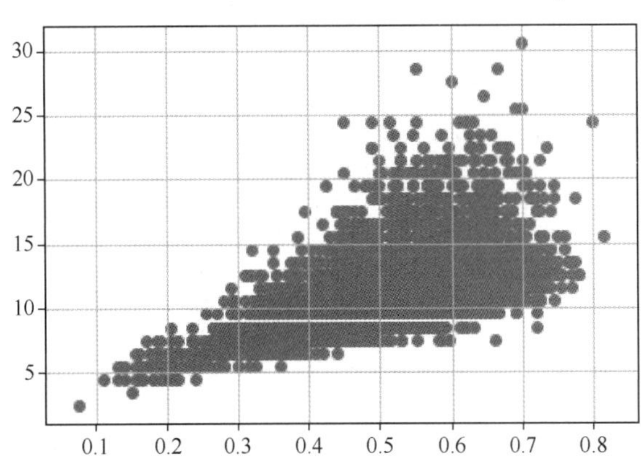

图5.12　使用“age”和“Length”数据绘制的散点图

从图 5.12 可以看到，“Length”特征中，离群值主要分布在小于 0.1 和大于或等于 0.8 的范围；在“age”特征中，离群值集中在大于 25 的范围，我们尝试把这部分样本从原始数据中剔除，看是否可以提高模型的准确率。输入代码如下：

```
#剔除年龄大于 25 的样本
data = data.drop(data[data['age']>25].index)
#剔除长度小于 0.1 的样本
data = data.drop(data[data['Length']<0.1].index)
#剔除长度大于或等于 0.8 的样本
data = data.drop(data[data['Length'] >= 0.8].index)
#检查处理后的数据
np.max(data.age), np.max(data.Length),np.min(data.Length)
```

运行代码，可以得到以下结果：

```
(24.5, 0.78, 0.11)
```

从代码运行结果中可以看到，经过处理之后，样本的年龄最大值是 24.5，长度的最大值是 0.78，最小值是 0.11。这说明我们已经把样本中的离群值成功地剔除。

注意

在上面的步骤中，我们主要使用了可视化的方法来寻找离群值。从散点图来看，那些分布在样本群之外、处于离散状态的零星样本，并且与样本群对目标变量的趋势有些偏离的，被认为是离群值。一般来说，将这些样本剔除可以在一定程度上提升模型的准确率。此外，在实际应用中，也可以配合业务经验进行判断，如在分析某电子商务平台数据时，发现某个用户的年龄是 8 岁，但购买了很多和年龄不符的商品（如婚礼用品），这可能是客户在注册时没有填写实际年龄造成的。这种情况下，一方面可以考虑将该样本剔除，另一方面也可以考虑使用婚礼用品类目中消费金额接近的用户年龄中位数替换该用户的年龄特征。

同理，读者可以使用可视化的方法，看看其他特征是否还有离群值。本书在这里不一一展示每个特征的可视化结果了。以下代码用于去掉其他特征（包含离群值）的样本：

```
#以下代码用于去除其他特征（包含离群值）的样本，仅供读者参考
#读者可以观察样本特征，并决定剔除离群值的范围，不一定按照此处的代码运行
data.drop(data[(data['Height']>0.4) & (data['age'] < 15)].index, inplace
=True)
data.drop(data[(data['Height']<0.4) & (data['age'] > 25)].index, inplace
=True)
data.drop(data[(data['Diameter']<0.1)  &  (data['age']  <  5)].index,
inplace=True)
data.drop(data[(data['Diameter']<0.6)  &  (data['age']  >  25)].index,
inplace=True)
data.drop(data[(data['Diameter']>=0.6)  &  (data['age']<  25)].index,
inplace=True)
data.drop(data[(data['Whole weight']>= 2.5) & (data['age'] < 25)].index,
inplace=True)
data.drop(data[(data['Whole weight']<2.5) & (data['age'] > 25)].index,
```

```
inplace=True)
    data.drop(data[(data['Shucked weight']>= 1) & (data['age'] < 20)].index,
inplace=True)
    data.drop(data[(data['Shucked weight']<1) & (data['age'] > 20)].index,
inplace=True)
    data.drop(data[(data['Shell weight']> 0.6) & (data['age'] < 25)].index,
inplace=True)
    data.drop(data[(data['Shell weight']<0.8) & (data['age'] > 25)].index,
inplace=True)
    data.drop(data[(data['Viscera weight']> 0.5) & (data['age'] < 20)].index,
inplace=True)
    data.drop(data[(data['Viscera weight']<0.5) & (data['age'] > 25)].index,
inplace=True)
    #查看剔除后的统计信息
    data.describe()
```

运行代码，会得到表 5-4 所示的结果。

表 5-4 运行结果

	Length	Diameter	Height	Whole weight	……	age	……
count	3995.000000	3995.000000	3995.000000	3995.000000	……	3995.000000	……
mean	0.518168	0.402955	0.136972	0.791814	……	11.127284	……
std	0.117643	0.097127	0.037248	0.451790	……	2.764955	……
min	0.130000	0.095000	0.000000	0.010500	……	3.500000	……
25%	0.445000	0.345000	0.110000	0.428250	……	9.500000	……
50%	0.535000	0.420000	0.140000	0.774500	……	10.500000	……
75%	0.610000	0.475000	0.165000	1.123750	……	12.500000	……
max	0.760000	0.590000	0.250000	2.381000	……	19.500000	……

注意：为了便于展示，表 5-4 在原代码运行结果的基础上进行了删减。

从表 5-4 中可以看到，在剔除包含离群值的样本之后。数据集中的样本数量减少到了 3995 个。其中长度“Length”的最大值为 0.76，而最小值为 0.13。和上一步处理的结果相比，数值的范围进一步缩小了。这是因为在剔除其他包含离群值的样本的同时，也会把长度在 0.76 以上或在 0.13 以下的样本一并剔除。其他特征的情况，留给读者自己观察。

通过观察，我们可以看到样本的重量特征“Whole weight”的最大值是 2.38，而其他特征的最大值基本都在 1 以下。考虑到支持向量机的特点，这里我们再尝试对数据进行归一化处理。输入代码如下：

```
#导入数据归一化工具
from sklearn.preprocessing import StandardScaler
#使用处理后的数据重新创建 x 和 y
x = data.drop(['Rings', 'age'], axis=1)
y = data['age']
#使用归一化工具对 x 进行转化
```

```
x_scld = scaler.fit_transform(x)
#使用归一化后的x_scld和y创建训练集和验证集
x_train_scld, x_test_scld, y_train, y_test = train_test_split(x_scld, y, random_state = 888)
#再次训练支持向量机模型并评估
svr = SVR()
svr.fit(x_train_scld, y_train)
svr.score(x_test_scld, y_test)
```

运行代码，可以得到如下的结果：

```
0.56311244234222
```

从代码运行结果可以看到，经过数据预处理之后，支持向量机的 R 平方分数从 0.46 提高到了 0.56 左右。虽然这个分数也远远谈不上理想，但已经可以印证我们之前的观点——支持向量机对于数据预处理有一定的要求。相信如果对鲍鱼数据集进行更加复杂的预处理，支持向量机的表现可能还会有进一步的提升。

注意

在这一步我们使用 StandardScaler 对数据进行了归一化处理。在后文还会专门介绍不同的数据归一化的方法，在本章中暂时不进行详细的阐述。

本章小结

（1）在机器学习中，支持向量机是在分类与回归分析中分析数据的监督学习算法。

（2）在支持向量机中，有两种常用的核函数可以将数据特征投射到高维。

① 多项式内核。

② 径向基内核。

（3）支持向量机既有其优势，亦存在其不足之处。

本章习题

操作题

（1）请生成一个简单的数据集，尝试用不同内核的支持向量机算法进行试验。

（2）使用（1）中生成的数据集，尝试用不同 gamma 参数的 RBF 内核的支持向量机进行试验。

（3）使用本章中的鲍鱼数据集，按照自己的观察进行数据预处理。

（4）使用预处理后的鲍鱼数据集，尝试调整支持向量机的 gamma 参数和 C 参数，观察模型 R 平方分数的变化。

第6章

朴素贝叶斯

技能目标

- 了解朴素贝叶斯的基本原理和使用方法。
- 了解不同朴素贝叶斯变体的差异。
- 掌握朴素贝叶斯的实际应用。

本章任务

学习本章，读者需要完成以下3个任务。读者在学习过程中遇到的问题，可以通过访问课工场官网解决。

任务6.1：了解朴素贝叶斯的基本原理和使用方法

理解朴素贝叶斯的原理以及使用场景。

任务6.2：了解不同朴素贝叶斯变体的差异

了解常用的3个朴素贝叶斯变体，包括伯努利朴素贝叶斯、高斯朴素贝叶斯和多项式朴素贝叶斯。

任务6.3：掌握朴素贝叶斯的实际应用

通过一个真实数据集，对朴素贝叶斯算法进行实战练习。

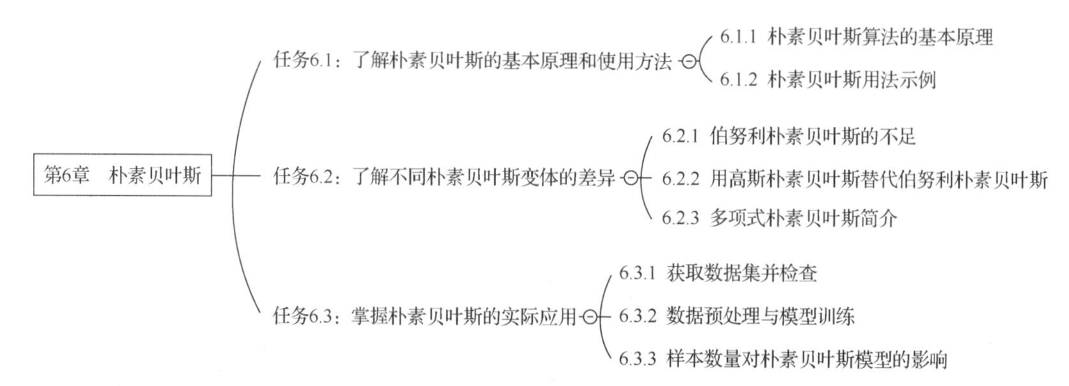

朴素贝叶斯算法是经典的机器学习算法之一，是基于贝叶斯定理与特征条件独立假设的分类方法，原理简单，易于实现，分类过程中效率高，时间花费少。朴素贝叶斯处理问题时非常高效且直接，因此被各大领域广泛应用，如各种文件分类、邮件分类等，朴素贝叶斯是学习自然语言处理技术的一个很好的入口。

任务 6.1 了解朴素贝叶斯的基本原理和使用方法

【任务描述】

了解朴素贝叶斯算法基本原理。

【关键步骤】

通过一个简单的假设场景，理解朴素贝叶斯的基本原理和使用方法。

6.1.1 朴素贝叶斯算法的基本原理

朴素贝叶斯算法是一组基于贝叶斯定理的监督学习算法，在给定分类标签的情况下，假设样本特征之间互相独立，这种假设也是“朴素”二字的由来。

而说到贝叶斯定理，就不得不提及它的发明者托马斯・贝叶斯（Thomas Bayes）。托马斯・贝叶斯是英国数学家、数理统计学家和哲学家；1702 年出生于英国伦敦；1742 年成为英国皇家学会会员。他是概率论理论创始人，贝叶斯统计的创立者，“归纳地”运用数学概率、“从特殊推论一般、从样本推论全体”的第一人，也是对概率论与统计学的早期发展有重大影响的人物之一，贝叶斯定理正是用他的名字来命名的。

为了帮助读者理解朴素贝叶斯算法的原理，我们通过一个场景来简要介绍贝叶斯定理。假设你现在有一些钱，正好够一套房子的首付，这时你想做一笔快进快出的生意：买一套房子，并且等待一年后房价大幅上涨，再将其卖掉，实现财富升值。

因此，你需要预测的目标是：一年后房价大幅上涨的概率，记为 $P(y)$。

根据房地产圈内的“黄金定律”，房价上涨，短期看货币，中期看土地供给，长期看净人口流入/流出。对于房地产市场来说，一年属于短期，因此你只需要关注广义货币供

应量 M_2。在当前的经济环境下，一年内央行加大货币供应 M_2 的概率记为 $P(x)$。

接下来你要做的工作是分析历史上每次房价大幅上涨和 M_2 大幅上涨之间的关系。通过对历史数据的研究你发现：

当前经济下行，央行加大 M_2 的概率 $P(x)$是 50%；

每次 M_2 大幅上涨的同时，房价大幅上涨的概率 $P(y|x)$是 90%；

每次房价大幅上涨的周期内，央行加大 M_2 的概率 $P(x|y)$是 50%。

根据这些已经掌握的历史数据，你可以使用贝叶斯定理来进行计算。其公式如下：

$$P\left(y|x\right)=P\left(y\right)\frac{P\left(x|y\right)}{P\left(x\right)}$$

可得你的预测目标 $P(y)=P(y|x)\times P(x)/P(x|y)=0.9\times 0.5/0.5=0.9$。也就是说，如果你此时买下一套房子，一年后价格大幅上涨的概率是 90%。根据这样的计算结果，相信你应该可以做出正确的决策了。

注意

此处只是为了演示贝叶斯公式的使用，请不要将其作为投资建议。本书不对任何投资行为带来的损失承担责任。

以上的演示只考虑了 M_2 这一个变量对房价的影响。如果此时你打算改变自己的投资策略，希望综合考虑房屋未来短期至长期的升值潜力，则要考虑更多的因素，如土地供给和净人口流入/流出。设 M_2 为 x_1、土地供给为 x_2、净人口流入/流出为 x_3，则前述公式变为：

$$P\left(y|x\right)=P\left(y\right)\frac{P\left(x_1,x_2,x_3|y\right)}{P\left(x_1,x_2,x_3\right)}$$

正如前文所说，朴素贝叶斯假设样本特征之间相互独立，彼此之间没有影响。也就是说，在此例中，M_2 是否增加和土地供给的变化没有关系，和净人口流入/流出也没有关系，以此类推，每个特征都和其他特征没有关系。基于这样的假设，以上的公式可以写为：

$$P\left(y|x\right)=P\left(y\right)\frac{\prod_{i=1}^{3}P\left(x_i|y\right)}{P\left(x_1,x_2,x_3\right)}$$

在进行模型训练时，分类标签 y 和 $P(x_1,x_2,x_3)$是训练集输入给模型的，而模型要做的工作是，通过最大后验估计去计算 $P(y)$和 $P(x_i|y)$，以便对新样本进行分类预测，即 $\hat{y}$。其计算公式如下：

$$\hat{y}=\arg_y\max P\left(y\right)\prod_{i=1}^{n}P\left(x_i|y\right)$$

以上便是朴素贝叶斯算法的基本工作原理，即通过给定的训练集，找到 $P(y)$和$P(x_i|y)$，并计算出新样本分类标签的估计值 $\hat{y}$ 。

6.1.2 朴素贝叶斯用法示例

1. 收集数据并制作数据集

下面继续探讨房价的问题，通过查询国家有关部门网站，可以获得表 6-1 所示的数据。

表 6-1 2014～2018 年与房价有关的各项数据

年份	M_2同比增长超过 10%	土地供应量增加超过 10%	人口是否净流入	次年房价是否大幅上涨
2014	1	0	1	0
2015	1	0	1	1
2016	1	0	1	1
2017	0	1	0	0
2018	0	1	0	0

在表 6-1 中，用“1”代表“是”，“0”代表“否”，次年房价大幅上涨的定义是：在数据所在年份的下一年，住宅成交均价比当年同比增长 50%以上。读者可以将这个表格保存为一个 CSV 文件，以便进行试验。

注意

该数据集并不严谨，只是供读者进行模型训练试验。对于模型得出的任何结论，请不要太过当真。

现在使用 pandas 载入保存好的 CSV 文件，在 Jupyter Notebook 中输入代码如下:

```
#导入 pandas
import Pandas as pd
#读取保存好的 CSV 文件，路径和文件名换成你自己的
data = pd.read_csv('买房但会负债.csv')
#查看是否读取成功
data.head()
```

运行代码，如果可以看到表 6-1 所示的结果，则说明数据集读取成功。

注意

在保存 CSV 文件时，将编码方式设置为“utf-8”，否则需要修改 pd.read_csv 的 encoding 参数。

2. 训练伯努利朴素贝叶斯模型

下面将已经读取的数据集尝试训练伯努利朴素贝叶斯模型，输入代码如下：

```
#导入伯努利朴素贝叶斯
from sklearn.naive_bayes import BernoulliNB
#定义好样本特征 x 和分类标签 y
x = data.drop(['年份','次年房价是否大幅上涨'], axis = 1)
y = data['次年房价是否大幅上涨']
#创建一个伯努利朴素贝叶斯分类器
clf = BernoulliNB()
#由于样本数量很少，这里不拆分为训练集和验证集
#使用 x 和 y 训练分类器
clf.fit(x,y)
#验证分类器的准确率
clf.score(x,y)
```

运行代码，会得到以下结果：

```
0.8
```

从代码运行结果可以看到，使用少量样本训练的伯努利朴素贝叶斯模型，其准确率达到了 80%。如果读者仔细观察数据集，就会发现 2014 年的各项经济指标都指向次年房价会大幅上涨，但是 2015 年房价涨幅并未超过 50%，因此模型对这一年数据的预测出了问题，这是很容易理解的。

3. 使用伯努利朴素贝叶斯模型进行预测

如果希望让训练好的模型对 2020 年房价是否会大幅上涨做出预测，可以收集相关数据。通过搜索，可知 2019 年上半年 M_2 余额同比增长 8.5%，假设下半年保持同等的增速，则本年度全年 M_2 同比增长不足 10%；同时，根据资讯显示，2019 年土地供给量呈现放大趋势，预计全年土地供给量同比增加超过 10%；此外，目标城市控制常住人口数量，人口呈现净流出状态。故此可知，2019 年各项经济指标对应 3 个特征的数值分别是 0、1、0。接下来使用模型来预测房价 2020 年是否会大幅上涨，输入代码如下：

```
#新样本包含 2019 年 3 个经济指标
x_2019 = [[0,1,0]]
#对新样本做出预测
y_2020 = clf.predict(x_2019)
#输出预测结果
print(y_2020)
```

运行代码，可以得到以下结果：

```
[0]
```

从代码结果可以看到，模型对 2020 年房地产市场的预测并不乐观—“0”代表模型认为 2020 年房价不会大幅上涨，建议房地产投资者持谨慎态度。

注意

实际上房价受多种因素影响，不仅是本例列举的 3 个经济指标。故此重申：模型预测结果不构成任何投资建议。

任务 6.2 了解不同朴素贝叶斯变体的差异

【任务描述】

手动生成数据集，进行模型训练，理解不同朴素贝叶斯算法的差异。

【关键步骤】

（1）了解伯努利朴素贝叶斯的不足。

（2）使用高斯朴素贝叶斯代替伯努利朴素贝叶斯。

（3）了解多项式朴素贝叶斯的简单介绍。

朴素贝叶斯包含若干种变体，常用的变体包括伯努利朴素贝叶斯、高斯朴素贝叶斯和多项式朴素贝叶斯等。其中伯努利朴素贝叶斯适用于样本特征符合伯努利分布的数据集，高斯朴素贝叶斯适用于样本特征为连续特征且大致符合高斯分布的数据集，而多项式朴素贝叶斯适用于样本特征符合多项式分布的数据集。

6.2.1 伯努利朴素贝叶斯的不足

在任务 1 中，使用了伯努利朴素贝叶斯算法对房价是否大幅上涨进行预测。这是因为在该数据集中，样本特征符合伯努利分布，即只有 0 和 1 两个数值。如果数据样本特征不符合伯努利分布，则伯努利朴素贝叶斯的表现会十分糟糕。

以下代码用于展示一个错误的实例，目的是让读者了解伯努利朴素贝叶斯不适用的场景：

```
#导入数据集生成工具
from sklearn.datasets import make_blobs
#导入数据集拆分工具
from sklearn.model_selection import train_test_split
#生成样本数量为 400、分类数为 4 的数据集
X, y = make_blobs(n_samples=400, centers=4,random_state=8)
#将数据集拆分成训练集和验证集，固定随机状态为 8
X_train,X_test,y_train,y_test=train_test_split(X,y,random_state=8)
#使用伯努利朴素贝叶斯拟合数据
nb = BernoulliNB()
nb.fit(X_train,y_train)
print('模型得分:{:.3f}'.format(nb.score(X_test, y_test)))
```

运行代码，可以得到如下的结果：

```
模型得分:0.590
```

从代码运行结果中可以看到，伯努利朴素贝叶斯模型的表现并不良好。这是因为在这个使用 make_blobs()方法手动生成的数据集中，样本的特征是连续数值，并不符合伯努利分布。下面利用图形来检查问题出在哪里，代码如下：

```
import numpy as np
#导入画图工具
import matplotlib.pyplot as plt
#以下代码用于绘图展示伯努利朴素贝叶斯的不足
#不要求读者掌握，故此不逐行注释
x_min,x_max=X[:,0].min()-0.5,X[:,0].max()+0.5
y_min,y_max=X[:,1].min()-0.5,X[:,1].max()+0.5
xx,yy = np.meshgrid(np.arange(x_min, x_max,.2),
np.arange(y_min, y_max, .2))
z = nb.predict(np.c_[(xx.ravel(),yy.ravel())]).reshape(xx.shape)
plt.pcolormesh(xx,yy,z,cmap= plt.cm.Pastel1)
plt.scatter(X[:,0],X[:,1],c=y,cmap=plt.cm.Pastel2,edgecolor='k')
plt.xlim(xx.min(),xx.max())
plt.ylim(yy.min(),yy.max())
plt.title('BernoulliNB')
plt.show()
```

运行结果如图 6.1 所示。

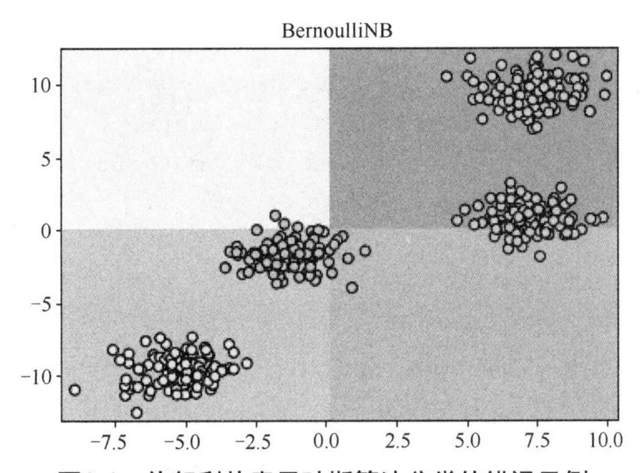

图6.1　伯努利朴素贝叶斯算法分类的错误示例

从图 6.1 中可以看到，伯努利朴素贝叶斯分类器的分类结果确实不理想，有近一半的样本都没有放置到正确的分类中。仔细观察图 6.1，你会发现伯努利朴素贝叶斯使用 0 作为阈值，分别对样本的两个特征进行比较并分类。所做的 4 个分类分别大致对应“横轴坐标大于 0 且纵轴坐标大于 0”“横轴坐标大于 0 且纵轴坐标小于 0”“横轴坐标小于 0 且纵轴坐标小于 0”“横轴坐标小于 0 且纵轴坐标大于 0”。这是因为伯努利朴素贝叶斯的 binarize 参数默认为 0.0，即使用 0 为阈值对特征进行区分——显然这是不合理的。这体现了伯努利朴素贝叶斯的不足之处：不适用于特征为连续数值的样本。对于这类数据，可以考虑使用高斯朴素贝叶斯进行替代。

6.2.2 用高斯朴素贝叶斯替代伯努利朴素贝叶斯

作为朴素贝叶斯的一种变体，高斯朴素贝叶斯可以用于特征类型为连续数值类型的样本。由于它假设样本特征符合高斯分布（也称为正态分布），并进行概率计算，所以高斯朴素贝叶斯在样本特征符合高斯分布的数据集中表现会比较好。

下面我们还是用之前手动生成的数据集来进行试验，并观察拟合结果模型的性能，输入代码如下：

```
#导入高斯朴素贝叶斯
from sklearn.naive_bayes import GaussianNB
#创建高斯朴素贝叶斯分类器，并使用训练集进行训练
gnb = GaussianNB()
gnb.fit(X_train, y_train)
#输出模型得分
print('模型得分:{:.3f}'.format(gnb.score(X_test, y_test)))
```

运行代码，会得到以下结果：

```
模型得分:1.000
```

从代码运行结果上看，使用高斯朴素贝叶斯算法训练的模型，其准确率达到了100%，这也说明手动生成的数据集中样本特征基本符合高斯分布的情况。下面的代码用来展示高斯朴素贝叶斯的分类情况，读者可以用来进行试验：

```
#展示模型分类情况，不要求读者掌握，故不逐行注释
z_gnb = gnb.predict(np.c_[(xx.ravel(),yy.ravel())]).reshape(xx.shape)
plt.pcolormesh(xx,yy,z_gnb,cmap=plt.cm.Pastel1)
plt.scatter(X[:,0],X[:,1],c=y,cmap=plt.cm.Pastel2,edgecolor='k')
plt.xlim(xx.min(),xx.max())
plt.ylim(yy.min(),yy.max())
plt.title('GaussianNB')
plt.show()
```

运行代码，会得到图6.2所示的结果。

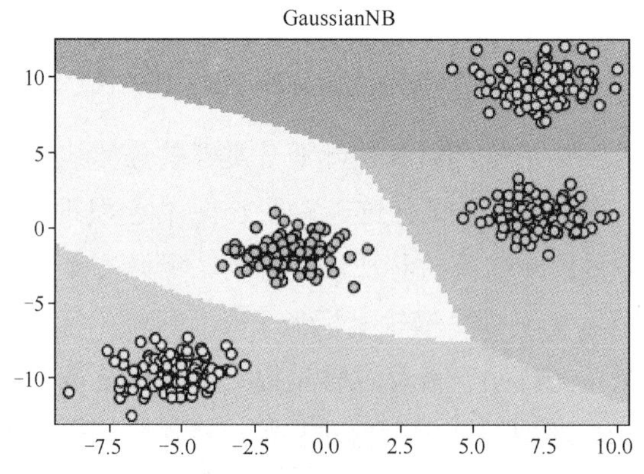

图6.2 使用高斯朴素贝叶斯模型进行的分类

从图 6.2 中可以看出，高斯朴素贝叶斯的分类结果十分优秀，它将全部样本都放进了正确的分类中。由此可见，对于特征为连续数值类型的样本数据来说，高斯朴素贝叶斯是比较适用的，尤其在样本数量较大的时候，其优势会更加明显。因此从统计学的角度来说，样本数量足够大时，特征更倾向于符合高斯分布。

6.2.3　多项式朴素贝叶斯简介

如前文所述，如果样本特征符合伯努利分布，则可以使用伯努利朴素贝叶斯算法进行模型训练；如果样本特征为连续数值类型，且大致符合高斯分布，则高斯朴素贝叶斯的表现会更好。除了这两种特征类型的数据样本之外，还有一类样本特征分布的类型——多项式分布。

与伯努利分布不同的是，符合多项式分布的样本特征中，不只有 0 和 1 两个数值，而是更多。符合这种分布的往往是一些代表多个分类的特征，如某类数据样本特征中包含“颜色”，特征的数值包括“红色”“绿色”“黄色”“蓝色”等。此时可以考虑将该特征转化为整数类型，即“红色”用 0 表示，“绿色”用 1 表示，“黄色”用 2 表示，以此类推。在特征转化完成后，比较适合使用多项式朴素贝叶斯算法进行模型训练。

同时，多项式朴素贝叶斯对数据集样本数量没有太高的要求，即使用小样本数据集进行训练，多项式朴素贝叶斯也可以得到相对不错的结果。

在任务 6.3 中，我们会使用多项式朴素贝叶斯针对一个真实数据集进行训练，并与高斯朴素贝叶斯进行对比，帮助读者理解它们的异同。

任务 6.3　掌握朴素贝叶斯的实际应用

【任务描述】

使用真实数据集进行多项式朴素贝叶斯的实战练习。

【关键步骤】

（1）获取数据集并检查。

（2）训练多项式朴素贝叶斯模型并进行评估。

（3）对比多项式朴素贝叶斯和高斯朴素贝叶斯的学习曲线。

6.3.1　获取数据集并检查

本小节将使用一个关于蘑菇的分类数据集，其中包含了 8124 个蘑菇样本，每个样本包括 22 个特征和 1 个分类标签，分类标签包含两类：有毒（poisonous）和可食用（edible）。下面我们使用该数据集进行试验，尝试让模型学会判断哪些蘑菇有毒，哪些蘑菇可以吃。该数据集的下载地址参见本书电子资料。

将数据集载入，输入代码如下：

```
#导入拆分样本工具，之后会用到
from sklearn.model_selection import train_test_split
#加载数据集，文件目录换成你自己保存数据集的路径
mushroom = pd.read_csv("mushrooms.csv")
#检查读取是否成功
mushroom.head()
```

代码运行结果如表 6-2 所示。

表 6-2　读取的蘑菇分类数据集

	class	cap-shape	cap-surface	cap-color	bruises	odor	gill-attachment	……
0	p	x	s	n	t	p	f	……
1	e	x	s	y	t	a	f	……
2	e	b	s	w	t	l	f	……
3	p	x	y	w	t	p	f	……
4	e	x	s	g	f	n	f	……

如果读者也得到了表 6-2 所示的结果，说明数据集加载成功。仔细观察数据集，你会发现样本的各个特征均是使用字母表示的，如“cap-shape”（蘑菇的帽型）特征中，钟形用字母 b 代表，圆锥形用字母 c 代表，凸形用字母 x 代表，平形用 f 代表，球形用字母 k 代表，凹形用字母 s 代表。

其他特征中字母的含义，可以在数据集下载页面查看详细的解释。此处就不进行详细讲解了。

注意

为了方便绘制，我们在原代码运行结果的基础上进行了删减。请读者观察自己的代码运行结果，并了解样本的全部特征。

接下来，检查数据集中是否存在空值，输入代码如下：

```
#统计数据集中的空值
mushroom.isnull().sum()
```

运行代码，会得到如下结果：

```
class                0
cap-shape            0
cap-surface          0
cap-color            0
bruises              0
odor                 0
gill-attachment      0
gill-spacing         0
```

```
gill-size                    0
gill-color                   0
stalk-shape                  0
…
```

通过以上结果可以看到，数据集中没有出现空值的情况，也就省去了数据补全的步骤。同样，为节省篇幅，此处在原代码运行结果基础上有所删减。

下面我们来看看数据集中的样本可以分为几个类型，代码如下：

```
#验证集中的分类
mushroom['class'].unique()
```

运行结果如下：

```
array(['p', 'e'], dtype=object)
```

从代码运行结果可以看到，该数据集的样本包含了两种分类，p 代表“有毒”，e 代表“可以食用”。

6.3.2 数据预处理与模型训练

由于蘑菇分类数据集中，数据样本的每一个特征都是用字母来表示的，这不便于训练模型，因此需要引入标签初始化的预处理工具，把原本字母表示的特征转化为数字的形式，输入代码如下：

```
#导入 sklearn 标签预处理工具
from sklearn.preprocessing import LabelEncoder
labelencoder=LabelEncoder()
for col in mushroom.columns:
#将样本中的字母特征转化为整数型特征
mushroom[col] = labelencoder.fit_transform(mushroom[col]) mushroom.head()
```

运行结果如表 6-3 所示。

表 6-3　将字母转化为整数后的数据集

	class	cap-shape	cap-surface	cap-color	bruises	odor	gill-attachment	……
0	1	5	2	4	1	6	1	……
1	0	5	2	9	1	0	1	……
2	0	0	2	8	1	3	1	……
3	1	5	3	8	1	6	1	……
4	0	5	2	3	0	5	1	……

从表 6-3 中可以看到样本特征中的字母全部都替换成了数字。

下面来检查不同分类标签的样本数量，以便了解数据集是否是均衡分布的，输入代码如下：

```
#统计不同分类的样本数量
#你也可以使用 mushroom['class'].value_counts()，得到的结果是完全一样的
print(mushroom.groupby('class').size())
```

代码运行结果如下：

```
class
0    4208
1    3916
dtype: int64
```

从以上代码运行结果可以看到，有4208种蘑菇的标签是0，对应原始数据中的“e”，代表可以食用，而有3916种蘑菇的标签是1，对应原始数据中的“p”，也就是有毒的。两种样本的数量相差不大，属于一个比较平衡的数据集，因此不需要进行样本的均衡处理。

如前文所说，对于此类特征符合多项式分布的样本，多项式朴素贝叶斯的表现会相对较好。接下来使用代码来进行验证。首先，我们要将模型拆分成两部分，即训练集和验证集，代码如下所示：

```
#导入多项式朴素贝叶斯
from sklearn.naive_bayes import MultinomialNB
#将数据集的第2个特征到第22个特征赋值给X（除了标签）
X = mushroom.iloc[:,1:23]
#将数据集的分类标签赋给y
y = mushroom.iloc[:, 0]
#拆分训练集与验证集
X_train, X_test, y_train, y_test = train_test_split(X,y,random_state=42)
#创建多项式贝叶斯分类器
mnb = MultinomialNB()
#使用训练集训练模型
mnb.fit(X_train, y_train)
#分别评估模型在训练集和验证集中的准确率
print(mnb.score(X_train, y_train))
print(mnb.score(X_test, y_test))
```

代码运行结果如下：

```
0.8055145248645987
0.8084687346134909
```

从以上代码运行结果可以看出，多项式朴素贝叶斯模型在训练集和验证集的准确率相差无几，均在80%左右，说明模型没有出现过拟合的情况。80%左右的准确率谈不上很高，但也属于可以接受的范围。

注意

虽然该数据集的样本特征符合多项式分布，但你仍然可以使用数据标准化工具将其转化为连续数值（数据标准化在后文有详细介绍），并使用高斯朴素贝叶斯进行模型的训练，且有可能进一步提高模型准确率。因此，在机器学习领域，并不存在“什么样的数据一定要用什么模型”这样的“铁律”，建议读者多动手尝试，以找到性能较佳的模型。

6.3.3　样本数量对朴素贝叶斯模型的影响

对于机器学习模型来说，样本数量也会对其准确率有一定的影响。我们可以绘制模型的学习曲线，来直观地了解随着数据样本数量的增加模型准确率的变化情况。结合以上的案例，绘制使用蘑菇分类数据集训练的多项式朴素贝叶斯和高斯朴素贝叶斯的学习曲线，并对比样本数量对二者的影响。（此处用 ShuffleSplit 对模型准确率进行评估，与 train_test_split()和 score()方法一样，它也是一个用于评估模型的方法，在后文中会有详细的介绍。）输入代码如下：

```
#导入学习曲线库
from sklearn.model_selection import learning_curve
#导入随机拆分工具
from sklearn.model_selection import ShuffleSplit
#定义一个函数绘制学习曲线，此处读者看懂代码即可，不要求掌握
#故不逐行注释
def plot_learning_curve(estimator,title,X,y,ylim=None,cv=None,
                        n_jobs=-1,train_sizes=np.linspace(.1, 1.0,
5)):
    plt.figure()
    plt.title(title)
    if ylim is not None:
        plt.ylim(*ylim)
    plt.xlabel("Training examples")
    plt.ylabel("Score")
    train_sizes,train_scores,test_scores =learning_curve(
    estimator,X,y,cv=cv,n_jobs=n_jobs,train_sizes=train_sizes)
    train_scores_mean = np.mean(train_scores,axis=1)
    test_scores_mean = np.mean(test_scores,axis=1)
    plt.grid()
    plt.plot(train_sizes, train_scores_mean, 'o-', color="r",
            label="Training score")
    plt.plot(train_sizes, test_scores_mean, 'o-', color="g",
    label="Cross-validation score")
    plt.legend(loc="lower right")
    return plt
#设定拆分数量
cv = ShuffleSplit(n_splits=30, test_size=0.3, random_state=28)
#设定模型为高斯朴素贝叶斯
estimators = [MultinomialNB(),GaussianNB()]
#调用定义好的函数
for estimator in estimators:
    title = estimator
    plot_learning_curve(estimator, title, X, y, ylim=(0.5, 1.0), cv=cv,
```

```
n_jobs=-1)
    #显示图形
    plt.show()
```

运行代码，可以得到结果如图 6.3 所示。

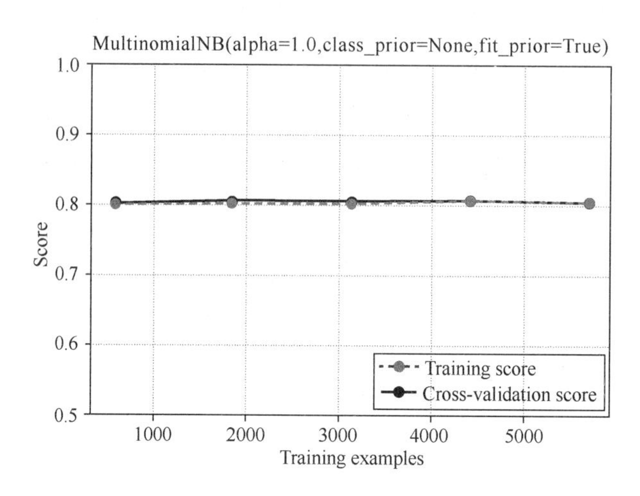

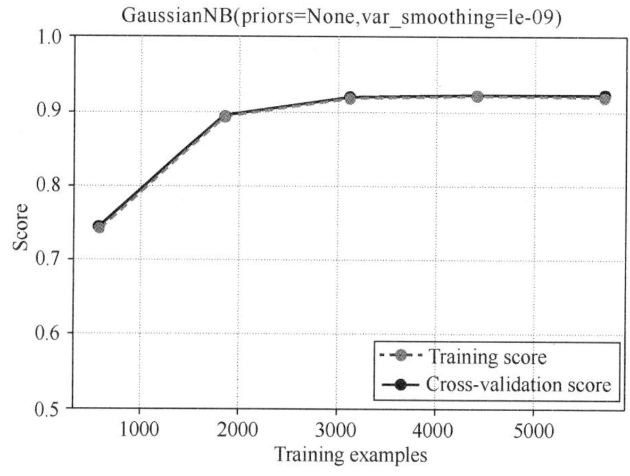

图6.3　多项式朴素贝叶斯和高斯朴素贝叶斯的学习曲线

从图 6.3 中可以看到，随着样本数量的增加，两种朴素贝叶斯算法的学习曲线也呈现出不同的变化趋势——多项式朴素贝叶斯在样本数量很小的情况下即完成了收敛，达到了 80%左右的准确率，但样本数量继续增加，多项式朴素贝叶斯的准确率也没有显著升高；高斯朴素贝叶斯在样本数量少于 1000 时，表现不及多项式朴素贝叶斯，但随着样本数量增加，达到 2000 左右时，高斯朴素贝叶斯的准确率超过了多项式朴素贝叶斯，达到 90%左右。这印证了前文的高斯朴素贝叶斯对于样本数量较大的数据集，其表现更好的说法。

由此，我们可以考虑这样一个问题：假设数据样本数量较少，即使样本特征是连续数值类型，是否也可以对特征进行分箱处理后使用多项式朴素贝叶斯进行训练（数据分箱处理在后文有详细介绍）？同样地，如果样本数量较多，即使样本特征符合多项式分布，是否也可以通过数据标准化转换为连续特征，并使用高斯朴素贝叶斯进行训练？这留待读者进一步探索。

注意

学习曲线不仅可以用来对朴素贝叶斯算法进行绘制，对于其他算法模型也是适用的。

本章小结

（1）朴素贝叶斯算法是基于贝叶斯定理，在假设“所有特征都相互独立”的情况下，根据类先验概率和修正因子对类后验概率进行估计的一种算法。

（2）朴素贝叶斯算法的特点是原理简单、易于实现、分类过程中效率高、时间花费少。

（3）常见的朴素贝叶斯算法有 3 种。

① 伯努利朴素贝叶斯，它适合特征符合伯努利分布的数据集。

② 高斯朴素贝叶斯，它适合特征大致符合高斯分布（或可以转化为高斯分布）的数据集，同时在样本数量较大的数据集中表现相对更好。

③ 多项式朴素贝叶斯，它适合特征符合多项式分布（或可以转化为多项式分布）的数据集，且在小样本的数据集中表现也不差。

本章习题

1．**简答题**

（1）请思考朴素贝叶斯算法的原理是什么，与线性模型有何异同？

（2）贝叶斯算法的 3 种变体分别适用于什么样的场景？

2．**操作题**

（1）使用任务 6.1 中的房价与经济指标数据集，尝试使用高斯朴素贝叶斯和多项式朴素贝叶斯进行训练，观察模型准确率的不同。

（2）使用任务 6.2 中 make_blobs 生成的数据集，训练多项式朴素贝叶斯模型，并用可视化的方法观察多项式朴素贝叶斯模型的决定边界。

（3）使用任务 6.3 中的蘑菇分类数据集，训练高斯朴素贝叶斯模型，并输出模型在训练集和验证集中的准确率。

第 7 章

K 最近邻算法

技能目标

- 了解 K 最近邻算法的原理
- 掌握 K 最近邻算法在分类任务中的应用
- 掌握 K 最近邻算法在回归分析中的应用
- 能够使用 K 最近邻算法实战练习

本章任务

学习本章，读者需要完成以下 4 个任务。读者在学习过程中遇到的问题，可以通过访问课工场官网解决。

任务 7.1：了解 K 最近邻算法的原理

理解K最近邻算法的原理和n_neighbors参数对模型的影响。

任务 7.2：掌握 K 最近邻算法在分类任务中的应用

使用手动生成的数据集进行试验，掌握 K 最近邻算法在分类任务中的应用。

任务 7.3：掌握 K 最近邻算法在回归分析中的应用

使用手动生成的数据集进行试验，掌握 K 最近邻算法在回归分析中的应用。

任务 7.4：使用 K 最近邻算法实战练习

使用真实数据集对 K 最近邻算法进行实战练习。

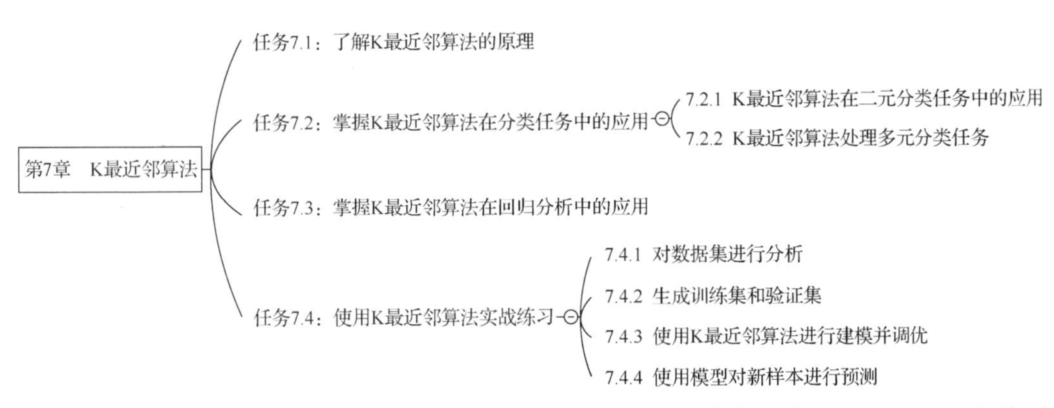

K 最近邻算法（K-Nearest Neighbors，KNN），是一个非常经典而且原理十分容易理解的算法。本章介绍 K 最近邻算法的原理和使用方法，讲解 K 最近邻分类和 K 最近邻回归，并且使用 K 最近邻算法解决一个实际分类问题。

任务 7.1　了解 K 最近邻算法的原理

【任务描述】

了解 K 最近邻算法的原理。

【关键步骤】

通过图例了解 K 最近邻算法的原理。

1. K 最近邻算法简介

K 最近邻算法是最简单的机器学习算法之一，也是一个理论上比较成熟的、运用基于样本估计的最大后验概率规则的判别方法。其思路是在特征空间中，如果一个样本附近的 k 个最近（特征空间中最邻近的 k 个）样本的大多数属于某一个类别，则该样本也属于这个类别。即给定一个训练集，对于新输入实例，在训练集中找到与该实例最邻近的 k 个实例，这 k 个实例中的多数属于某个类，就把该输入实例分类到这个类中。

K 最近邻算法在实际使用中会有很多问题，如它对规模超大的数据集拟合的时间较长，对高维数据集拟合欠佳，以及对于稀疏数据集束手无策等，因此在当前的各种常见的应用场景中，K 最近邻算法的使用并不多见。

2. K 最近邻算法的原理

K 最近邻算法的原理，可以用我国的一句古话表示——“近朱者赤，近墨者黑”，由你的邻居来推断出你的类别，即从所有的训练样本中找出和未知样本最近的 k 个样本，将 k 个样本中出现最多的类别赋给未知样本。

例如，在一个数据集里面有一部分数据点是空心圆点，另一部分是实心圆点。如果有一个新数据点，怎么判断它是空心圆点还是实心圆点？如图 7.1 所示。

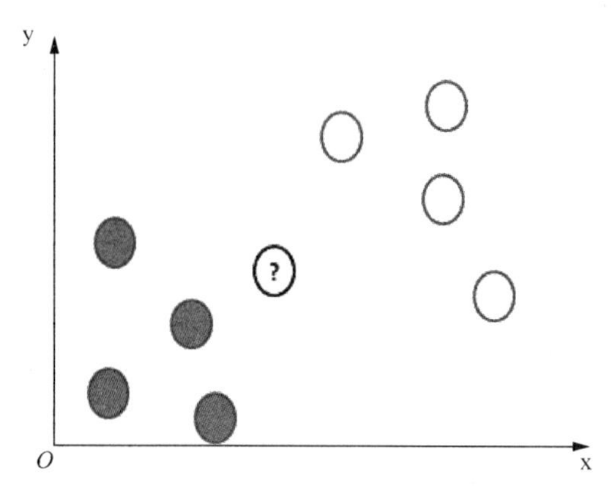

图7.1　判断新数据点是空心还是实心

使用 K 最近邻算法，这个问题就比较简单，新数据点离谁最近，就和谁是同一类。从图 7.1 中可以看出，新数据点距离它左下角方向的实心圆数据点最近，那么理所应当地，这个新数据点应该属于实心圆点的分类了，如图 7.2 所示。

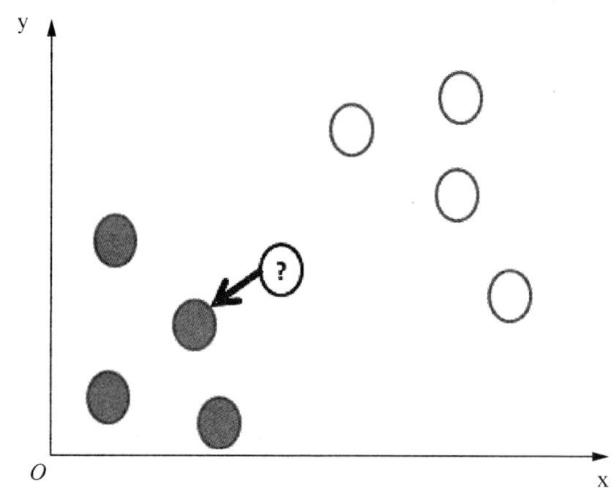

图7.2　最近邻数为1时的分类

从前文可以了解到，K 最近邻算法确实比较简单地完成了分类的工作，但那只是最简单的例子，最近邻数为 1。如果在模型训练过程中始终让最近邻数 k 等于 1，那么会犯“一叶障目”的错误。很多情况下，和新数据点最近的数据很可能是一个与数据类别不相同的点，这样就会得出错误的分类。

所以在使用 K 最近邻算法时，应当增加最近邻的数量 k，例如，我们把最近邻数 k 增加到 3，然后让新数据点的分类和 3 个中最多的数据点所处的分类保持一致，如图 7.3 所示。

从图 7.3 中可以看到，当设定新数据点的最近邻数 k 等于 3 的时候，也就是找出距离新数据点最近的 3 个点时，发现与新数据点距离最近的 3 个点中（虚线圆圈）有 2 个是空心圆点，而只有 1 个是实心圆点。这样一来，K 最近邻算法就会把新数据点放进空心圆点的分类中。

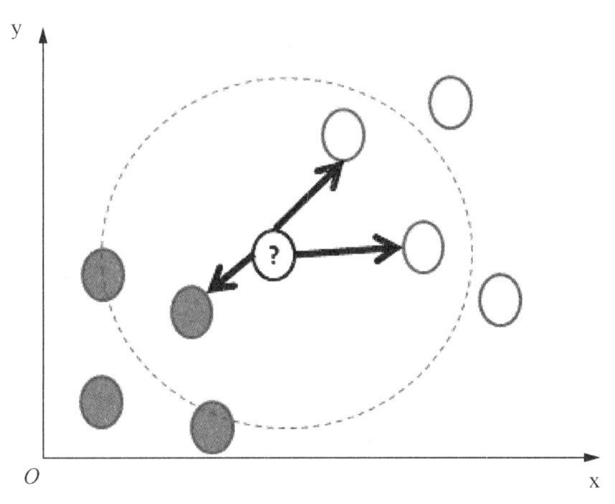

图7.3　最近邻数为3时的分类

通过前文，可以逐步了解 K 最近邻算法在分类任务中的基本原理，实际上 *k* 这个字母的含义就是最近邻的个数。在 scikit-learn 中，K 最近邻算法的 *k* 值是通过 n_neighbors 参数来调节的，默认值是 5。

K 最近邻算法从原理上依赖于极限定理，但在类别决策时，只与极少量的相邻样本有关。由于 K 最近邻算法主要靠周围有限的邻近的样本，而不是靠判别类域的方法来确定所属类别的，因此对于类域的交叉或重叠较多的待分样本集来说，K 最近邻算法较其他方法更为适合。实现 K 最近邻算法时，主要考虑的问题是如何对训练数据进行快速近邻搜索，这在特征空间维数大及训练数据容量大时非常必要。

注意

K 最近邻算法也可以用于回归，原理和其用于分类的原理是相同的。当我们使用 K 最近邻回归计算某个数据点的预测值时，模型会选择距离该数据点最近的若干个训练集中的点，并且将它们的 y 值取平均值，并把该平均值作为新数据点的预测值。

任务 7.2　掌握 K 最近邻算法在分类任务中的应用

【任务描述】

通过使用 Jupyter Notebook，对 K 最近邻算法在分类任务中的应用进行试验。

【关键步骤】

（1）生成数据集，进行分类试验。

（2）处理分类任务。

7.2.1 K最近邻算法在二元分类任务中的应用

1. 在 scikit-learn 中生成数据集

接下来我们会使用生成数据集的方式来进行讲解，请大家在 Jupyter Notebook 中输入如下代码：

```
#导入数据集生成器
from sklearn.datasets import make_blobs
#导入 KNN 分类器
from sklearn.neighbors import KNeighborsClassifier
#导入画图工具
import matplotlib.pyplot as plt
#导入数据集拆分工具
from sklearn.model_selection import train_test_split
#生成样本数量为 100、分类数量为 2 的数据集
data = make_blobs(n_samples=100, centers =2,random_state=9)
X, y = data
#对生成的数据集进行可视化
plt.scatter(X[y==1,0], X[y==1,1], cmap=plt.cm.spring, edgecolor='k', marker='^')
plt.scatter(X[y==0,0], X[y==0,1], cmap=plt.cm.spring, edgecolor='k', marker='o')
plt.show()
```

在这段代码中，我们使用了 scikit-learn 的 make_blobs 函数来生成一个样本数量为100、分类数量为 2 的数据集，并将其赋值给 x 和 y，然后用 Matplotlib 将数据集的分布情况用图形表示出来，运行代码，会得到图 7.4 所示的结果。

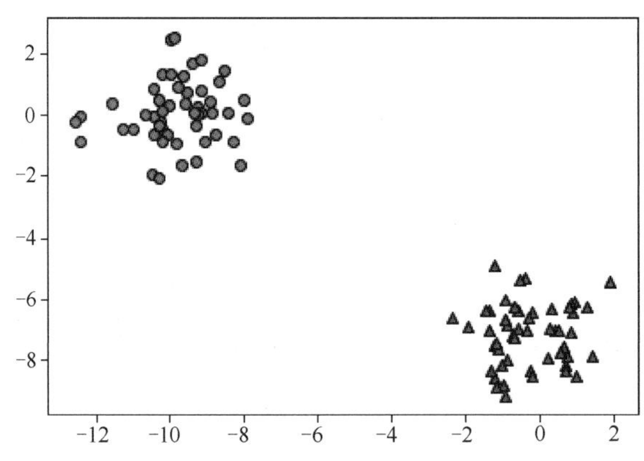

图7.4 使用make_blobs生成的数据集的散点图

从图 7.4 中可以看出，make_blobs 生成的数据集一共有两类，其中一类用三角形表示，而另外一类用圆形表示。这样生成的数据集可以看作机器学习的训练集，是已知的数据。

2. 创建分类模型，分析分类结果

基于以上创建的数据集，用 K 最近邻算法进行模型的训练，然后对新的未知数据进行分类预测。

使用 K 最近邻算法来拟合这些数据，输入代码如下：

```
#导入 NumPy
import numpy as np
#创建 K 最近邻分类器并拟合数据
clf = KNeighborsClassifier()
clf.fit(X,y)
#下面的代码用于画图，不要求读者掌握，故不详细注释
x_min, x_max = X[:, 0].min() - 1, X[:, 0].max() + 1
y_min, y_max = X[:, 1].min() - 1, X[:, 1].max() + 1
xx, yy = np.meshgrid(np.arange(x_min, x_max, .02),
                     np.arange(y_min, y_max, .02))
Z = clf.predict(np.c_[xx.ravel(), yy.ravel()])
Z = Z.reshape(xx.shape)
plt.pcolormesh(xx, yy, Z, cmap=plt.cm. Set3)
plt.scatter(X[y==1,0], X[y==1,1], cmap=plt.cm.spring, edgecolor='k',
marker='^')
plt.scatter(X[y==0,0], X[y==0,1], cmap=plt.cm.spring, edgecolor='k',
marker='o')
plt.xlim(xx.min(), xx.max())
plt.ylim(yy.min(), yy.max())
plt.title("Classifier:KNN")
plt.show()
```

运行代码，会得到图 7.5 所示的结果。

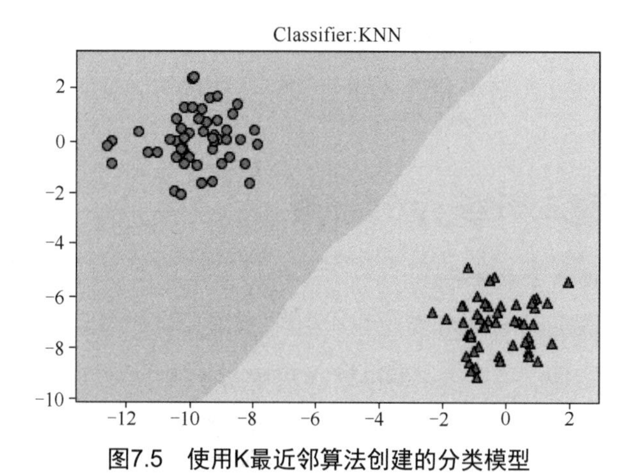

图7.5　使用K最近邻算法创建的分类模型

图 7.5 所示结果表示，K 最近邻算法基于数据集创建了一个分类模型，就是图中左上角区域和右下角区域组成的部分。这样，如果有新的数据输入，模型就会自动将新数据分到对应的分类中。

例如，假设有一个数据点，它的两个特征值分别是-5.49 和-3.67，可以利用该模型来测试能不能将它放到正确的分类中，可以在上面那段代码中的 plt.show()前加一行代码：

```
#把新的数据点用五角星表示出来
plt.scatter(-5.49,-3.67, marker='*', c='red', s=100)
```

再次运行代码，我们会得到结果如图 7.6 所示。

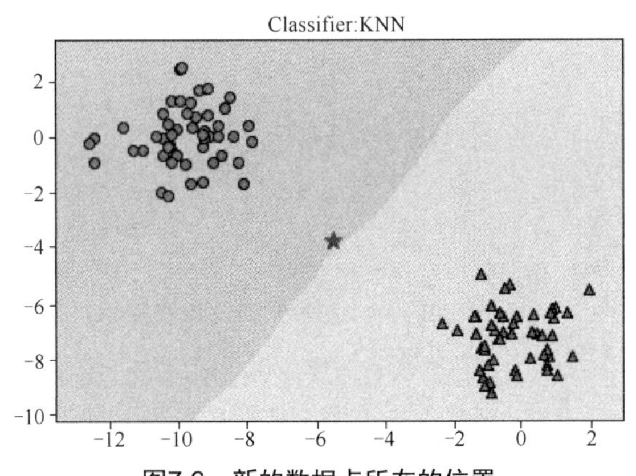

图7.6　新的数据点所在的位置

图 7.6 中所示的五角星就代表了新的数据点所在的位置。通过机器学习，K 最近邻算法将它放在了左上角区域，和圆形类型的数据点归为了一类。

下面再验证算法的准确率，输入代码如下：

```
#输出模型预测的结果
print('新数据点[-5.49,-3.67]的分类是：',clf.predict([[-5.49,-3.67]]))
```

运行代码，得到结果如下：

```
新数据点[-5.49,-3.67]的分类是：  [0]
```

根据以上的试验结果可知，使用 K 最近邻算法进行的分类比较准确，可能是因为这次的任务太简单了。7.2.2 小节将利用 K 最近邻算法处理多元分类任务，增进对该算法的学习和理解。

7.2.2　K 最近邻算法处理多元分类任务

1. 生成多元分类任务数据集

使用 K 最近邻算法处理多元分类任务，同样，首先要生成多元分类任务所使用的数据集。为了体现多元分类性，这次可以通过修改 make_blobs 的 centers 参数，把数据类型的数量增加到 4 个，同时修改 n_ samples 参数，把样本数量增加到 300 个，输入代码如下：

```
#生成样本数量为 300、分类数量为 4 的数据集
data2=make_blobs(n_samples=300, centers=4,random_state=4)
X2,y2=data2
#用散点图对数据集进行可视化
plt.scatter(X2[y2==0,0], X2[y2==0,1], cmap=plt.cm.spring, edgecolor='k',
```

```
marker='o')
    plt.scatter(X2[y2==1,0], X2[y2==1,1], cmap=plt.cm.spring, edgecolor='k',
marker='^')
    plt.scatter(X2[y2==2,0], X2[y2==2,1], cmap=plt.cm.spring, edgecolor='k',
marker='s')
    plt.scatter(X2[y2==3,0], X2[y2==3,1], cmap=plt.cm.spring, edgecolor='k',
marker='D')
    plt.show()
```

运行代码，得到图 7.7 所示的结果。

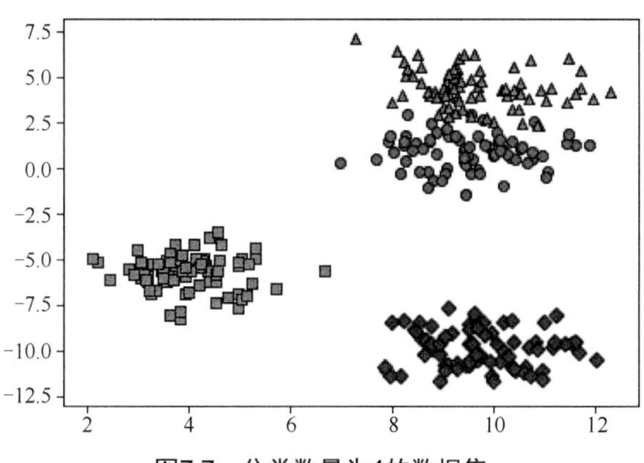

图7.7　分类数量为4的数据集

图 7.7 显示，新的数据集的分类数量变成了 4 个，而其中有两类数据还有一些重合（图中右上角的点），分类难度提高了不少。

2. 用 K 最近邻算法建立模型拟合数据

用 K 最近邻算法建立模型来拟合上面所产生的数据，输入代码如下：

```
#创建新的分类器
clf = KNeighborsClassifier()
#拟合 X2 和 y2
clf.fit(X2,y2)
#下面的代码用于画图，暂不详细注释
x_min, x_max = X2[:, 0].min() - 1, X2[:, 0].max() + 1
y_min, y_max = X2[:, 1].min() - 1, X2[:, 1].max() + 1
xx, yy = np.meshgrid(np.arange(x_min, x_max, .02),
                     np.arange(y_min, y_max, .02))
Z = clf.predict(np.c_[xx.ravel(), yy.ravel()])
Z = Z.reshape(xx.shape)
plt.pcolormesh(xx, yy, Z, cmap=plt.cm.Set3)
plt.scatter(X2[y2==0,0], X2[y2==0,1], edgecolor='k',marker='o')
plt.scatter(X2[y2==1,0], X2[y2==1,1], edgecolor='k',marker='^')
plt.scatter(X2[y2==2,0], X2[y2==2,1], edgecolor='k',marker='s')
plt.scatter(X2[y2==3,0], X2[y2==3,1], edgecolor='k',marker='D')
plt.xlim(xx.min(), xx.max())
```

```
plt.ylim(yy.min(), yy.max())
plt.title("Classifier:KNN")
plt.show()
```

运行代码，将会得到图 7.8 所示的结果。

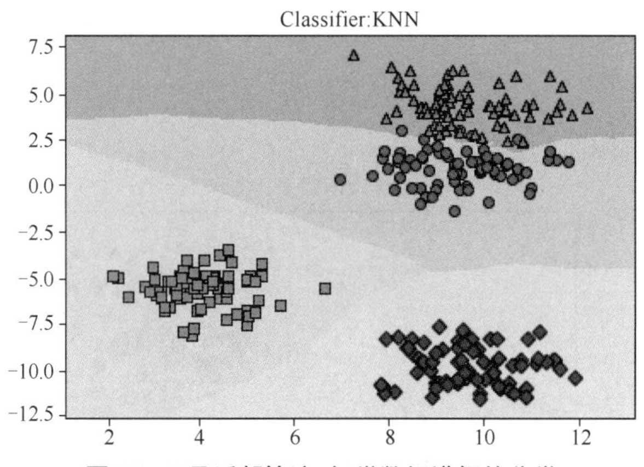

图7.8　K最近邻算法对4类数据进行的分类

图 7.8 中显示的结果可以说明，K 最近邻算法仍然可以把大部分数据点放置于正确的分类中，有一小部分数据进入了错误的分类中，这些分类错误的数据点基本都是互相重合的且位于图形右上角的数据点（圆形点和三角形点）。

3．*对模型准确率进行评分*

可以对该模型的准确率进行评分，判断其准确率的高低。代码如下：

```
#将模型的评分进行输出
print('模型准确率：{:.2f}'.format(clf.score(X2,y2)))
```

运行代码，会得到以下结果：

```
模型准确率：0.99
```

从上面的结果可以看出，虽然数据集的复杂度较高，对 K 最近邻算法进行了考验，但它仍然能够将 99%的数据点放进正确的分类中，这个结果还是令人满意的。

注意

对于 K 最近邻算法，采用将不同距离的邻居对该样本产生的影响给予不同的权值（weight）的方法来增强模型预测效果，如权值与距离成反比。该算法在分类时有明显的不足，当样本不平衡时（如一个类的样本容量很大，而其他类样本容量很小时），有可能导致输入一个新样本时，该样本的 k 个邻居中大容量类的样本占多数。该算法只计算“最近的”邻居样本，如果某一类的样本数量很大，那么或者这类样本并不接近目标样本，或者这类样本很靠近目标样本，无论怎样，数量并不能影响运行结果，可以采用加权的方法（和该样本距离小的邻居的权值较大）来改进。

为了使距离近的点可以得到更大的权重，可以为每个点的距离增加一个权重，这就是 K 最近邻算法加权的一般方式和做法。一般情况是采用高斯函数进行不同距离的样本的权重优化，当训练样本与测试样本距离越近时，该距离值权重越大；而随着距离增大，权重将逐渐减小，但不会变为 0。

任务 7.3　掌握 K 最近邻算法在回归分析中的应用

【任务描述】

通过使用 Jupyter Notebook，对 K 最近邻算法在回归任务中的应用进行试验。

【关键步骤】

（1）生成数据集，进行回归试验。

（2）使用 K 最近邻算法进行回归分析。

（3）对模型准确率进行评分及优化模型。

K 最近邻算法不仅可以用于分类，还可以用于回归。其原理是通过找出一个样本的 *k* 个最近邻居，将这些邻居的某个（些）属性的平均值赋给该样本，就可以得到该样本对应属性的值。本任务使用 K 最近邻算法来进行回归分析，验证 K 最近邻算法的应用成果。

1. 生成回归分析任务数据集

在 scikit-learn 的数据集生成器中，有一个使用方便的、用于回归分析的数据集生成器——make_regression 函数。这里使用 make_regression 函数生成的数据集来进行试验，演示 K 最近邻算法在回归分析中的表现。

生成数据集，输入代码如下：

```
#导入 make_regression 数据集生成器
from sklearn.datasets import make_regression
#生成特征数量为 1、噪声为 30dB 的数据集
X, y = make_regression(n_features=1,n_informative=1,noise=30,random_
state=5)
#用散点图对数据点进行可视化
plt.scatter(X,y,c='b',edgecolor='k')
plt.show()
```

为了方便画图，可以先将选择样本的特征数量仅设为 1 个，同时为了增加难度，添加标准差为 30 的噪声，运行代码，将会得到图 7.9 所示的结果。

从图 7.9 中可知，横轴代表样本特征的数值，范围在-2.5～2.5，纵轴代表样本的测定值，范围在-150～200。

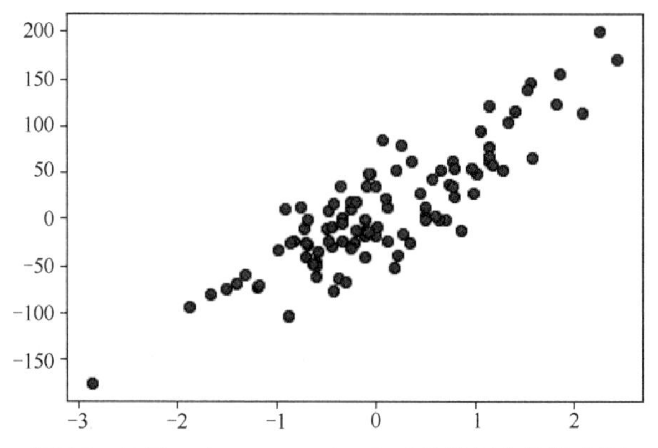

图7.9　使用make_regression生成的数据集的散点图

2. 使用K最近邻算法进行回归分析

使用 K 最近邻算法进行回归分析，输入代码如下：

```
#导入用于回归分析的 KNN 模型
from sklearn.neighbors import KNeighborsRegressor
reg = KNeighborsRegressor()
#用 KNN 模型拟合数据
reg.fit(X,y)
#对预测结果用图形进行可视化
z = np.linspace(-2.5,2.5,200).reshape(-1,1)
plt.scatter(X,y,c='b',edgecolor='k')
plt.plot(z, reg.predict(z),c='r',linewidth=3)
#为图形添加标题
plt.title('KNN Regressor')
plt.show()
```

运行代码，将会得到图 7.10 所示的结果。

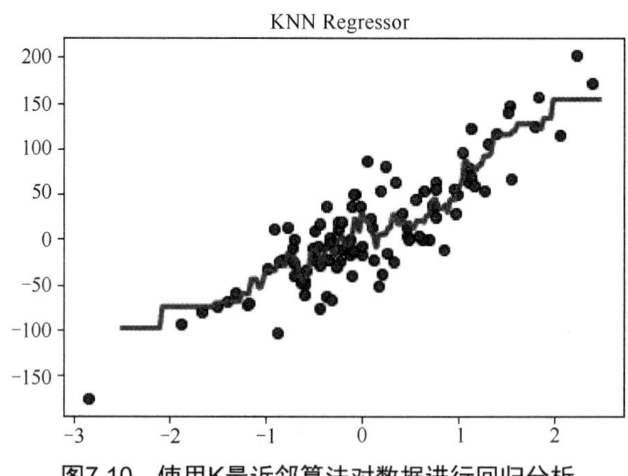

图7.10　使用K最近邻算法对数据进行回归分析

图 7.10 中的曲线代表 K 最近邻算法拟合 make_regression 生成数据所进行的模型。直观地看，模型的拟合程度并不是很好，大量的数据点都没有被模型覆盖到。

3. 对模型准确率进行评分及优化模型

对模型准确率进行评分，看看结果是否符合预期，输入代码如下：

```
#输出模型 R 平方分数
print('模型评分: {:.2f}'.format(reg.score(X,y)))
```

运行代码，得到结果如下：

```
模型评分: 0.78
```

模型评分只有 0.78，这是一个差强人意的结果，与从图 7.10 中目测的情况基本一致。为了提高模型的评分，可以尝试对 K 最近邻算法的近邻数进行调整。在默认情况下，K 最近邻算法的 n_neighbors 为 5，可以先尝试将它减小。

输入代码如下：

```
from sklearn.neighbors import KNeighborsRegressor
#减小模型的 n_neighbors 参数为 2
reg2 = KNeighborsRegressor(n_neighbors=2)
reg2.fit(X,y)
#重新进行可视化
plt.scatter(X,y,c='b',edgecolor='k')
plt.plot(z, reg2.predict(z),c='r',linewidth=3)
plt.title('KNN Regressor: n_neighbors=2')
plt.show()
```

在这段代码中，将 K 最近邻算法的 n_neighbors 参数减小为 2，运行代码，将会得到图 7.11 所示的结果。

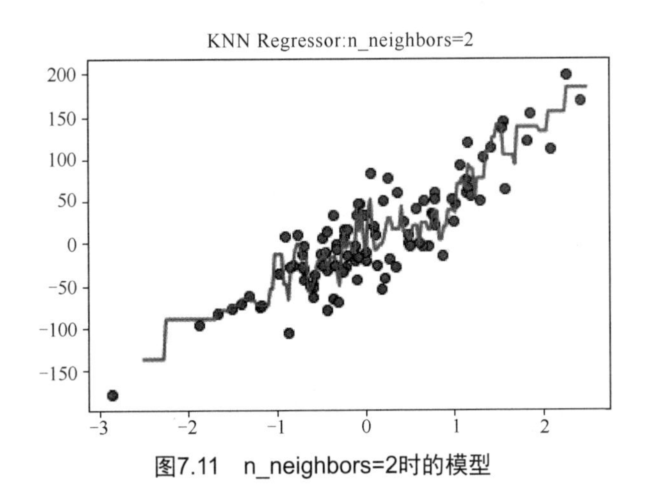

图7.11　n_neighbors=2时的模型

从图 7.11 中所示的结果可以说明，相对于图 7.10，图 7.11 的曲线更加积极地试图覆盖更多的数据点。也就是说，模型变得更复杂了。模型在 n_neighbors=2 时比 n_neighbors=5 时更准确了。对优化后的模型进行评分，看看分数是否有提高。

输入代码如下：

```
#输出模型 R^2 分数
print('模型评分: {:.2f}'.format(reg2.score(X,y)))
```

运行代码，我们会得到如下的结果：

```
模型评分：0.85
```

从评分结果可以看到，模型的评分从 0.78 提升到了 0.85，有了较为显著的提升。这说明对 K 最近邻值进行调整，能够有效改善模型的准确率。

注意

k 值的选择会对算法的结果产生重大影响。*k* 值较小意味着只有与输入实例较近的训练实例才会对预测结果起作用，但容易发生过拟合；*k* 值较大，其优点是可以减少学习的估计误差，缺点是学习的近似误差增大，这时与输入实例较远的训练实例也会对预测起作用，使预测发生错误。在实际应用中，*k* 值一般选择较小的数值，通常采用交叉验证的方法来选择最优的 *k* 值。当训练实例数目趋向于无穷和 k=1 时，误差率不会超过贝叶斯误差率的 2 倍；如果 *k* 也趋向于无穷，则误差率趋向于贝叶斯误差率。

以上几个任务都是基于虚构的数据集所进行的试验，接下来的任务是利用 K 最近邻算法解决一个实际问题，进行机器学习实战演练。

任务 7.4 使用 K 最近邻算法实战练习

【任务描述】

现在很多大学生都想到国外去深造、开阔眼界，需要申请国外的大学留学资格。我们可以利用数据挖掘的方法，预测能申请获到国外大学录取通知的成功率，为有出国留学需要的同学提供数据参考。

【关键步骤】

（1）本任务将利用一个申请国外大学相关指标的数据集，这个数据集包含了 GRE 的分数、托福的分数、本科大学的评级、推荐信的力度等重要因素。

（2）我们用 K 最近邻算法对其进行分类并建模，进行一个申请国外大学的成功率预测的回归分析。

（3）在建模过程中使用 Python，让读者可以对 Python 中几个用于机器学习的功能库有更直观的体会。

7.4.1 对数据集进行分析

在 Jupyter Notebook 中新建一个 Python 3 的记事本文件，从头开始完成这个小项目，在此之前需要导入数据集并对其进行分析。

1. 载入数据集并查看特征

首先，我们需要把数据集下载到本地，再使用 Jupyter Notebook 将其载入，并且详细查看数据集中的特征情况。输入代码如下：

```
#导入 NumPy
import numpy as np
#导入 pandas
import Pandasas pd
#使用 pandas 载入数据集，把路径替换为数据集存放路径
data = pd.read_csv('C:/mytools/Anaconda3/datasets/Admission_Predict.
csv')
#显示数据集前 5 行
data.head()
```

运行代码，我们会得到表 7-1 所示的结果。

表 7-1　学位批准数据集前 5 行

	Serial No.	GRE Score	TOEFL Score	University Rating	SOP	LOR	CGPA	Research	Chance of Admit
0	1	337	118	4	4.5	4.5	9.65	1	0.92
1	2	324	107	4	4.0	4.5	8.87	1	0.76
2	3	316	104	3	3.0	3.5	8.00	1	0.72
3	4	322	110	3	3.5	2.5	8.67	1	0.80
4	5	314	103	2	2.0	3.0	8.21	0	0.65

从表 7-1 中我们可以看到，使用 pandas 成功载入数据集，并且成功显示了前 5 行。从中我们也可以看到这个数据集中有 9 个特征，下面我们看看这些特征分别代表什么意思。

第 1 个特征 Serial No.代表数据的序号。

第 2 个特征 GRE Score 代表学生的 GRE 分数。

第 3 个特征 TOEFL Score 代表学生的托福分数。

第 4 个特征 University Rating 代表学生本科学校的评级。

第 5 个特征 SOP，是 Statement of Purpose 的缩写，代表目的陈述的评级。

第 6 个特征 LOR，是 Letter of Recommendation Strength 的缩写，代表推荐信的力度。

第 7 个特征 CGPA，代表学生本科阶段的 CGPA 绩点。

第 8 个特征 Research，代表学生在本科期间是否参与过科研。

第 9 个特征 Chance of Admit，代表学生可以拿到目标大学录取通知的概率有多大。

需要说明的是，第 9 个特征恰恰是我们在这个任务中要预测的目标。

接下来，我们进一步了解数据集的情况。

2. 了解数据集的数据类型

在利用数据集之前，需要大致了解数据集的整体情况，如数据集中有多少条数据、各个特征中的数据都是什么类型等。在 Jupyter Notebook 中输入代码如下：

```
#查看数据集的整体信息
data.info()
```

运行代码，会得到如下结果：

```
<class 'pandas.core.frame.DataFrame'>
RangeIndex: 500 entries, 0 to 499
Data columns (total 9 columns):
Serial No.            500 non-null int64
GRE Score             500 non-null int64
TOEFL Score           500 non-null int64
University Rating     500 non-null int64
SOP                   500 non-null float64
LOR                   500 non-null float64
CGPA                  500 non-null float64
Research              500 non-null int64
Chance of Admit       500 non-null float64
dtypes: float64(4), int64(5)
memory usage: 35.2 KB
```

从上面的代码运行结果我们可以看到，这个数据集中一共有 500 条数据。显而易见，这个数据集中没有数据缺失的情况，也没有字符串类型的数据，这样我们建立模型的效率是比较高的。接下来我们仔细看看每个特征中的数据类型，以表 7-2 所示的特征中的数据类型来说明。

表 7-2　特征中的数据类型

序号	字段名	字段中文名	字段数据类型说明
1	Serial No.	学生序号	包含 500 条整数类型的数据
2	GRE	GRE 分数	包含 500 条整数类型的数据
3	TOEFL	TOEFL 分数	包含 500 条整数类型的数据
4	University Rating	本科学校评级	包含 500 条整数类型的数据
5	SOP	目的陈述评级	包含 500 条浮点数类型的数据
6	LOR	推荐信力度评级	包含 500 条浮点数类型的数据
7	CGPA	本科绩点	包含 500 条浮点数类型的数据
8	Research	科研经历	包含 500 条整数类型的数据
9	Chance of Admit	录取概率	包含 500 条浮点数类型的数据

在了解了各个特征的数据类型之后，接下来我们可以看各个特征的统计信息。

3. 查看各个特征的统计信息

我们来了解数据集各个特征的简要统计信息，输入代码如下：

```
#查看数据特征的统计信息
data.describe()
```

运行代码，我们将得到表 7-3 所示的结果。

表 7-3　学位批准数据集部分数据特征的统计信息

	Serial No.	GRE	TOEFL	……	Research	Chance of Admit
count	500.000000	500.000000	500.000000	……	500.000000	500.00000
mean	250.500000	316.472000	107.192000	……	0.560000	0.72174
std	144.481833	11.295148	6.081868	……	0.496884	0.14114
min	1.000000	290.000000	92.000000	……	0.000000	0.34000
25%	125.750000	308.000000	103.000000	……	0.000000	0.63000
50%	250.500000	317.000000	107.000000	……	1.000000	0.72000
75%	375.250000	325.000000	112.000000	……	1.000000	0.82000
max	500.000000	340.000000	120.000000	……	1.000000	0.97000

注意：为了便于展示，表 7-3 在原始代码运行结果的基础上进行了删减。

部分特征的统计信息说明如下。

（1）学生序号（Serial No.）：这一列的统计信息对建模过程来说意义不大，可以忽略不计。

（2）GRE 分数（GRE）：平均值是 316.47 分，标准差是 11.30 分，最小值是 290.00 分，最大值是 340.00 分，中位数是 317.00 分，上下四分位数分别是 325.00 分和 308.00 分。

（3）TOEFL 分数（TOEFL）：平均值是 107.19 分，标准差是 6.08 分，最小值是 92.00 分，最大值是 120.00 分，中位数是 107.00 分，上下四分位数分别是 103.00 分和 112.00 分。

（4）本科学校评级（University Rating）：平均值是 3.11，标准差为 1.14，最小值是 1.00，最大值是 5.00，中位数是 3.00，上下四分位数分别是 2.00 和 4.00。

（5）目的陈述评级（SOP）：平均数是 3.37，标准差是 0.99，最小值是 1.00，最大值是 5.00，中位数是 3.50，上下四分位数分别是 2.50 和 4.00。

（6）推荐信力度评级（LOR）：平均数是 3.37，标准差是 0.93，最小值是 1.00，最大值是 5.00，中位数是 3.50，上下四分位数分别是 3.00 和 4.00。

（7）本科绩点（CGPA）：平均数是 8.58，标准差是 0.6，最小值是 6.80，最大值是 9.92，中位数是 8.56，上下四分位数分别是 8.13 和 9.04。

注意

后面还有两个特征，留待读者自己查看。

7.4.2 生成训练集和验证集

接下来，使用 train_test_split 将学位批准数据集中的数据分为训练集和验证集。输入代码如下：

```
#重新载入数据集，不影响前面的结果
df = pd.read_csv('C:/mytools/Anaconda3/datasets/Admission_Predict.csv')
#丢弃 Serial No.这个特征
df.drop(['Serial No.'], axis = 1, inplace = True)
#把去掉预测目标 Chance of Admit 后的数据集作为 x
x = df.drop(['Chance of Admit '], axis = 1)
#把预测目标赋值给 y
y = df['Chance of Admit '].values
#导入数据集拆分工具
from sklearn.model_selection import train_test_split
#将数据集拆分为训练集和验证集
X_train, X_test, y_train, y_test = train_test_split(x, y, random_state=0)
```

这样学位批准数据集按照训练集和验证集完成了拆分。在上述代码中，我们看到了一个参数 random_state，并且我们将它指定为 0。这是因为 train_test_split 函数会生成一个伪随机数，并根据这个伪随机数对数据集进行拆分。我们有时候需要在一个项目中让多次生成的伪随机数相同，方法就是固定 random_state 参数的数值，相同的 random_state 参数会一直生成同样的伪随机数，但当这个值保持默认的时候，则每次生成的伪随机数均不同。

下面看一看 train_test_split 函数拆分后的数据集大概是什么情况，在 Jupyter Notebook 中输入代码如下：

```
#输出训练集中特征向量的形态
print('X_train shape:{}'.format(X_train.shape))
#输出验证集中的特征向量的形态
print('X_test shape:{}'.format(X_test.shape))
#输出训练集中目标的形态
print('y_train shape:{}'.format(y_train.shape))
#输出验证集中目标的形态
print('y_test shape:{}'.format(y_test.shape))
```

运行代码，得到经过拆分的训练集与验证集的数据形态结果如下：

```
X_train shape:(375, 7)
X_test shape:(125, 7)
y_train shape:(375,)
y_test shape:(125,)
```

这时显示的结果是，在训练集中，样本 X 数量和其对应的标签 y 数量均为 375，占样本总量的 75%，而验证集中的样本 X 数量和标签 y 数量均为 125，约占样本总数的 25%。同时，无论是在训练集中，还是在验证集中，特征变量都是 7 个。

7.4.3 使用 K 最近邻算法进行建模并调优

在获得训练集和验证集之后，就可以用机器学习的算法进行建模了。本小节使用 K 最近邻算法根据训练集进行建模，在训练集中寻找与新输入的数据距离最近的数据点，然后把这个数据点的标签分配给新的数据点，以此对新的样本进行分类。输入代码如下：

```
#导入用于回归分析的 KNN 模型
from sklearn.neighbors import KNeighborsRegressor
reg = KNeighborsRegressor()
```

这里对预测结果使用回归分析的模型，对 KNeighborsRegressor 使用默认参数：n_neighbors = 5。reg 则是我们在 KNeighborsRegressor 类中创建的一个对象。

接下来使用 reg 对象对数据集进行拟合并建模，输入代码如下：

```
#用模型对数据进行拟合
reg.fit(X_train, y_train)
```

运行上述代码，可得如下结果：

```
KNeighborsRegressor(algorithm='auto', leaf_size=30, metric='minkowski',
metric_params=None, n_jobs=None, n_neighbors=5, p=2,weights='uniform')
```

从以上结果中可以看到，模型把自身作为结果返回给了我们。从结果中我们能够看到模型全部的参数设定，如 n_neighbors=5，其余参数也都是默认值。

模型建好后，可以使用建好的模型对新的样本进行回归分析预测。在预测之前，可以先验证模型的准确率，即先用验证集对模型进行打分，这就是创建验证集的目的。验证集并不参与建模，但是可以用模型对验证集进行回归分析，得到验证集样本的预测分类，然后和验证集中的样本实际分类进行对比，看看吻合度有多高。吻合度越高，模型的得分越高，说明模型的预测越准确，满分是 1.0。

利用 Python 代码进行评分，输入代码如下：

```
#输出模型的得分
print('验证集得分：{:.2f}'.format(reg.score(X_test, y_test)))
```

运行代码，得到评分结果如下：

```
验证集得分：0.75
```

从上面的结果可以看到，这个模型在预测验证集的样本分类上的得分并不高，只有 0.75。也就是说，模型的 R 平方分数是 0.75。这个结果确实不太令人满意。下面按照回归中优化模型的方法来进行模型优化，并按前文的方法进行数据预处理，看看模型的分值是否会升高。

1. **修改 n_neighbors 值优化模型**

K 最近邻算法经常调节的参数有 n_neighbors 和 weights。n_neighbors 表示 K 的取值，该值取值过大容易出现预测不准确、预测类别与样本中样本数最多的类别相同等问题，该值取值过小容易过拟合。输入代码如下：

```
#指定模型的 n_neighbors=2
```

```
reg2 = KNeighborsRegressor(n_neighbors=2)
#用模型对数据进行拟合
reg2.fit(X_train, y_train)
#输出 n_neighbors=2 的模型得分
print('模型参数 n_neighbors=2 的验证集得分：{:.2f}'.format(reg2.score(X_test, y_test)))
print('模型参数n_neighbors=2的训练集得分：{:.2f}'.format(reg2.score(X_train, y_train)))
```

运行代码，得到评分结果如下：

```
模型参数 n_neighbors=2 的验证集得分：0.63
模型参数 n_neighbors=2 的训练集得分：0.90
```

从上面的结果可以看到，n_neighbors 参数为 2 的模型在预测验证集的样本分类上得分更低了，只有 0.63 分，而训练集得分为 0.9 分，说明这个模型还是过拟合的。减小 n_neighbors 参数，对这个数据集来说模型的准确率反而降低了。我们试着将 n_neighbors 参数增大，输入代码如下：

```
#指定模型的 n_neighbors=10
reg10 = KNeighborsRegressor(n_neighbors=10)
#用模型对数据进行拟合
reg10.fit(X_train, y_train)
#输出 n_neighbors=10 的模型得分
print('模型参数 n_neighbors=10 的验证集得分：{:.2f}'.format(reg10.score (X_test,y_test)))
print('模型参数 n_neighbors=10 的训练集得分：{:.2f}'.format(reg10.score (X_train,y_train)))
```

运行代码，得到评分结果如下：

```
模型参数 n_neighbors=10 的验证集得分：0.76
模型参数 n_neighbors=10 的训练集得分：0.77
```

可以看到，验证集评分有所增加，虽然评分还是不高，但是验证集和训练集的拟合相对好些。这说明增加 n_neighbors 参数值对该数据集有效。

2. *尝试利用 weights 值优化模型*

K 最近邻算法的另一个参数 weights 取默认值时邻居权重相同，取“distance”时，离得越近的邻居其权重越大，是模型优化经常使用的方法。我们调整 weights 值为“distance”，输入代码如下：

```
#指定模型的 weights=distance
reg_w = KNeighborsRegressor(weights='distance')
#用模型对数据进行拟合
reg_w.fit(X_train, y_train)
#输出 weights=distance 的模型得分
print('模型参数 weights=distance 的验证集得分：{:.2f}'.format(reg_w.score
(X_test, y_test)))
print('模型参数 weights=distance 的训练集得分：{:.2f}'.format(reg_w.score
```

```
(X_train, y_train)))
```

运行代码，得到评分结果如下：

```
模型参数 weights=distance 的验证集得分：0.74
模型参数 weights=distance 的训练集得分：1.00
```

以上结果依然不理想，也出现了验证集和训练集得分相差较严重的过拟合。我们考虑进行数据预处理。

3. 进行数据预处理

下面使用 scikit-learn 的 preprocessing 模块中的 MinMaxScaler()，对数据集进行数据归一化预处理，看看模型准确率是否提高。输入代码如下：

```
#导入 MinMaxScaler，采用数据归一化预处理
from sklearn.preprocessing import MinMaxScaler
#使用 MinMaxScaler 进行数据预处理
X_2 = MinMaxScaler().fit_transform(X)
print(X_2)
```

得到结果如下，数据已经做了归一化预处理。

```
[[0.94       0.92857143 0.75     ... 0.875      0.91346154 1.        ]
 [0.68       0.53571429 0.75     ... 0.875      0.66346154 1.        ]
 [0.52       0.42857143 0.5      ... 0.625      0.38461538 1.        ]
 ...
 [0.8        1.         1.       ... 1.         0.88461538 1.        ]
 [0.44       0.39285714 0.75     ... 1.         0.5224359  0.        ]
 [0.74       0.75       0.75     ... 0.875      0.71794872 0.        ]]
```

再输入代码对数据集进行重新训练及拟合，如下：

```
#将预处理后的数据集重新拆分为训练集和验证集
X_train_pp, X_test_pp, y_train, y_test = train_test_split(X_2, y,
random_state=0)
#重新训练模型
reg_scaled = KNeighborsRegressor()
reg_scaled.fit(X_train_pp, y_train)
#输出模型分数
print('数据预处理后的模型验证集得分:{:.2f}'.format(reg_scaled.score(X_test_
pp,y_test)))
print('数据预处理后的模型训练集得分:{:.2f}'.format(reg_scaled.score(X_train_
pp,y_train)))
```

运行代码的结果如下：

```
数据预处理后的模型验证集得分:0.75
数据预处理后的模型训练集得分:0.85
```

数据预处理后，验证集得分为 0.75。可以看到，在数据归一化预处理后对模型进行训练，模型的得分和最早没有经过预处理的模型 reg 的评分的值一致，从中我们可以基本认识到：对于 K 最近邻算法，对该数据集进行数据归一化预处理后，其效果并不明显，也说明 K 最近邻算法对归一化的数据预处理不敏感。

在实际任务中，通过尝试对算法进行调参和数据预处理优化模型，目的是提升模型的准确率。虽然对于本次实战的数据集来说效果不太明显，但在机器学习过程中，多做尝试、不断地去探索，也是我们所应该追求的，因此建议在应用 K 最近邻算法的过程中，还是多做调参、数据预处理等工作，使模型准确率达到更好，以满足实战需要。

7.4.4 使用模型对新样本进行预测

对于这里使用的学位批准数据集来说，K 最近邻算法的表现只能用“比较一般”来形容，不过我们只是用来演示 K 最近邻算法，所以可以不用太纠结分数的问题。

下面使用 7.4.3 小节建好的模型对新的样本进行回归分析预测。假设有一位大三学生小 P 同学，他想申请国外大学的留学名额，他的各项数据（特征值）如表 7-4 所示。

表 7-4　小 P 同学申请留学的各项数据（特征值）

字段	字段中文名	得分情况说明
GRE	GRE 分数	337.00 分
TOEFL	TOEFL 分数	118.00 分
University Rating	本科学校评级	所在学校是重点院校，评级是 4.00 分
SOP	目的陈述	4.50 分
LOR	推荐信力度	导师推荐信力度评分是 4.50 分
CGPA	本科绩点	9.65 分
Research	科研经历	有协助导师进行科研的经验，为 1.00 分

现在我们用建好的模型对小 P 同学留学可能程度做出分类预测，在 Jupyter Notebook 中输入代码如下：

```
#输入新的数据点
X_new = np.array([[337, 118, 4, 4.5, 4.5, 9.65, 1]])
#使用.predict 进行预测
prediction = reg.predict(X_new)
print('K 最近邻算法模型预测结果：')
print("预测小 P 同学的综合评分为：{}".format(prediction))
```

运行代码，得到结果如下：

```
K 最近邻算法模型预测结果：
预测小 P 同学的综合评分为：[0.93]
```

模型对小 P 同学拿到国外大学录取通知书的概率预测为 0.93，可以说是一个很不错的得分——远远大于 Chance of Admit 的中位数 0.72，因此模型建议他去申请留学。

再试试用刚才优化后最高的分值模型 reg10 进行预测，输入代码如下：

```
prediction = reg10.predict(X_new)
print('K 最近邻算法模型预测结果：')
print("预测小 P 同学的综合评分为：{}".format(prediction))
```

运行代码，得到结果如下：

```
K 最近邻算法模型预测结果：
预测小 P 同学的综合评分为：[0.94]
```

reg10 对新数据的预测与刚才预测的是基本一致的，模型预测的概率达到了 0.94，也是建议他去申请留学。

综合来看，虽然对这个数据集，K 最近邻算法模型的准确率只有 75%左右，但对于我们的第一个 K 最近邻算法的实战项目来说，结果还是基本能接受的。同时，经过参数调整的实操过程，我们也对 K 最近邻算法的几个重要参数有了基本的认知。

注意

K 最近邻算法的不足之处是计算量较大，因为对每一个待分类的样本都要计算它到全体已知样本的距离，才能求得它的 k 个最近邻点。目前常用的解决方法是事先对已知样本点进行剪辑，去除对分类作用不大的样本。该算法比较适用于样本容量比较大的类域的自动分类，而样本容量较小的类域采用这种算法比较容易产生误分类。

本章小结

（1）K 最近邻算法可用于分类和回归任务中。

（2）在分类任务中，K 最近邻算法通过待预测样本的 k 个最邻近样本中的多数类别来预测最终类别，通常通过计算待预测样本与样本之间的距离来确定 k 个最邻近的样本。

（3）在回归任务中，K 最近邻算法通过待预测样本的 k 个最邻近样本标签的平均值来预测最终标签的值，同样也是通过计算待预测样本与样本之间的距离来确定 k 个最邻近的样本。

本章习题

1. 简答题

（1）K 最近邻算法的原理是什么？

（2）如何优化 K 最近邻算法的模型，使得预测准确率达到最佳？

（3）思考一个最能体现 K 最近邻算法优势的应用例子。

2. 操作题

（1）利用 Jupyter Notebook，建立一个 K 最近邻算法的模型，并进行训练和预测。

（2）演练对 K 最近邻算法模型的评分和优化。

第8章

神经网络

技能目标

- 了解神经网络的起源与发展
- 掌握神经网络的原理
- 掌握神经网络中的激活函数
- 掌握神经网络中的参数调节
- 使用神经网络解决实际问题

本章任务

学习本章，读者需要完成以下5个任务。读者在学习过程中遇到的问题，可以通过访问课工场官网解决。

任务8.1：了解神经网络的起源与发展

神经网络来源于生物学，那么它在人工智能领域的起源与发展如何呢？本任务将带领读者去学习和了解。

任务8.2：掌握神经网络的原理

本任务对神经网络算法的原理进行学习和理解。

任务8.3：掌握神经网络中的激活函数

激活函数是神经网络的重要组成部分，本任务学习如何使用激活函数。

任务8.4：掌握神经网络中的参数调节

学习神经网络的参数调节，并在实践操作过程中逐步掌握。

任务8.5：使用神经网络解决实际问题

通过使用神经网络算法来解决实际问题。

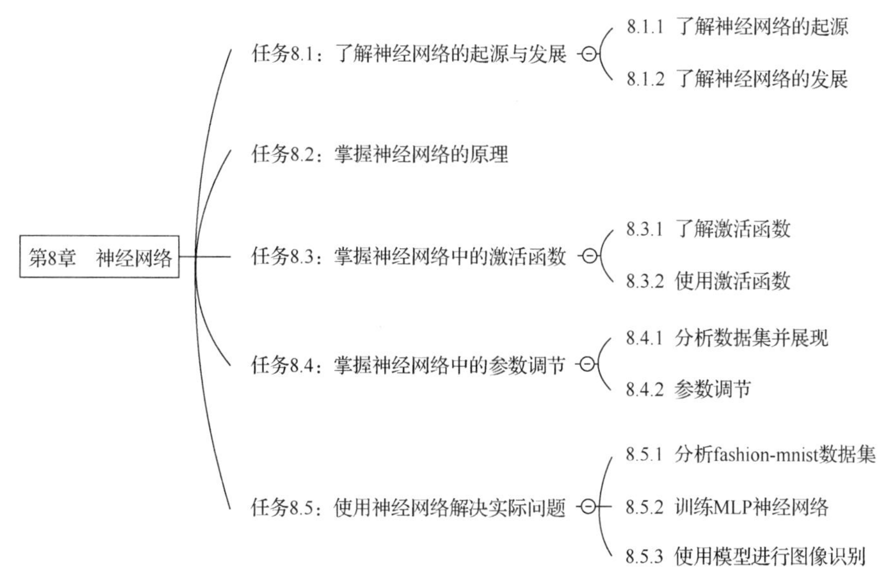

神经网络是尝试模拟生物学中神经元的细胞组成的网络体系结构及其操作的一种网络架构。它是由海量的神经元可调的连接权重值连接而成的，具有分布式海量信息存储、大规模并行计算、良好的自我组织、自我学习能力等特点。神经网络是深度学习的一个基础知识点和必备知识点。

本章主要是对神经网络算法的学习和使用。在本章中，我们会重点了解并掌握神经网络的起源、发展、原理，以及神经网络中经常使用的激活函数、参数调节。最后，通过一个服饰图像数据的数据集，使用神经网络，训练一个简单的能够进行图像识别的神经网络模型，实现解决图像识别的实际问题。

"神经网络"一词是在医学和生物学中所提出的，本书讲述的神经网络主要应用在人工智能和大数据领域方向，因此如无特别说明，本书对"神经网络"一词的阐述均指"人工神经网络"（Artificial Neural Networks，ANN）。

任务 8.1　了解神经网络的起源与发展

【任务描述】

了解神经网络的起源与发展。

【关键步骤】

探讨神经网络的起源，通过了解神经网络的应用发展过程，逐步认识神经网络。

8.1.1 了解神经网络的起源

1. 神经元简介

一个神经网络是由几个至百亿个被称为神经元的细胞（构成人类大脑的微小细胞）组成的。因此在了解神经网络之前，我们要先认识一下神经元（neurons）。

19 世纪末，科学家在生物、生理学领域创建了神经元学说。人工神经元的研究起源于脑神经元学说，人们认识到复杂的神经网络系统是由数目繁多的神经元组成的。神经元是大脑中相互连接的神经细胞，它可以处理和传递化学信号和电信号。人类的大脑皮层包括百亿个的神经元，平均每立方毫米就有数万个，它们互相联结形成神经网络。人类通过神经网络来实现机体与内外环境的联系，协调全身的各种机能活动。

神经元细胞的形态比较特殊，具有许多突起，分为细胞体、轴突和树突这 3 部分，它的结构如图 8.1 所示。

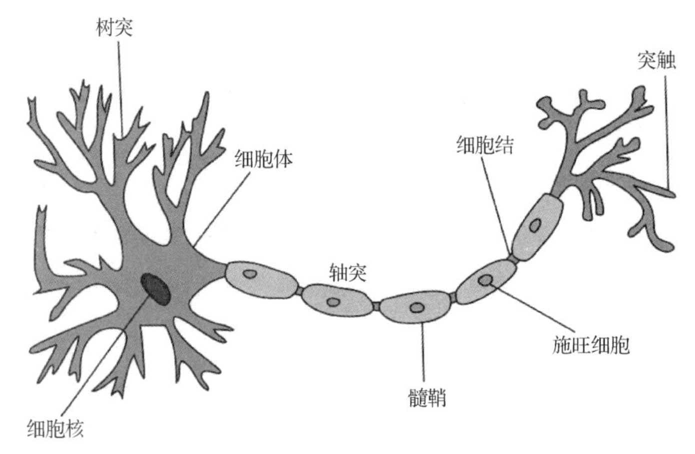

图8.1 神经元的结构

通过研究，科学家们发现，神经元具备和计算机中的“1”和“0”原理几乎完全一样的两种常规工作状态：兴奋（1）和抑制（0）。所以科学家们将神经元描述为一个具备二进制输出的逻辑门：当传入的神经冲动使细胞膜电位升高且超过阈值时，细胞进入兴奋状态，产生神经冲动并由轴突输出；当传入的神经冲动使细胞膜电位下降且低于阈值时，细胞进入抑制状态，便没有神经冲动输出。

2. 神经网络的起源

“神经网络”最早来源于生物学，而本书所指的神经网络实际是应用在人工智能领域的。早在 1943 年，美国神经解剖学家沃伦·麦克洛奇和数学家沃尔特·皮茨就提出了神经元的数学描述和结构，即 M-P 模型（McCulloch-Pitts neuron，MCP）并且证明了只要有足够简单的神经元，在这些神经元互相连接并同步运行的情况下，模型可以模拟任何计算函数。这项开创性的工作，被认为是人工神经网络研究方向的划时代的起点和基础。

8.1.2　了解神经网络的发展

1. 感知机的诞生

1957 年，美国计算机学者弗兰克・罗森布拉特（Frank Rossenblatt）基于 M-P 模型提出了一种具有 3 层网络的神经网络结构，即“感知机”（见图 8.2）。这可能是世界上第一个真正意义上的人工神经网络，而且已经可以进行简单的图像识别，影响力非常大。感知机的提出，掀起了神经网络研究的首次“热潮”，人们都认为发现了智能的奥秘。

图8.2　弗兰克・罗森布拉特和感知机

但是在 1969 年，被誉为“人工智能之父”的马文・明斯基（Marvin Minsky）和西蒙・派珀特（Seymour Papert）合著了 *Perceptron*，书中从数学角度指出单层感知机和双层感知机的弱点：单层感知机连很多简单的任务都无法完成，而双层感知机又对计算能力的要求过高（当时的计算能力远远低于今天的水平），而且没有有效的学习算法。该书的结论也说明了研究更深层的神经网络没有未来。马文・明斯基的这种悲观造成的社会影响巨大，使神经网络的研究进入了“凛冬”。

2. 神经网络到“深度学习”

1985 年，杰弗里・辛顿（Geoffrey Hinton）和其他人工智能科学家发明了一种随机神经网络模型——玻尔兹曼机。随后他们又改进了模型，并提出了反向传播算法（Back Propagation，BP），解决了两层神经网络所需要的复杂计算问题，重新带起了神经网络研究的“热潮”。而杰弗里・辛顿也被大家称为“神经网络之父”。

在杰弗里・辛顿的不懈努力和带领下，多层神经网络算法有了蓬勃的发展，特别是 2016 年 3 月阿尔法围棋以 4 : 1 大胜人类顶级棋手李世石后，神经网络的研究开始呈现爆发趋势。在各行各业，各种新的神经网络模型被不断提出，同时进一步提出了“深度学习”的概念。深度学习、神经网络在人工智能领域逐步占据统治地位，无论是在图像识别、语音识别，还是自然语言处理、无人驾驶等方向，都有非常广泛的应用。本章我们重点介绍神经网络中的多层感知机。

3. 神经网络算法的种类和发展

根据神经网络的发展历程，我们简单总结神经网络算法的种类和发展，如图 8.3 所示。

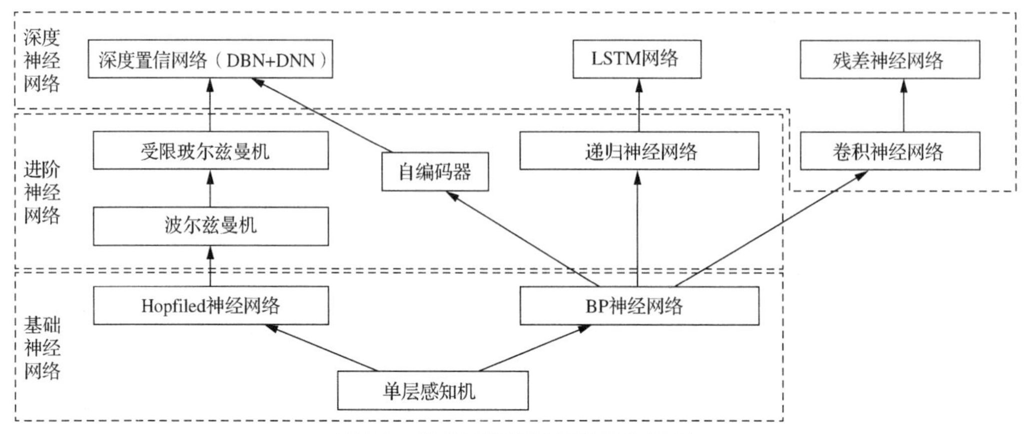

图8.3　神经网络算法的种类和发展

根据目前的神经网络算法发展，基本划分如下。

（1）基础神经网络：单层感知机、BP 神经网络、Hopfield 神经网络等。

（2）进阶神经网络：玻尔兹曼机、受限玻尔兹曼机、循环神经网络等。

（3）深度神经网络：深度置信网络、长短期记忆（Long Short Term Memory，LSTM）网络、残差神经网络、卷积神经网络等。

注意

近年来，神经网络的研究发展迅猛，但是目前所处的时期还是不断摸索和认知的过程，很多知识和理论专家也没办法解释，其算法也越来越复杂。本书主要从基础理论和实践开始学习，其他相关的算法和深层次的知识不再涉及。

任务 8.2　掌握神经网络的原理

【任务描述】

了解神经网络的原理，对“多层感知机”的知识进行学习和理解。

【关键步骤】

（1）了解神经网络的原理。

（2）认识和理解 MLP 算法。

通过 8.1 节的学习，我们了解到作为“深度学习”基础的神经网络也包含了诸多算法。在本节中，我们首先介绍神经网络的原理，再重点介绍多层感知机（Multilayer Perceptron，MLP）。多层感知机可以作为学习深度学习的起点，它也被称为前馈神经网络，或泛称为神经网络。

1. **神经网络的原理**

神经网络是一种算法结构，它让机器能够进行自我学习，常见的例子如语音命令、音乐创作和图像识别等。典型的神经网络由大量互连的人造神经元组成，它们按顺序堆叠在一起，以“层”的形式形成数百万个连接。一般情况下，“层”之间仅通过输入和输出与它们之间的神经元层互连（这与人类大脑中的神经元有很大的不同，它们的互连是全方位的）。这种分层的神经网络是当今机器学习的主要方式之一，通过传递大量的标签数据，可以帮助模型学习如何解读数据（在某些方面甚至能够比人类做得还好）。

在前文中，我们学习了线性逻辑回归模型，其实以神经网络的思路，线性回归可以视为最简单的单层神经网络（单层感知机）。多层神经网络（多层感知机）实际就是单层网络的扩展，其算法在过程里添加了隐藏层（hidden layer），然后在隐藏层重复进行上述加权求和计算，最后再把隐藏层所计算的结果用来生成最终结果。图 8.4 可以表示这个过程。

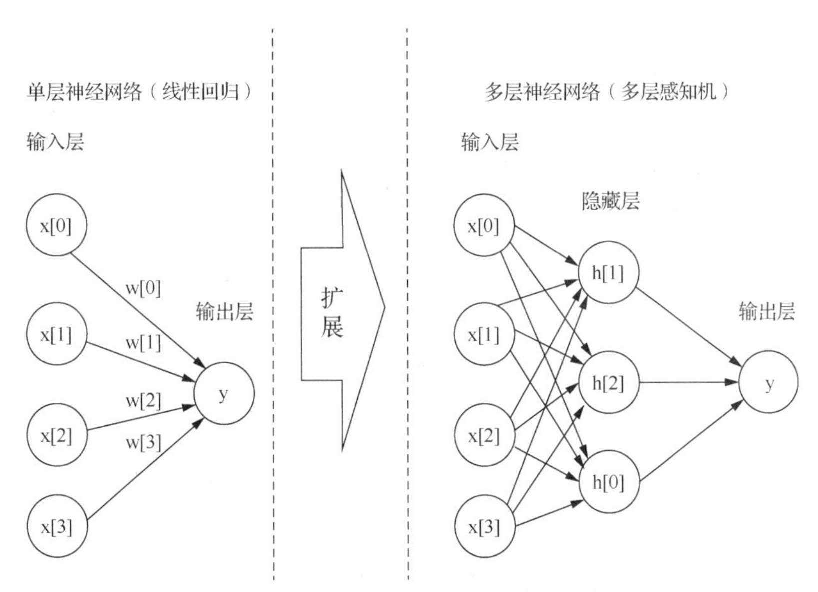

图8.4　线性回归扩展到多层神经网络

图 8.4 中，输入的特征和预测的结果用节点表示，系数 w 用来连接这些节点。在多层神经网络（多层感知机模型）中，增加了隐藏层。这样，模型要学习的特征系数，或者说权重，就会比线性回归模型要多很多了。从图 8.4 中可以看到，在每一个输入的特征和隐藏单元（hidden unit）之间都有一个系数，这一步也是为了生成这些隐藏单元。而每个隐藏单元到最终结果之间也都有一个系数，计算一系列的加权求和与计算单一的

加权求和相比，也将复杂许多。

2. 认识和理解多层感知机算法

多层感知机算法模型，一般由输入层（input layer）、隐藏层、输出层（output layer）3个部分组成，如图8.5所示。

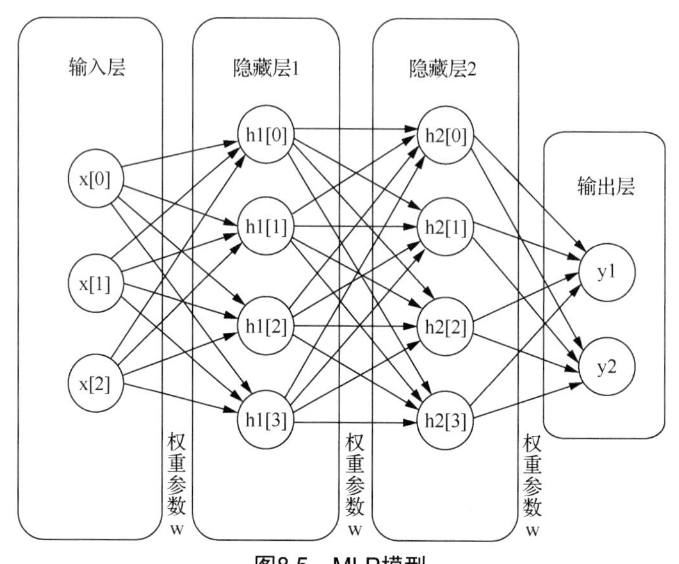

图8.5 MLP模型

图8.5中，由左至右，分别是输入层、隐藏层（可以有多层）、输出层。每层中都有若干神经元（圆圈表示），也叫节点（node）。输出层如果是多节点（y），则模型常常用于解决分类问题。其中每一个箭头指向的连线上，都要有一个权重（缩放）值（w）。

从理论上来说，任何多层网络都可以用3层网络近似地表示。而一般情况中，凭经验来确定隐藏层应该有多少个节点，在验证的过程中也可以不断调整节点数以取得最佳效果。输入层的每个节点x[…]，都要与隐藏层的每个节点h[…]进行点对点的计算，计算的方法是加权求和加激活。同理，再用相同的方法，对隐藏层的每个节点h[…]和输出层的每个节点y进行计算。

注意

神经网络也可以理解为一个复杂的非线性函数，其有输入、输出和许多参数。对神经网络的训练，就是通过不断反复供给模型，使得该模型的参数变化，直到拟合输入/输出间的复杂关系。在构建神经网络时，需要选择层数、每层单元数，每层的运算、激活函数，以及损失函数、优化函数等。

激活函数（activation functions）是将非线性特性引入神经网络的十分重要的环节。如图8.6所示，在神经网络模型中，输入层的节点x[…]通过加权求和后，还被作用了一个函数。这个函数就是激活函数，接下来就详细介绍激活函数。

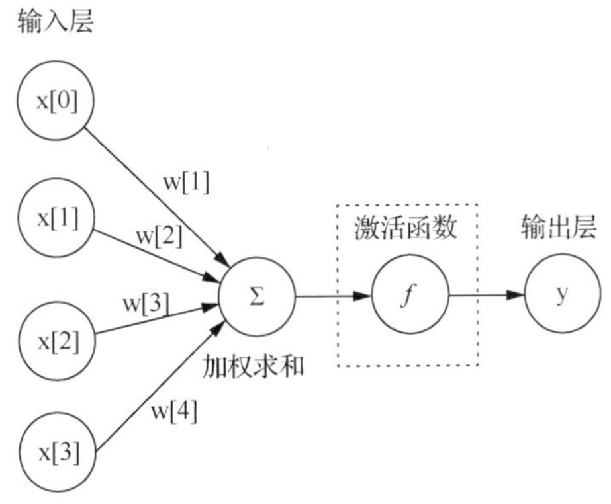

图8.6　神经网络中的激活函数

任务 8.3　掌握神经网络中的激活函数

【任务描述】

本任务学习和了解神经网络重要的函数之一：激活函数。通过数据集，对激活函数进行实践操作并加深理解。

【关键步骤】

（1）了解激活函数。

（2）使用激活函数。

8.3.1　了解激活函数

1. 什么是激活函数

激活函数是神经网络的重要组成部分之一，神经网络在不使用激活函数的情况下，它的每一层的输入都是上一层的线性输出。无论该神经网络有多少层，输出与输入都是线性相关的，这样，有没有隐藏层就没有太大区别了，也就变成了最原始的感知机，没有太多的意义。因此需要引入非线性函数即激活函数，这样多层神经网络的输出不再是输入的线性组合，可以逼近任意函数，多层神经网络的真正效果才能显现出来。当今研究的神经网络大部分都是对某种形式的梯度下降不断优化，因此激活函数绝大多数应该是可微分的。

2. 常用的激活函数

一般神经网络算法常用的激活函数有以下 6 个。

➢ Identity 函数，节点的输入等于输出，对样本特征不做处理，返回值是 $f(x)=x$。适用于潜在行为是线性（与线性回归相似）的任务。

➢ Sigmoid 函数，返回的结果是非线性的 $f(x)=1/(1+\exp(-x)$，对于任意输入，其输出范围都是 0～1。

- tanh 函数，对于任意输入，该函数会将输入转化为一个-1～1 的值。
- relu 函数，是一个分段函数，对于某一输入，当它小于 0 时，输出为 0，否则 $f(x)=x$。
- cos 函数，余弦函数。
- sinc 函数，主要用于信号处理。

以上函数均有优/缺点，如 Sigmoid 函数、tanh 函数在实际案例中均有不错的效果，但是它们又有梯度消失以及开销巨大的指数运算的问题等。下面通过实际应用对其中几种激活函数进行介绍。

8.3.2 使用激活函数

从数学的角度来说，如果神经网络的每一个隐藏层只是简单地进行加权求和，得到的结果和普通的线性模型一致，因此要使神经网络模型比普通线性模型更强大，还需要引入激活函数进行非线性处理。

上述的处理过程可以在生成隐藏层之后对结果进行非线性矫正（rectifying nonlinearity），即通过纠正线性单元（Rectified Linear Unit，ReLU），或者是进行双曲正切处理（tangens hyperbolicus，tanh）。处理后的结果用来计算最终结果 y。我们可以在 Jupyter Notebook 中输入代码，通过实际操演来理解。代码如下：

```
#导入 NumPy
import numpy as np
#导入画图工具
import matplotlib.pyplot as plt
#生成一个等差数列
line = np.linspace(-2,2,100)
#画出非线性矫正的图形
plt.plot(line, np.maximum(line,0),label='relu',linestyle="-." )
plt.plot(line, np.tanh(line),label='tanh',linestyle="--" )
#设置图注位置
plt.legend(loc='best')
#设置横、纵轴标签
plt.xlabel('x')
plt.ylabel('tanh(x) and relu(x)')
#显示图形
plt.show()
```

运行代码，我们会得到图 8.7 所示的结果。

从图 8.7 中可知，tanh 函数把特征 x 的值放入[-1：1]的区间内，-1 代表的是 x 中较小的数值，而 1 代表 x 中较大的数值。ReLU 函数则直接去掉全部小于 0 的 x 值，并用 0 来代替。这两种非线性处理的方法，目的都是让神经网络可以对复杂的非线性数据集进行学习。

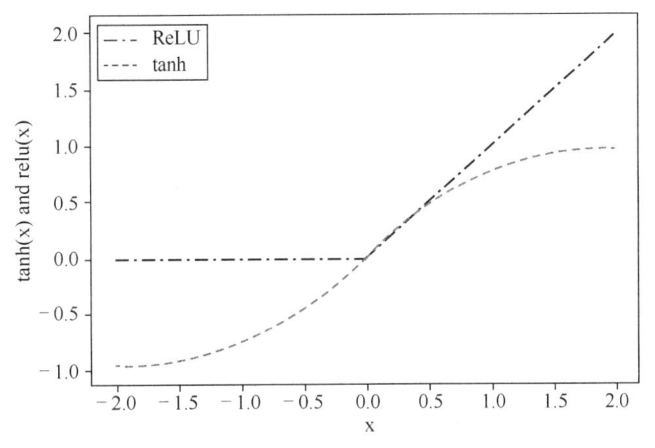

图8.7　对特征进行tanh和ReLU处理

线性模型的一般公式：

$$\hat{y}=w[0]*x[0]+w[1]*x[1]+\cdots+w[p]*x[p]+b$$

（其中 $\hat{y}$ 表示对 y 的估计值，x[0]到 x[p]是样本特征值，w 表示每个特征值的权重，$\hat{y}$ 可以看成所有特征值的加权求和）

以 tanh 为例，经过激活函数处理后，就可以表示为以下的形式：

$h[0]=\tanh(w[0,0]*x[0]+w[1,0]*x[1]+\cdots+w[p,0]*x[p]+b)$

$h[1]=\tanh(w[0,1]*x[0]+w[1,1]*x[1]+\cdots+w[p,1]*x[p]+b)$

$h[2]=\tanh(w[0,2]*x[0]+w[1,2]*x[1]+\cdots+w[p,2]*x[p]+b)$

……

$\hat{y}=v[0]*h[1]+v[1]*h[1]+\cdots+v[n]*h[n]$

在权重系数 w 之外，增加了一个权重系数 v，用来通过隐藏层 h 来计算 $\hat{y}$ 的结果。在模型中，w 和 v 都是通过对数据的学习所得出的，而模型所要设置的参数，就是隐藏层中节点的数量，如图 8.8 所示。一般情况，对于小规模数据集或者简单数据集，节点数量设置为 10 就足够了。但是对于大规模数据集或者复杂数据集来说，有两种方式可以供选择：一是增加隐藏层中的节点数量，如增加到 1 万个；二是添加更多的隐藏层。

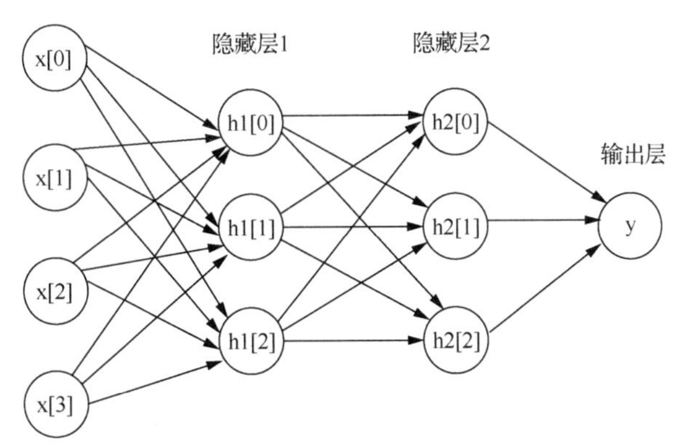

图8.8　对模型添加新的隐藏层

在大型神经网络中，往往有很多这样的隐藏层，这与“深度学习”中“深度”二字的含义不谋而合。

任务 8.4 掌握神经网络中的参数调节

【任务描述】

本任务学习如何调整神经网络的参数，利用 scikit-learn 库中的鸢尾花数据集，通过 4 种方法对神经网络的参数进行调整，通过操作调整过程和观察结果加深学习和理解。

【关键步骤】

（1）生成数据集并了解参数。

（2）可视化展现。

（3）调整隐藏层节点数。

（4）调整激活函数。

（5）调整模型复杂度控制。

8.4.1 分析数据集并展现

在 8.3 节提到，神经网络模型对激活函数的使用是一个很重要的非线性矫正过程，为了让激活函数发挥更大的作用，就需要不断地进行参数调节。下面以多层感知机算法中的多层感知机分类器为例，研究多层感知机分类器模型的使用方法和如何进行参数调节。

1. 生成数据集并了解重要参数

为了更好地理解多层感知机算法，我们调用 scikit-learn 库的鸢尾花数据集，使用神经网络来进行分类模拟，同时调节参数，演练整个调整过程。在 Jupyter Notebook 中输入代码如下：

```
#导入 MLP 神经网络
from sklearn.neural_network import MLPClassifier
#载入 pandas
import Pandas as pd
#导入鸢尾花数据集
from sklearn.datasets import load_iris
#导入数据集拆分工具
from sklearn.model_selection import train_test_split
#生成记录数为 300、3 个分类的鸢尾花数据集
iris = load_iris()  # 返回 datasets.base.Bunch 类型（字典格式）
X = iris.data[:,:2]
y = iris.target
```

```
#将数据集拆分为训练集和验证集
X_train, X_test, y_train, y_test = train_test_split(X,y,random_state=42)
#定义 MLP 分类器
mlp = MLPClassifier(solver='lbfgs')
mlp.fit(X_train, y_train)
```

运行代码，得到以下结果：

```
 MLPClassifier(activation='relu',   alpha=0.0001,   batch_size='auto',
beta_1=0.9,
    beta_2=0.999, early_stopping=False, epsilon=1e-08,
    hidden_layer_sizes=(100,), learning_rate='constant',
    learning_rate_init=0.001, max_iter=200, momentum=0.9,
    n_iter_no_change=10, nesterovs_momentum=True, power_t=0.5,
    random_state=None, shuffle=True, solver='lbfgs', tol=0.0001,
    validation_fraction=0.1, verbose=False, warm_start=False)
```

上面的结果显示，MLP 分类器返回了它自己的参数。其中 solver = 'lbfgs'是指定的，而其他的参数都是算法默认的。

下面重点看看各个参数的含义。

（1）activation：是在 8.3.1 小节中提到的将隐藏单元进行非线性化的方法，这里一共有 4 种——“identity”“logistic”“tanh”“relu”。在默认情况下，参数值是“relu”。这 4 种函数都在 8.3 节简单介绍过，这里不赘述。

（2）alpha 值：和线性模型的 alpha 值是一样的，是一个 L2 惩罚项，用来控制正则化的程度，默认的数值是 0.0001。

（3）hidden_layer_sizes 参数：该参数是比较重要的隐藏层的数量参数。默认情况下，hidden_layer_sizes 的值是[100,]，表示模型中只有一个隐藏层，而隐藏层中的节点数是 100。如果给 hidden_layer_sizes 定义为[10,10]，那表示模型中有两个隐藏层，每层有 10 个节点。

（4）solver 参数：该参数决定了对逻辑回归损失函数的优化方法，有 4 种算法可以选择，分别是“liblinear”“lbfgs”“newton-cg”“sag”，其意义如下。

- liblinear：使用开源的 liblinear 库实现，内部使用了坐标轴下降法来迭代优化损失函数。
- lbfgs：牛顿法的一种，利用损失函数二阶导数矩阵即黑森矩阵来迭代优化损失函数。
- newton-cg：也是牛顿法的一种，利用损失函数二阶导数矩阵即黑森矩阵来迭代优化损失函数。
- sag：随机平均梯度下降，是梯度下降法的变种，和普通梯度下降法的区别是每次迭代仅用一部分的样本来计算梯度，适合于样本数据多的时候。

2. *多层感知机分类可视化展现*

现在我们用图形展示多层感知机分类的情况，输入代码如下：

```
#导入画图工具
import matplotlib.pyplot as plt
from matplotlib.colors import ListedColormap
#以下绘图代码不要求读者掌握，暂不详细注释
cmap_light = ListedColormap(['#FFAFAA', '#AAFFDA', '#FAAAFF'])
cmap_bold = ListedColormap(['#FF00AA', '#00FF0F', '#0FA0FF'])
x_min, x_max = X_train[:, 0].min() - 1, X_train[:, 0].max() + 1
y_min, y_max = X_train[:, 1].min() - 1, X_train[:, 1].max() + 1
xx, yy = np.meshgrid(np.arange(x_min, x_max, .02),
                     np.arange(y_min, y_max, .02))
Z = mlp.predict(np.c_[xx.ravel(), yy.ravel()])
Z = Z.reshape(xx.shape)
plt.figure()
plt.pcolormesh(xx, yy, Z, cmap=cmap_light)
#将数据特征用散点图表示出来
plt.scatter(X[:, 0], X[:, 1], c=y, edgecolor='k', s=60)
plt.xlim(xx.min(), xx.max())
plt.ylim(yy.min(), yy.max())
#设定图题
plt.title("MLPClassifier:solver=lbfgs")
#显示图形
plt.show()
```

运行代码，得到图 8.9 所示的结果。

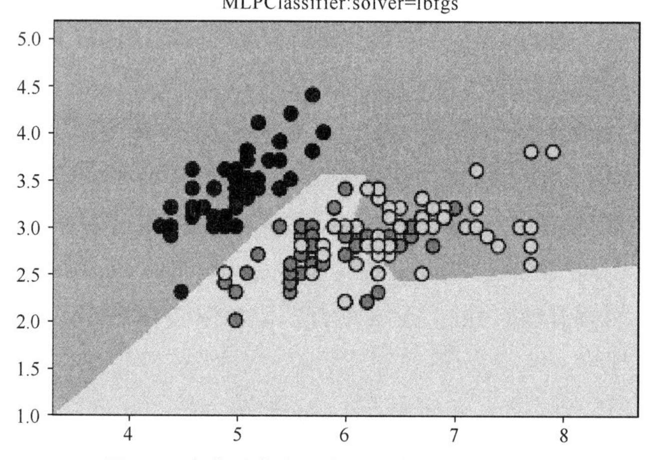

图8.9　隐藏层节点数为100时的MLP分类器

对该模型进行评分，输入代码如下：

```
#输出模型分数
print('MLPClassifier:solver=lbfgs 得分：{:.2f}%'.format(mlp.score(X_train,
y_train)*100))
```

运行代码，结果如下：

```
MLPClassifier:solver=lbfgs 得分：78.57%
```

8.4.2　参数调节

1. 调整隐藏层节点数

下面先试试把隐藏层的节点数变少，如减少至 20 个，观察会发生什么。输入代码如下。

```
#设定隐藏层中的节点数为 20
mlp_20=MLPClassifier(solver='lbfgs', hidden_layer_sizes=[20])
mlp_20.fit(X_train, y_train)
Z1 = mlp_20.predict(np.c_[xx.ravel(), yy.ravel()])
Z1 = Z1.reshape(xx.shape)
plt.figure()
plt.pcolormesh(xx, yy, Z1, cmap=cmap_light)
#使用散点图画出 X
plt.scatter(X[:, 0], X[:, 1], c=y, edgecolor='k', s=60)
plt.xlim(xx.min(), xx.max())
plt.ylim(yy.min(), yy.max())
#设置图题
plt.title("MLPClassifier:nodes=10")
#显示图形
plt.show()
```

运行代码，得到图 8.10 所示的结果。

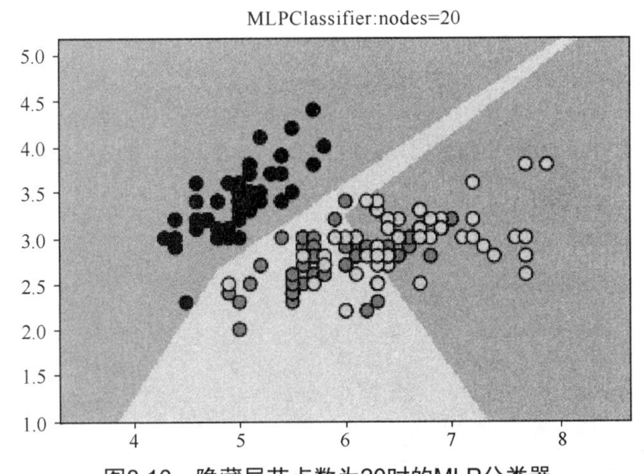

图8.10　隐藏层节点数为20时的MLP分类器

如果将图 8.10 和图 8.9 进行对比，我们会发现分类器生成的决定边界看起来很不一样了,节点数为 20 的时候，决定边界丢失了很多细节。可以初步得出结论：在每一个隐藏层中，节点数就代表了决定边界中最大的直线数，这个数值越大，则决定边界看起来越平滑。

对该模型进行评分，输入代码如下：

```
#输出模型分数
```

```
print('MLPClassifier:nodes=20 得 分 : {:.2f}%'.format(mlp_20.score(X_
train,y_train)*100))
```

运行代码，结果如下：

```
MLPClassifier:nodes=20 得分：80.36%
```

可以看到，模型的分值有了增长。

除了增加单个隐藏层中的节点数之外，还有另外两种方法可以让决定边界更平滑，一是增加隐藏层的数量，二是把 activation 参数改为 tanh。下面可以逐一操作，看看效果。

试着给多层感知机分类器增加隐藏层数量，如增加到 2 层。在 Jupyter Notebook 中输入代码如下：

```
#设置神经网络有两个节点数为 20 的隐藏层
mlp_2L=MLPClassifier(solver='lbfgs', hidden_layer_sizes=[20,20])
mlp_2L.fit(X_train, y_train)
Z1 = mlp_2L.predict(np.c_[xx.ravel(), yy.ravel()])
#用不同色彩区分分类
Z1 = Z1.reshape(xx.shape)
plt.figure()
plt.pcolormesh(xx, yy, Z1, cmap=cmap_light)
#用散点图画出 X
plt.scatter(X[:, 0], X[:, 1], c=y, edgecolor='k', s=60)
plt.xlim(xx.min(), xx.max())
plt.ylim(yy.min(), yy.max())
#设定图题
plt.title("MLPClassifier:2layers")
#显示图形
plt.show()
```

运行代码，我们将得到图 8.11 所示的结果。

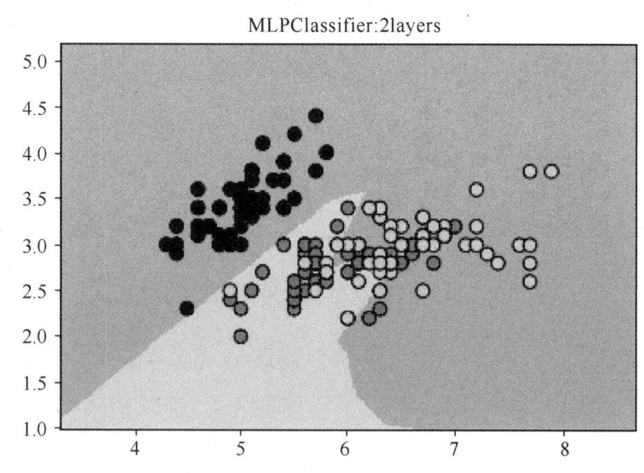

图8.11　两个隐藏层，每层20个节点的MLP分类器

再对比图 8.11 和图 8.10，能够辨别出隐藏层的增加会使分类的决定边界看起来更平滑。

再对该模型进行评分，输入代码如下：

```
#输出模型分数
print('MLPClassifier:2layers 得分: {:.2f}%'.format(mlp_2L.score(X_train,y_
train)*100))
```

运行代码，结果如下：

```
MLPClassifier:2layers 得分: 77.68%
```

可以看到，模型的分值反而下降了。

2. 调整激活函数

下面再看看激活函数的调整效果，使用 activation='tanh'试验。

输入代码如下：

```
#设置激活函数为 tanh
mlp_tanh=MLPClassifier(solver='lbfgs',hidden_layer_sizes=[20,20],
activation= 'tanh')
mlp_tanh.fit(X_train, y_train)
#重新画图
Z2 = mlp_tanh.predict(np.c_[xx.ravel(), yy.ravel()])
Z2 = Z2.reshape(xx.shape)
plt.figure()
plt.pcolormesh(xx, yy, Z2, cmap=cmap_light)
#散点图画出 X
plt.scatter(X[:, 0], X[:, 1], c=y, edgecolor='k', s=60)
plt.xlim(xx.min(), xx.max())
plt.ylim(yy.min(), yy.max())
#设置图题
plt.title("MLPClassifier:2layers with tanh")
#显示图形
plt.show()
```

运行代码，我们将会得到图 8.12 所示的结果。

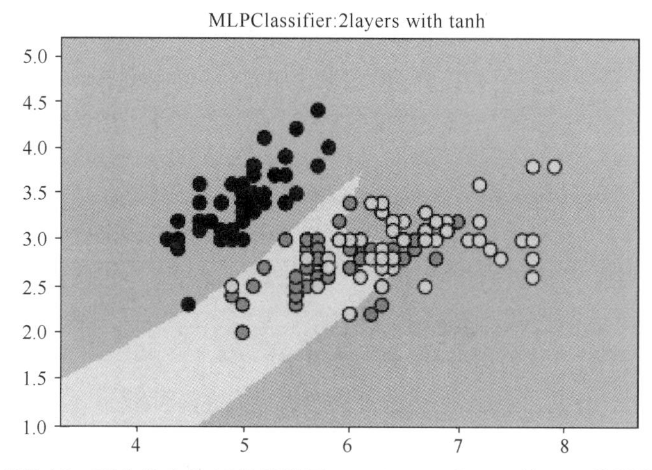

图8.12 两个节点为20的隐藏层，activation为tanh的MLP分类器

从图 8.12 中可以看到，将 activation 参数修改为 tanh 之后，分类器的决定边界完全

变成了平滑的曲线。这就是模型对样本特征进行双曲线正切化后的结果。

再对该模型进行评分，输入代码如下：

```
#输出模型分数
print('MLPClassifier:2layers with tanh 得分:
{:.2f}%'.format(mlp_tanh.score(X_train,y_train)*100))
```

运行代码，结果如下：

```
MLPClassifier:2layers with tanh 得分: 82.14%
```

可以看到，这次模型的分值有了显著的增长。

3. **调整模型复杂度控制**

除了上述方法之外，还可以通过调节 alpha 值来进行模型复杂度控制，默认的 alpha 值是 0.0001，我们可以试着增大 alpha 值，如增大到 1，看看会发生什么样的变化。输入代码如下：

```
#修改模型的 alpha 参数
mlp_alpha=MLPClassifier(solver='lbfgs', hidden_layer_sizes=[20,20],
                        activation='tanh',alpha=1)
mlp_alpha.fit(X_train, y_train)
#重新绘制图形
Z3=mlp_alpha.predict(np.c_[xx.ravel(), yy.ravel()])
Z3=Z3.reshape(xx.shape)
plt.figure()
plt.pcolormesh(xx, yy, Z3, cmap=cmap_light)
#散点图画出 X
plt.scatter(X[:, 0], X[:, 1], c=y, edgecolor='k', s=60)
plt.xlim(xx.min(), xx.max())
plt.ylim(yy.min(), yy.max())
#设定图题
plt.title("MLPClassifier:alpha =1")
#显示图形
plt.show()
```

运行代码，我们会得到图 8.13 所示的结果。

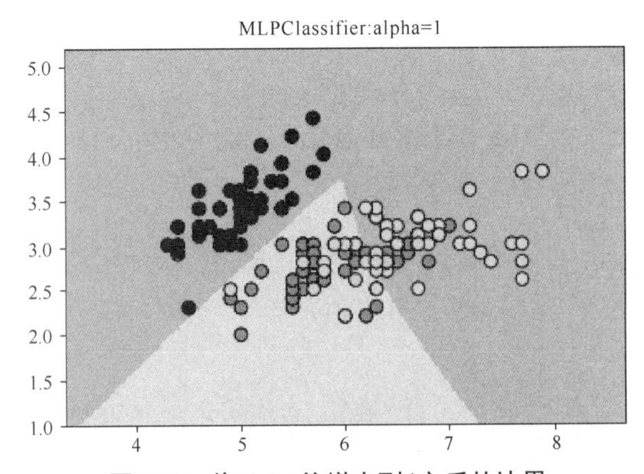

图8.13　将alpha值增大到1之后的边界

从图 8.13 中我们可以看出，增大 alpha 参数的数值，会加大模型正则化的程度，也就会让模型更加简单。

再对该模型进行评分，输入代码如下：

```
#输出模型分数
print('MLPClassifier:alpha =1 得分：{:.2f}%'.format(mlp_alpha.score(X_
train,y_train)*100))
```

运行代码，结果如下：

```
MLPClassifier:alpha =1 得分：83.04%
```

可以看到，这次模型的分值也有了增长。

到目前为止，我们利用了 4 种方法调节模型的复杂度，第 1 种是调整神经网络每一个隐藏层上的节点数，第 2 种是调节神经网络隐藏层的层数，第 3 种是调节 activation 的方式，第 4 种便是通过调整 alpha 值来改变模型正则化的程度。通过这 4 种参数调节后模型的评分情况可以看出，分类准确率基本是逐步提高的。

注意

由于神经网络算法中，样本特征的权重在模型开始学习之前就已经随机生成，而随机生成的权重会导致模型的形态也完全不一样，所以如果我们不指定 random_state 的值，即便模型所有的参数都是相同的，生成的决定边界也不一样，重新运行前面的代码，也会得到不同的结果。此外，模型的复杂度在不变化的情况下，其预测结果的准确率不受影响。

对于初学者来说，当设置神经网络中隐藏层的节点数时，建议参考这样一个原则：神经网络中隐藏层的节点数约等于训练集的特征数量，但是一般不要超过 500。在开始训练模型的时候，可以让模型尽量复杂，然后再对正则化参数 alpha 进行调节来提高模型的表现。

任务 8.5 使用神经网络解决实际问题

【任务描述】

在对神经网络有了大致的了解之后，本章最后的任务就是需要利用该算法来解决一个实际的问题。这里我们选择神经网络擅长解决的图像识别问题来进行实际操作，以增进读者对神经网络的理解。为了更好地建立图像识别模型，我们选择了 fashion-mnist 数据集。它是神经网络学习中普遍使用的 MNIST 数据集的一个分支数据集，可用来训练图像识别的算法模型。对于大多数学习神经网络的初学者来说，使用 MNIST 数据集来训练神经网络算法，算是神经网络学习过程中最基础的“必修课”了。

【关键步骤】

（1）使用 scikit-learn 分析 fashion-mnist 数据集。

（2）使用 scikit-learn 训练 MLP 神经网络。

（3）使用训练好的模型进行图像识别。

8.5.1 分析 fashion-mnist 数据集

fashion-mnist 数据集是一个用来训练图像处理系统的服饰数据集，它共包含 70 000 幅服饰的数字图像，其中 60 000 幅是训练数据，其余 10 000 幅是验证数据。另外，它对衣服和鞋子等做了分类，并使用字段“label”作为分类标签，其值在 0～9，每个分类的含义如表 8-1 所示。

表 8-1 服饰数据集分类标签及说明

分类标签值	分类名	分类描述
0	T-shirt/top	T 恤
1	Trouser	裤子
2	Pullover	毛线套衫
3	Dress	长裙
4	Coat	大衣
5	Sandal	凉鞋
6	Shirt	男式衬衫
7	Sneaker	运动鞋
8	Bag	包
9	Ankle boot	短靴

接下来我们用 scikit-learn 的 pandas 来读取 fashion-mnist 数据集（这里主要使用训练集 fashion-mnist_train.csv），输入代码如下：

```
#载入 pandas
import Pandas as pd
#导入 MLP 神经网络
from sklearn.neural_network import MLPClassifier
#导入数据集拆分工具
from sklearn.model_selection import train_test_split
#使用 pandas 载入数据集，把路径替换为数据集存放路径
data = pd.read_csv('C:/mytools/Anaconda3/datasets/fashionmnist/fashion-
mnist_train.csv', sep = ',')
#显示数据集 key 值
data.keys()
```

运行代码，我们将会得到的结果如下：

```
Index(['label', 'pixel1', 'pixel2', 'pixel3', 'pixel4', 'pixel5',
'pixel6',
```

```
        'pixel7', 'pixel8', 'pixel9',
        ...
        'pixel775',  'pixel776',  'pixel777',  'pixel778',  'pixel779',
'pixel780',
        'pixel781', 'pixel782', 'pixel783', 'pixel784'],
       dtype='object', length=785)
```

从运行结果中可以看出，fashion-mnist 训练集包含两种数据，一种是数据的分类标签（label），另一种是[pixel1],…,[pixel784]，共 784 个标签。Pixel[1～784]是无符号的 8 位整型数组，而 label 是 0～9 的整型数组。

接下来，看看数据集中的样本数量和样本特征数量。输入代码如下：

```
#输出样本数量和样本特征数
print('样本数量：{}，样本特征数：{}'.format(data.shape[0], data.shape[1]))
```

运行代码，我们将得到结果如下：

```
样本数量：60000，样本特征数：785
```

从结果中我们可以看到，该数据集有 60 000 个样本，每个样本有 785 个特征。除了 label 分类标签，数据集中存储的样本是 28 像素×28 像素的服饰的像素信息，因此特征数为 28×28=784 个。在开始训练 MLP 神经网络之前，我们还需要将数据进行一些预处理，由于样本特征是 0～255 的灰度值，为了让特征的数值更利于建模，可以把特征向量的值全部除以 255，这样全部数值的范围为 0～1。同时，为了控制神经网络的训练时长，我们只从训练集中随机选用 6000 个样本作为训练集，同时选取 1200 个数据作为验证集。另外，为了每次选取的数据保持一致，指定 random_state 为 42。输入代码如下：

```
#将分类标签字段删除
X = data.drop(['label'], axis = 1)
y = data['label']
#建立训练集和验证集
X_train, X_test, y_train, y_test = train_test_split(
    X, y, train_size = 6000, test_size=1200, random_state=42)
#特征向量的值全部除以 255，使数值范围为 0～1
X_train = X_train / 255.
X_test = X_test / 255.
```

8.5.2 训练 MLP 神经网络

在建立好训练集和验证集之后，下面开始训练神经网络模型，输入代码如下：

```
#设置神经网络的隐藏层为两层，每层 100 个节点
mlp_2layers  =  MLPClassifier(solver='lbfgs',hidden_layer_sizes=[100,
100],
                              activation='relu', alpha = 1e-6,random_
state=42)
#使用数据训练神经网络模型
mlp_2layers.fit(X_train,y_train)
```

```
#输出模型分数
print('验证数据集得分：{:.2f}%'.format(mlp_2layers.score(X_test,y_test)
*100))
```

这里，我们设置 MLP 分类器的 solver 参数为“lbfgs”，同时建立 2 个隐藏层，每层有 100 个节点。activation 参数我们设置为“relu”，正则项参数 alpha 设置为“1e-6”，也就是 1×10^{-6}（0.000001）。设置好模型参数之后，运行代码，我们会得到的结果如下：

```
验证数据集得分：85.90%
```

结果显示，模型在验证集中的识别准确率为 85.90%，可以说是一个不错的分数。

8.5.3 使用模型进行图像识别

训练好模型后，接下来可以看看模型在实际的图像识别的简单应用中的表现。我们可以用 fashion-mnist 中的一幅图像进行验证，如图 8.14 所示。

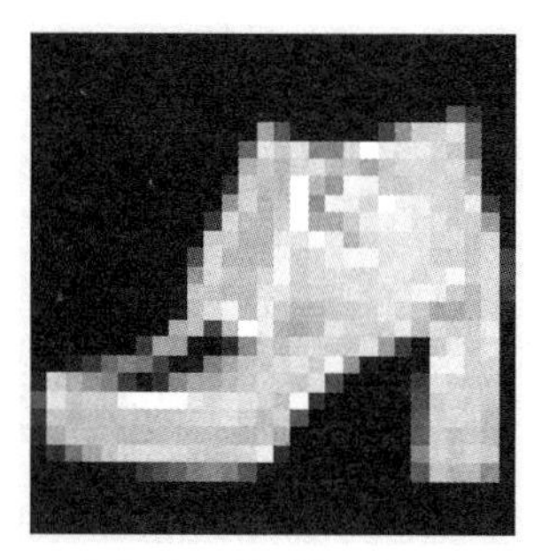

图8.14　用来验证模型识别准确率的图像

注意

由于图 8.14 的图像尺寸为 28 像素 × 28 像素，所以放大后看起来会不够清晰。

首先，要针对数据集中的分类建立一个字典，使其分类值的含义可以显式地表达。输入代码如下：

```
#建立分类标签描述字典
class_t = [
    "0:T-shirt/top",
    "1:Trouser",
    "2:Pullover",
    "3:Dress",
    "4:Coat",
    "5:Sandal",
    "6:Shirt",
    "7:Sneaker",
    "8:Bag",
```

```
        "9:Ankle boot"
    ]
    #根据输入的服饰数字，返回服饰的分类描述，可以显示分类后的服饰描述
    def get_label_class(label):
        return class_t[label]
    #测试分类描述结果
    get_label_class(4)
```

运行代码，结果如下：

```
'4: Coat'
```

接着我们要把图 8.14 中的图像转化为模型可以读取的 numpy 数组，输入代码如下：

```
#导入 NumPy
import numpy as np
#导入图像处理工具
from PIL import Image
#打开图像
image=Image.open('C:/mytools/Anaconda3/datasets/fashionmnist/test/9/3
48.png').convert('F')
#调整图像的大小
image=image.resize((28,28))
arr=[]
#将图像中的像素作为预测数据点的特征
for i in range(28):
    for j in range(28):
        pixel = float(image.getpixel((j,i)))/255.
        arr.append(pixel)
#由于只有一个样本，所以需要进行 reshape 操作
arr1 = np.array(arr).reshape(1,-1)
#进行图像识别
ret_class=mlp_2layers.predict(arr1)[0]
print('对图像识别出的分类是：[{}]'.format(get_label_class(ret_class)))
```

在这一段代码中，我们调用了 Python 内置的图像处理库 PIL。为了让识别的效果能够达到最优，我们首先使用了 Image.convert 功能将图像转化为 32 位浮点灰色图像，也就是说它的每个像素用 32 位来表示，0 代表黑色，255 表示白色。然后我们将每个像素的数值都进行除以 255 的处理，以保持和数据集一致。此外，由于只有一个样本，还要对其进行 reshape(1,−1)的操作。

运行代码，结果如下：

```
对图像识别出的分类是：[9: Ankle boot]
```

这个结果说明，神经网络模型正确地识别出了图像的服饰类别是“9：Ankle boot”，识别效果还是相当不错的。通过这个模型，可以识别 fashion-mnist 数据集中包含的 9 个简单服饰类别的图像，基本达到了对简单图像进行识别的目的。

本章小结

（1）神经网络是一种算法结构，它让机器能够进行自我学习。

（2）神经网络可以从超大数据集中读取信息并且能够建立非常复杂的模型，因此在计算能力充足并且参数设置合适的情况下，神经网络可以比其他的机器学习算法表现得更优异。

（3）神经网络的缺点有模型训练的时间相对更长、对计算性能的要求也相对更高等。

（4）神经网络模型中的参数调节是常用的优化手段，尤其是调整隐藏层的数量和隐藏层中节点的数量。

本章习题

1. **简答题**

（1）请简述神经网络的起源和发展历程。

（2）神经网络的激活函数有什么作用？怎么进行参数调节？

（3）为什么神经网络是深度学习的基础和必备知识？

2. **操作题**

（1）利用 Jupyter Notebook，建立一个神经网络的模型，并生成一个数据集进行分类判断。

（2）利用本章所采用的 fashion-mnist 数据集，尝试对神经网络模型进行参数调节来提高模型准确率，并重复训练的实践操作。

第 9 章

聚类

技能目标

- 了解聚类算法的原理与用途
- 掌握 K 均值算法的原理和使用
- 掌握 DBSCAN 算法的原理和使用
- 使用聚类算法解决实际问题

本章任务

学习本章，读者需要完成以下 4 个任务。读者在学习过程中遇到的问题，可以通过访问课工场官网解决。

任务 9.1：了解聚类算法的原理与用途

对聚类（clustering）算法的原理与用途进行简要说明，并通过举例来加深学习和理解。

任务 9.2：掌握 K 均值算法的原理和使用

通过 K 均值算法对手动生成的数据集进行聚类分析，理解该算法的原理与用途。

任务 9.3：掌握 DBSCAN 算法的原理和使用

通过 DBSCAN 算法进行聚类分析，在此过程中逐步理解该算法的原理与用途。

任务 9.4：使用聚类算法解决实际问题

使用真实数据集，通过聚类算法，如 K 均值聚类算法或 DBSCAN 聚类算法进行实战练习。

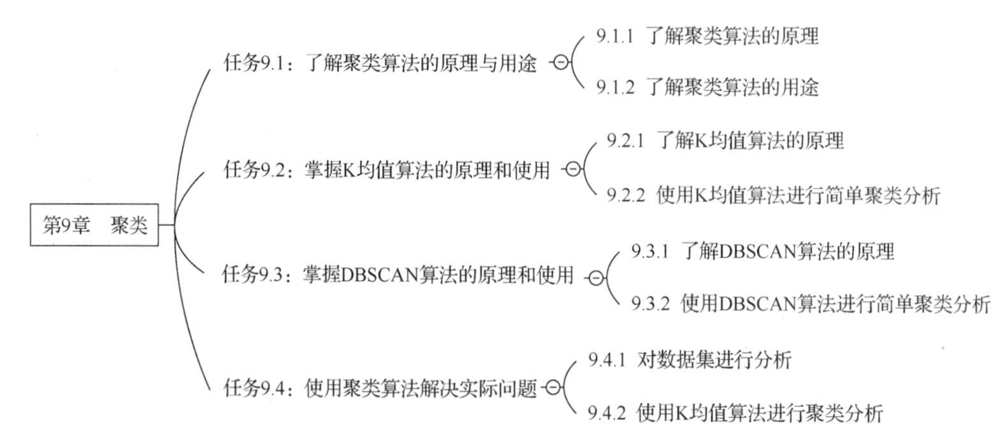

聚类算法，是研究样品或指标分类问题的一种统计分析算法，同时也是数据挖掘的一个重要算法。在机器学习领域，聚类算法是一种无监督学习，是在没有训练集的情况下，对没有标签的数据进行分析并建立合适的模型，以便给出问题解决方案的算法。聚类算法通过把样本划归到不同分组中，使每个分组中的元素都具有比较接近的特征。目前聚类算法主要应用在统计数据分析、图像分析、计算机视觉等领域。

本章主要是对聚类算法的学习和使用。在本章中，我们会重点介绍 K 均值（K-means）聚类、DBSCAN 聚类算法。

任务 9.1 了解聚类算法的原理与用途

【任务描述】

了解聚类算法的原理与用途。

【关键步骤】

通过图例了解聚类算法的原理与用途。

9.1.1 了解聚类算法的原理

1. 聚类算法简介

聚类是将数据集中在某些方面相似的数据成员分类、组织的过程，聚类就是一种发现这种内在结构的技术。

简单地说，聚类就是把相似的东西分到一组。在进行聚类的时候，我们并不关心某一类是什么，我们需要实现的目标只是把相似的东西聚到一起，因此，聚类算法通常只需要知道如何计算相似度就可以开始工作了。聚类算法通常并不需要使用训练数据进行学习，这在机器学习中被称作无监督学习。

监督学习主要用于分类和回归，而无监督学习的一个非常重要的用途就是对数据进行聚类。聚类和分类有一定的相似之处。分类是算法基于已有标签的数据进行学习并对新数据进行预测分类，而聚类则是在完全没有现有标签的情况下，通过算法去“猜测”哪些数据应该“堆”在一起，并且让算法给不同的“堆”里的数据贴上数字标签。

2. 聚类算法的原理

俗话说“物以类聚，人以群分”。聚类算法的原理是它可以作为一个单独的工具用于发现数据中分布的一些深层的信息，并且概括出每一类的特点，或者把注意力放在某一个特定的类上以进行进一步的分析。聚类分析也可以作为数据挖掘算法中其他分析算法的一个预处理步骤。

例如，在一个数据集里面有很多圆点，如图 9.1 所示。如果没有能够标记它们的类别特征和标签，怎么区别它们的类别呢？怎么加上它们的类别呢？

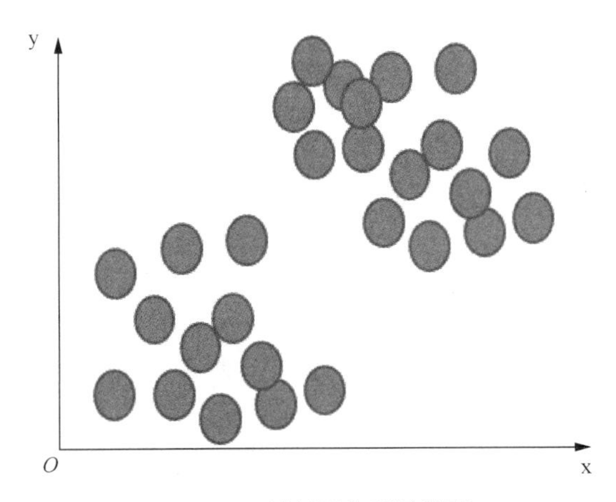

图9.1　判断圆点所属类别

可以使用聚类算法，分别计算圆点之间的距离，将圆点距离相近的标记为一类，迭代进行，直到遍历所有圆点。聚类后的圆点如图 9.2 所示。

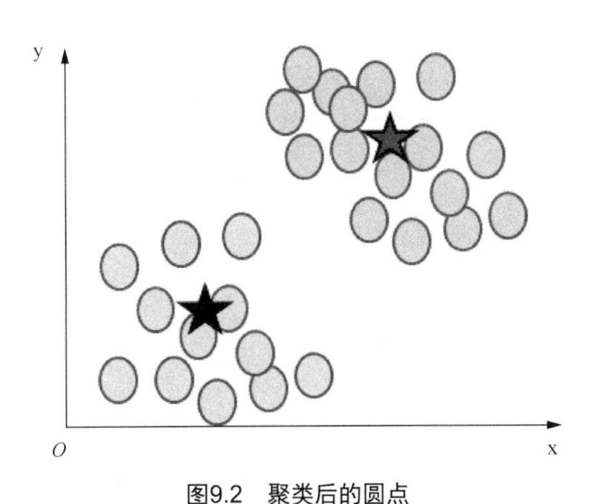

图9.2　聚类后的圆点

从图 9.2 中可以看到，聚类后，根据圆点之间的距离，把所有圆点分成了 2 类。2

类分别由一个均值数（五角星）来标记每一类的中心位置。

以上图示形象地说明了聚类算法的基本原理：我们需要将一系列无标签的训练数据输入一种算法，然后让这个算法为我们找到这些数据的内在结构规律并分类。图 9.2 所示的数据看起来可以分成两个分开的圆点集（称为簇），聚类算法就是一个能够找到图 9.2 所示的点集的算法。

注意

聚类需要依靠较强的业务经验支持，主要体现在聚类变量的选择和对聚类结果的解读。经验欠缺的分析人员和经验丰富的分析人员对结果的解读会有很大差异。其实不光是聚类分析，所有的分析都不能仅仅依赖统计学家或者数据工程师，而需要一些懂业务的人一起参与。

3. **聚类算法的种类**

聚类算法的种类比较多，有基于划分的方法（partitioning methods）、基于层次的方法（hierarchical methods）、基于密度的方法（density-based methods）、基于网格的方法（grid-based methods）、基于模型的方法（model-based methods）、基于模糊的方法等，如图 9.3 所示。

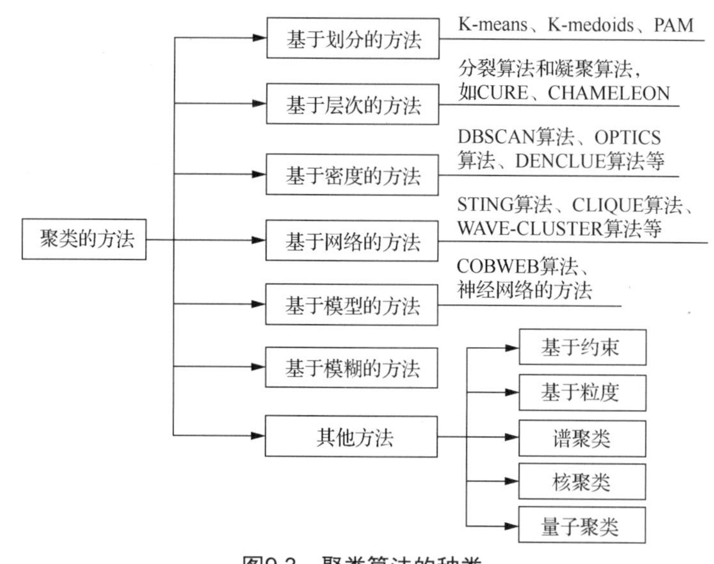

图9.3　聚类算法的种类

注意

聚类算法的种类较为繁多，这里读者仅需了解，本书不再展开详细介绍。本书针对在大数据挖掘应用中两种使用较普遍的聚类算法——K 均值算法、DBSCAN 算法进行介绍和实践，其他算法不赘述。

9.1.2　了解聚类算法的用途

聚类在各行各业都有广泛的应用，这里举几个比较有影响力的例子。

1. 基于位置信息的商业选址

随着近年来地理信息系统（Geographic Information System，GIS）技术的不断完善与普及，结合用户位置和地理信息将带来创新应用。通过定位用户的位置，结合商户信息，向用户推送位置营销服务，提升商户效益。另外也可以为需要新店开张的商户对繁华地区进行聚类分析，提供新店选址。

2. 中文地址标准化处理

通过对中文地址进行标准化的处理，使基于地址的多维度量化挖掘分析成为可能，这为不同场景模式下的电子商务应用挖掘提供了更加丰富的方法和手段，因此具有重要的现实意义。

3. 职业信息分类及完善

大型企业或猎头公司有海量的不同类型、不同来源的简历，其中部分简历包含完整的字段，部分简历在学历、公司规模、薪水、职位名称等字段有置空项。通过对这些数据进行机器学习、聚类分析、编码与测试，可挖掘出职位路径的走向与规律，形成算法模型，进行职业信息的分类与招聘的预测。

4. 生物种群固有结构认知

对动植物和基因进行分类，获取对种群固有结构的认识。

5. 网络关键词来源聚类整合

对网络上大量的网页查询进行聚类，以领域特征明显的词和短语作为聚类对象，在分类系统的大规模层级分类语料库中，利用文本分类的特征提取算法进行词语的领域聚类。通过控制词语频率的影响，可分别获取领域通用词和领域专类词。

6. 图像分割

图像分割是从图像处理到图像分析的关键步骤，广泛应用于军事、医学、交通等领域。图像分割是将图像分成若干个特定的、具有独特性质的区域并提出兴趣目标的技术和过程。使用聚类算法先将图像空间中的像素用对应的特征空间点表示，再根据它们在特征空间的聚集对特征空间进行分割，然后将它们映射回原图像空间，得到分割结果。

任务 9.2　掌握 K 均值算法的原理和使用

【任务描述】

了解 K 均值算法的原理，然后使用手动生成的数据集对 K 均值算法进行试验。

【关键步骤】

（1）了解 K 均值算法的原理。

（2）手动生成数据集。

（3）进行聚类分析试验。

9.2.1 了解 K 均值算法的原理

在各种聚类算法中，K 均值算法可以说是最简单的算法之一，但是简单不代表不好用。在大数据应用实践中，K 均值算法一般是在聚类中用得最多的算法之一。

1. **K 均值算法简介**

K 均值算法（k-means clustering algorithm）是最普及的划分聚类算法之一，由于简洁和高效，它成为所有聚类算法中最广泛使用的算法之一。该算法是一种迭代求解的算法，它接受一个未标记的数据集，并将每个数据样本聚集到其最近距离均值的类中。

K 均值算法是典型的基于距离的聚类算法。它采用距离作为相似度的评价指标，也就是两个样本的距离越近，其相似度就越大。K 均值算法认为聚类簇是由距离靠近的样本组成的，因此最终目标就是得到紧凑且独立的聚类簇。该算法只能处理数值型数据。

2. **K 均值算法的原理**

K 均值算法的工作原理和步骤如下。

（1）产生数据集：假设数据集中的样本因为特征不同，像小圆点一样随机散布在地上。

（2）计算距离并确定簇：利用 K 均值算法计算小圆点之间的距离，并在小圆点聚集的地方插上旗子。

（3）求簇内样本均值：由于第一遍插的旗子并不能很完美地代表小圆点的分布，因此还要继续 K 均值计算，让每面旗子能够插到每堆小圆点聚集的最佳位置上，也就是数据点的均值上，这也是 K 均值聚类算法名字的由来。接下来一直重复上述的动作，直到找不出更好的位置。如图 9.4 所示。

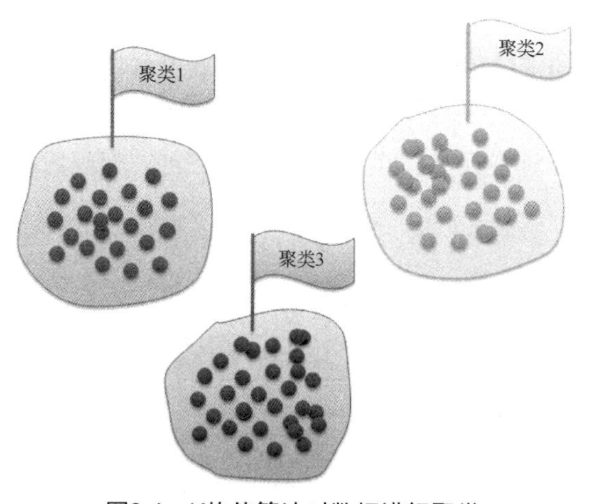

图9.4　K均值算法对数据进行聚类

9.2.2　使用 K 均值算法进行简单聚类分析

1. **利用 scikit-learn 生成数据集**

下面我们尝试用 scikit-learn 生成数据集来展示 K 均值算法的工作原理，输入代码如下：

```
#导入必要的库
from sklearn.datasets import make_blobs
import matplotlib.pyplot as plt
#生成分类数为 1 的数据集
data_stars = make_blobs(random_state=11,centers=1)
#将特征赋值给 X
X_stars = data_stars[0]
#使用散点图进行可视化
plt.scatter(X_stars[:,0],X_stars[:,1],c='b',marker='*')
#显示图形
plt.show()
```

运行以上代码，生成一系列没有类别（无标签）的数据点（以五角星表示），并且用散点图把它们画出来，结果如图 9.5 所示。

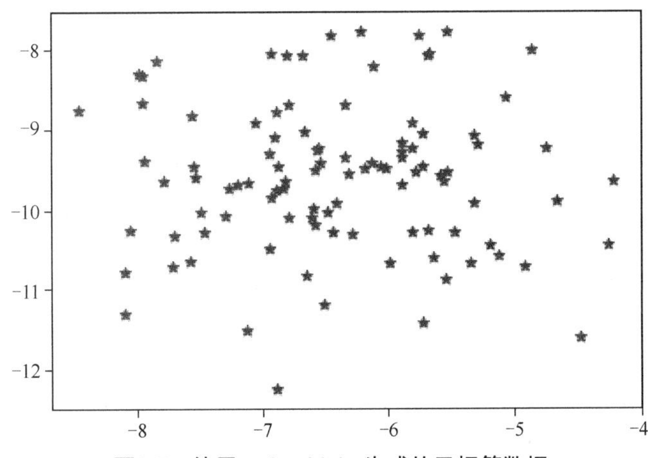

图9.5　使用make_blobs生成的无标签数据

从图 9.5 中我们可以看到，由于我们指定了 make_blobs 的 centers 参数为 1，因此所有的数据都属于 1 类，并没有差别。

2. **用 K 均值算法建立模型进行聚类分析**

下面我们在 Jupyter notebook 中使用 K 均值算法来对这些数据进行聚类，输入代码如下：

```
#导入 KMeans 工具
from sklearn.cluster import KMeans
#导入 NumPy
import numpy as np
```

```
#要求 KMeans 将数据聚类为 4 类
kmeans = KMeans(n_clusters=4)
#拟合数据
kmeans.fit(X_stars)
#下面的代码是用来绘图的，这里我们不展开解释
x_min, x_max = X_stars[:, 0].min()-0.5 , X_stars[:, 0].max()+0.5
y_min, y_max = X_stars[:, 1].min()-0.5 , X_stars[:, 1].max()+0.5
xx, yy = np.meshgrid(np.arange(x_min, x_max, .02),
                     np.arange(y_min, y_max, .02))
Z = kmeans.predict(np.c_[xx.ravel(), yy.ravel()])
Z = Z.reshape(xx.shape)
plt.figure(1)
plt.clf()
plt.imshow(Z, interpolation='nearest',
           extent=(xx.min(), xx.max(), yy.min(), yy.max()),
           cmap=plt.cm.Pastel2,
           aspect='auto', origin='lower')
plt.plot(X_stars[:, 0], X_stars[:, 1], 'r.', markersize=6,marker='*',
c='b')
#用红色大五角星代表聚类的中心
centroids = kmeans.cluster_centers_
plt.scatter(centroids[:, 0], centroids[:, 1],
            marker='*', s=150, linewidths=3,
            color='r', zorder=10)
plt.xlim(x_min, x_max)
plt.ylim(y_min, y_max)
plt.xticks(())
plt.yticks(())
#显示图形
plt.show()
```

运行代码，我们会得到图 9.6 所示的结果。

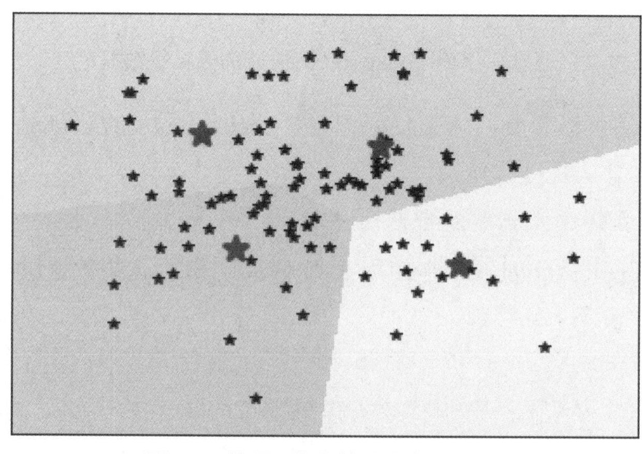

图9.6　使用K均值算法进行的聚类

在上述代码中，我们指定了 K 均值算法的 n_clusters 参数是 4，所以 K 均值算法将数据点聚类为 4 类，图中有 4 个红色的五角星代表了 K 均值算法对数据进行聚类的 4 个中心。

那么 K 均值算法怎样来表示这些聚类？可以输入下面代码来看看：

```
#输出 KMeans 进行聚类的标签
print("K 均值的聚类标签:\n{}".format(kmeans.labels_))
```

运行代码，我们会得到如下结果：

```
K 均值的聚类标签:
[0 3 3 1 3 3 3 3 1 0 1 2 0 3 0 0 1 3 1 1 0 0 3 1 3 0 0 0 2 3 2 0 1 1 1
3 0 2 3 3 3 0 3 0 1 2 3 1 0 0 3 3 1 2 3 2 0 1 1 3 2 2 3 3 0 2 3 0 2 0 3 0 0
3 0 0 0 0 2 0 0 0 2 2 2 0 3 0 1 3 0 1 3 1 1 0 0 0 2 1]
```

从上述结果中我们可以看到，K 均值算法对数据进行的聚类和分类有些类似，是用 0、1、2、3 这 4 个数字来代表数据的类，并且储存在.labels_属性中。

通过以上过程来看，K 均值算法十分简单而且容易理解，但它也有很明显的局限性。例如，它认为每个数据点到聚类中心的方向都是同等重要的。这样一来，对于“形状”复杂的数据集来说，K 均值算法就不能很好地工作。

任务 9.3 掌握 DBSCAN 算法的原理和使用

【任务描述】

了解 DBSCAN 算法的原理，然后使用手动生成的数据集对 DBSCAN 算法进行试验。

【关键步骤】

（1）了解 DBSCAN 算法的原理。

（2）手动生成数据集。

（3）进行聚类分析试验。

9.3.1 了解 DBSCAN 算法的原理

1. DBSCAN 算法简介

DBSCAN 算法是一种典型的基于密度的聚类算法。该算法采用空间索引技术来搜索对象的邻域，引入了“核心对象”和“密度可达”等概念，从核心对象出发，把所有密度可达的对象组成一个簇。DBSCAN 的全名叫作“基于密度的有噪声应用空间聚类”（Density-Based Spatial Clustering of Applications with Noise，DBSCAN）。这是一个很长且拗口的名字，但也反映出了它的工作原理。

2. DBSCAN 算法的原理

DBSCAN 是通过对特征空间内的密度进行检测的，密度较大的地方它会认为是一个类，而密度较小的地方它会认为是一个分界线。也正是这样的工作机制，使得 DBSCAN 算法不需要像 K 均值或者凝聚算法那样在一开始就指定聚类的数量 n_clusters。

在理解 DBSCAN 算法的原理之前，需要了解它对数据的分类定义，针对有很多点的数据集，DBSCAN 算法将数据点分为以下 3 类。

- 核心点，在半径 eps 内含有超过指定数目 MinPts 的点。
- 边界点，点在半径 eps 内的数量小于指定数目 MinPts，但是落在核心点的邻域内。
- 噪声点，既不是核心点也不是边界点的点。

其中，半径 eps 就是与某点 *P* 的距离小于等于特定值 eps 的所有的点的集合。另外还需要了解“密度直达”“密度可达”的概念。

- 密度直达（directly density-reachable）：若某点 *Q* 处于核心点 *P* 的邻域内，则称 *Q* 由 *P* 密度直达。
- 密度可达（density-reachable）：点 *P*、*Q* 均为核心点，如果 *Q* 处于 *P* 的邻域内，则称 *Q* 的邻域点由 *P* 密度可达。

了解以上的概念后，DBSCAN 算法的原理就相对好理解了，其工作原理和步骤如下。

（1）寻找核心点并形成聚类簇：在一个数据集中，任意两个样本点是“密度直达”或“密度可达”的关系，那么这两个样本点归为同一簇类。

（2）随机选择（1）中形成的聚类簇，遍历检查其内部的所有点是否为核心点，完成聚类簇的合并。

（3）遍历所有聚类簇，完成整个数据集的聚类。

图 9.7 所示的两个矩形框内的密集样本点被 DBSCAN 算法归为同一簇类。

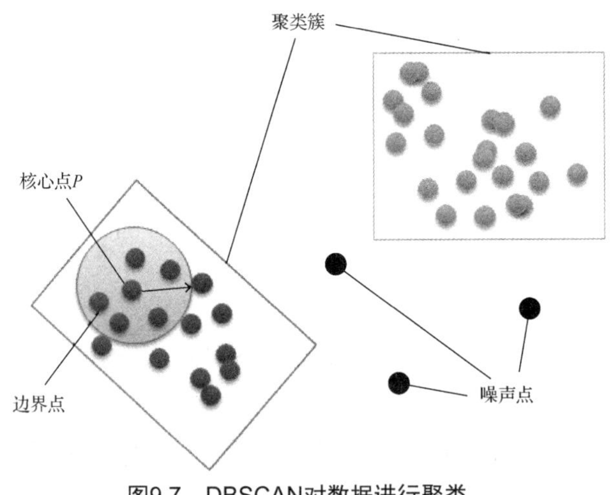

图9.7 DBSCAN对数据进行聚类

9.3.2 使用 DBSCAN 算法进行简单聚类分析

下面我们通过 scikit-learn 随机生成数据集，使用 DBSCAN 算法进行简单聚类分析。

1. 生成圆环嵌套型数据集

使用 scikit-learn 库中的 make_circles 生成圆环嵌套型的样本数据集，输入代码如下：

```
#导入 scikit-learn 库
import matplotlib.pyplot as plt
from sklearn import datasets
import matplotlib.colors

# 创建 Figure
fig = plt.figure(figsize=(10,5))
#生成圆环嵌套型数据集，样本数量为 500
X_cir, y_cir = datasets.make_circles(n_samples=500, factor=.6, noise=.05,
random_state=42)
#绘制圆环嵌套图
plt.scatter(X_cir[:, 0], X_cir[:, 1], marker='o',c='g',s=60,edgecolor=
'k')
plt.title('make_circles Datasets')
#设置横、纵轴标签
plt.xlabel("Feature 0")
plt.ylabel("Feature 1")
#显示图形
plt.show()
```

运行代码，我们会得到图 9.8 所示的结果。

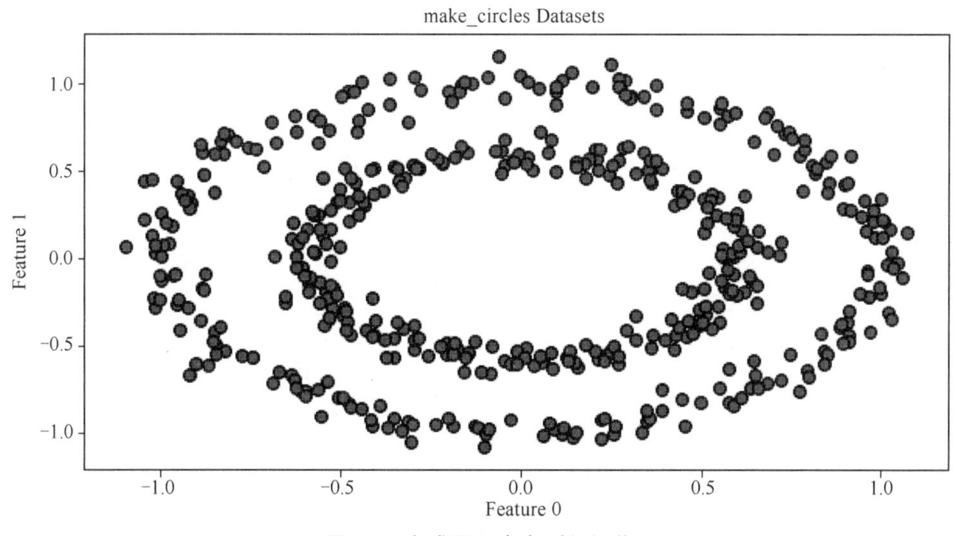

图9.8　生成圆环嵌套型数据集

从图 9.8 中看到，使用 make_circles 生成了圆环嵌套型数据集。对于 DBSCAN 算法，圆环嵌套型数据集能够很好地帮助我们观察模型对它的聚类情况。

2. 使用不带参数的 DBSCAN 进行聚类

对圆环嵌套型数据集进行拟合，来展示 DBSCAN 的工作机制，输入代码如下：

```
#导入 DBSCAN
from sklearn.cluster import DBSCAN
#使用 DBSCAN 拟合数据，默认参数
db = DBSCAN()
cluster = db.fit_predict(X_cir)
#绘制圆环嵌套图
plt.scatter(X_cir[:,  0],  X_cir[:,  1],  c=cluster,s=60,edgecolor='k',
cmap=plt.cm.cool)
plt.title("DBSCAN Cluster")
#设置横、纵轴标签
plt.xlabel("Feature 0")
plt.ylabel("Feature 1")
#显示图形
plt.show()
```

运行代码，结果如图 9.9 所示。

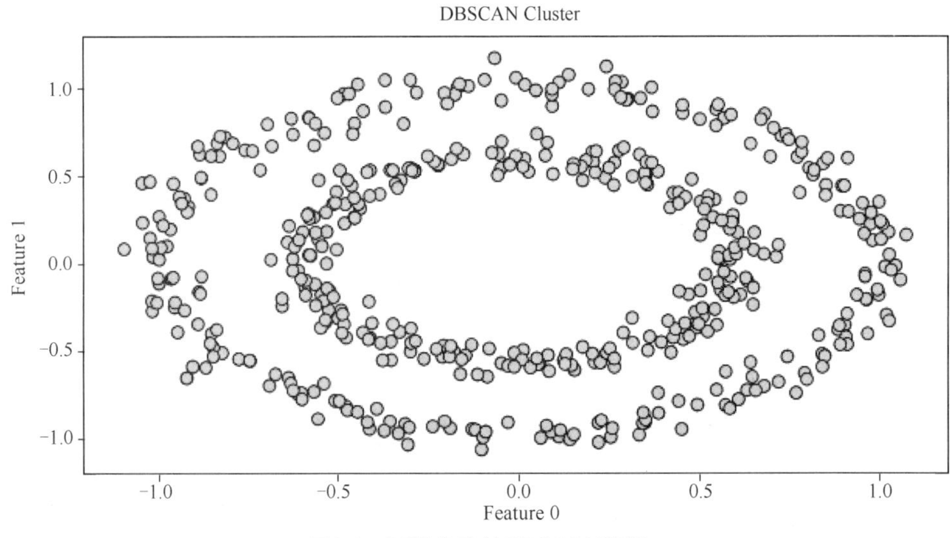

图9.9　不带参数的DBSCAN聚类

从图 9.9 可知，所有的数据点都变成了浅色，这并不是表明所有数据点都变成了噪声，而是所有的数据点都被归入同一类。这是因为在参数默认的情况下，DBSCAN 把所有数据点都拉到同一类中了。

3. **调整 DBSCAN 参数提升聚类效果**

接下来我们需要了解 DBSCAN 中两个非常重要的参数，一是 eps 参数，另一个是 min_samples 参数。下面通过运行代码分别了解这两个参数的作用和效果。

（1）eps 参数

eps 参数指定的是考虑划入同一类的样本距离有多远，eps 值设置得越大，则聚类所覆盖的数据点越多，否则越少。默认情况下 eps 值为 0.5。针对这个圆环嵌套型数据集，我们试着把 eps 值调小一些，看看会发生什么。输入代码如下：

```
#设置DBSCAN的eps参数为0.12
db = DBSCAN(eps = 0.12)
cluster_eps = db.fit_predict(X_cir)
#绘制聚类后的圆环嵌套图
plt.scatter(X_cir[:, 0], X_cir[:, 1], c=cluster_eps,s=60,edgecolor='k',
cmap=plt.cm.cool)
plt.title('DBSCAN Cluster(eps=0.12)')
#设置横、纵轴标签
plt.xlabel("Feature 0")
plt.ylabel("Feature 1")
#显示图形
plt.show()
```

在这段代码中，我们手动指定了 eps 值为 0.12，运行代码得到图 9.10 所示的结果。

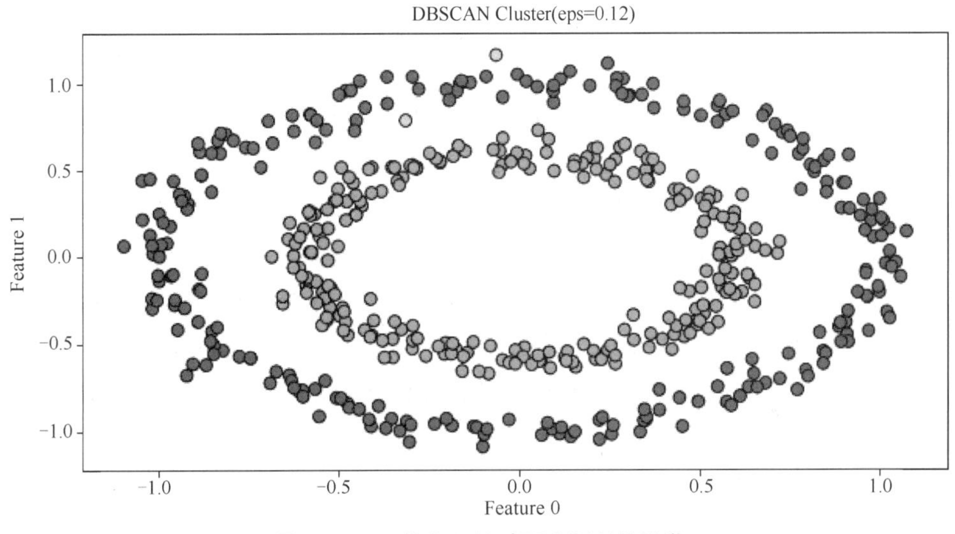

图9.10　eps值为0.12时DBSCAN的聚类

我们看到经过 DBSCAN 的聚类，数据点被标成了几种不同深浅颜色的点。那么是不是表示 DBSCAN 把数据聚类成了这几类呢？

我们可以尝试输出数据集的标签，输入代码如下：

```
#输出聚类个数
print('\n\n\nDBSCAN聚类(eps=0.12)标签为: \n{}\n\n\n'.format(cluster_eps))
```

运行代码，得到结果如下：

DBSCAN 聚类(eps=0.12)标签为：

```
[ 0 1 0 1 2 0 0 1 1 0 1 1 0 2 0 0 0 1 0 0 0 0 0 0
  1 0 0 1 2 0 0 0 0 1 1 0 0 1 1 1 0 2 0 1 1 1 1 1
  0 1 1 1 1 0 1 1 1 1 1 2 0 0 0 0 2 1 0 1 1 0 0 0
  0 0 0 0 0 1 0 0 1 2 0 1 0 2 1 0 0 0 0 0 0 0 0 0
  2 1 0 1 1 0 1 0 0 1 0 1 0 1 1 0 0 1 0 0 1 1 1 1
  1 1 0 1 1 1 0 1 1 0 1 1 0 0 1 1 1 1 1 0 1 1 0 2
```

```
 0  0  1  1  0  0  1  1  1  1  0  0  1  1  0  1  1  0  0  1  0  0  1  1
 0  1  1  1  0  1  1  1  0  1  1  0  0  1  0  0  0  1  0  1  1  1  0  0
 0  0  1  1  1  2  1  0  0  2  1  1  1  1  1 -1  0  0  0  1  0  0  0  0
 0  1  0  1  0  0  1  1  1  0  1  0  0  1  1  2  0  1  0  0  0  1  1  1
 0  1  0  1  0  2  2  1  0  1  0  0  0  1  0  0  1  0  1  0  0  1  0  2
 1  1  0  2  0  1  1  1  1  0  0  0  0  0  0  1  0  1  0  1  1  0  0  0
 0  0  0  0  0  0  1  1  0  0  0  0  0  1  0  1  1  1  0  1  1  1  0  1
 0  0  1  0  0  1  0  0  1  0  1  0  1  0  2  1  1  0  1  1  1  1  1  1
 0  0  1  2  1  1  0  0  1  1  0  0  1  0  0  0  1  0  0  2  1  0  1  1
 2  0  1  1  1  1  0  0  1  0  1  0  1  0  0  1  0  1  1  1  1  0  1  0
 0 -1  0  1  1  1  0  0  0  1  0  0  0  0  1  1  1  0  0  0  0  0  0  0
 0  1  1  1  1  0  1  0  0  1  1  0  1  0  0  1  0  2  1  1  0  0  0  2
 0  0  1  0  0  1  1  0  2  0  0  1  0  0  1  0  0  0  1  1  0  1  0  1
 0  1  0  1  1  1  1  0  1  0  1  0  0  1  0  0  1  0  0  0  0  0  0  1
 1  1  0  2  0  2  0  0  1  0  1  0  1  1  1  1  0  0  0  2]
```

我们从结果中发现，在聚类标签中出现了-1 这样的值，这是怎么回事呢？原来在 DBSCAN 中，-1 代表该数据点是噪声。在图 9.10 中，我们看到两类深色的数据点密度相对较大，因此 DBSCAN 把它们分别归到各自的一类；而周边比较散乱的、浅色的数据点，DBSCAN 认为它们不属于任何一类，所以放进了“噪声”这个类别。

（2）min_samples 参数

min_samples 参数指定的是在某个数据点周围被看成聚类核心点的个数，min_samples 值越大，则核心数据点越少，噪声也就越多；反之 min_sample 值越小，噪声也就越少。默认的 min_samples 值是 2。下面我们调整 min_samples 参数，再用图形展示看看效果，输入代码如下：

```
#设置 DBSCAN 的最小样本数 min_samples 参数为 103
db_1 = DBSCAN(min_samples = 103)
#重新拟合数据
clusters_1 = db_1.fit_predict(X_cir)
#绘制聚类后的圆环嵌套图
plt.scatter(X_cir[:, 0], X_cir[:, 1], c=clusters_1, s=60,edgecolor='k',
cmap=plt.cm.cool)
plt.title('DBSCAN Cluster(min_samples=103)')
#设定横、纵轴标签
plt.xlabel("Feature 0")
plt.ylabel("Feature 1")
#显示图形
plt.show()
```

现在我们指定 min_samples 的值为 103，运行代码，得到图 9.11 所示的结果。

对比图 9.10 与图 9.11，我们会发现，参数不同，对聚类的簇的归类也不同。

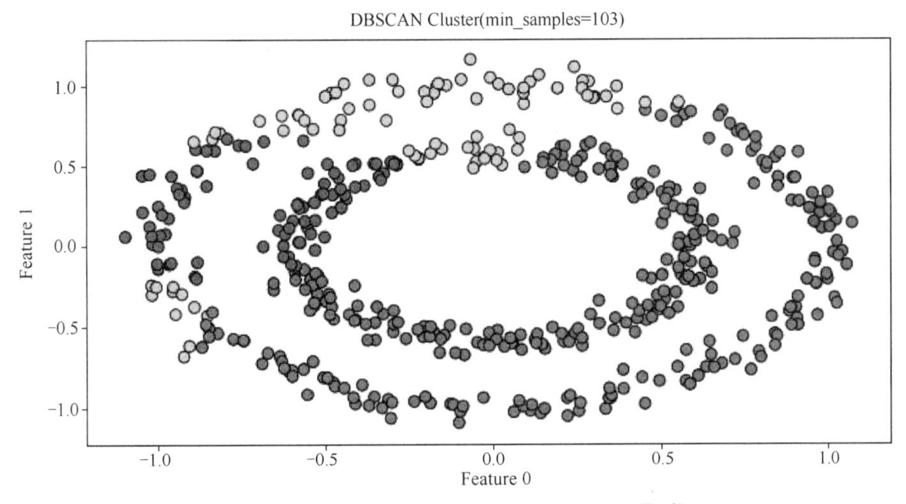

图9.11　min_samples为103的DBSCAN聚类

同时调整 eps 和 min_samples 参数，输入代码如下：

```
#设置 DBSCAN 的 eps 为 0.15，最小样本数 min_samples 为 18
db_2 = DBSCAN(eps = 0.15,min_samples = 18)
#重新拟合数据
clusters_2 = db_2.fit_predict(X_cir)
plt.scatter(X_cir[:, 0], X_cir[:, 1], c=clusters_2, s=60,edgecolor='k', 
cmap=plt.cm.cool)
plt.title('DBSCAN Cluster(eps = 0.15,min_samples=18)')
#设定横、纵轴标签
plt.xlabel("Feature 0")
plt.ylabel("Feature 1")
#显示图形
plt.show()
```

运行代码，结果如图 9.12 所示。

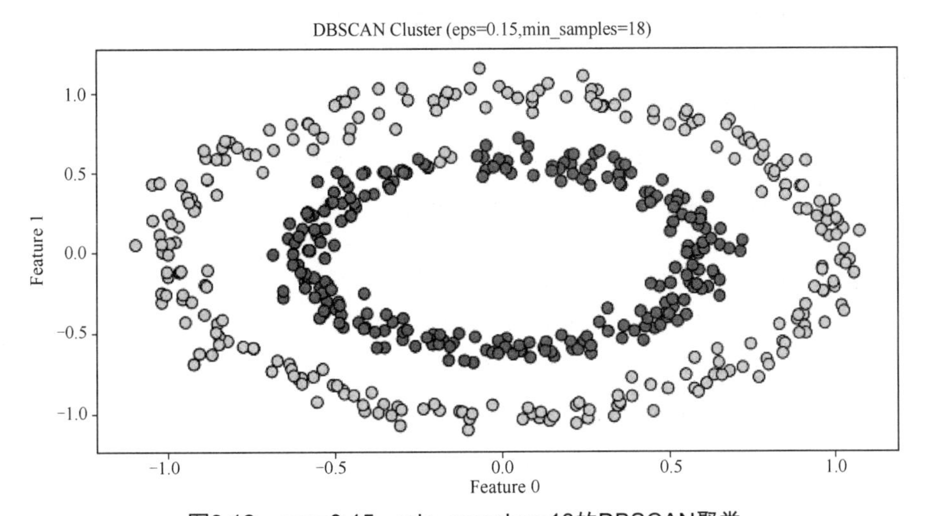

图9.12　eps=0.15，min_samples=18的DBSCAN聚类

通过对 eps 和 min_samples 参数的不断调整，我们发现，对于圆环嵌套型的数据集，eps=0.15 结合 min_samples=18，使数据拟合得比较好，基本能够把两个圆环相对完整地区别开来，聚类效果不错。

根据上述的试验，虽然 DBSCAN 并不需要我们在开始训练算法的时候就指定 clusters 的数量，但是通过对 eps 和 min_samples 参数赋值，相当于间接地指定了 clusters 的数量。eps 参数尤为重要，因为它规定了某一类的范围大小。而且在实际应用中，如果将数据集先用 MinMaxScaler 或者 StandardScaler 进行预处理，那么 DBSCAN 算法的表现会更好（因为这两种预处理方法把数据的范围控制得比较集中）。

任务 9.4 使用聚类算法解决实际问题

【任务描述】

在大数据应用领域，经常会用聚类算法来分析客户偏好、习惯，以及消费行为，从而解决营销问题。

本次任务将利用一个包含消费者行为和消费特点的数据集，用聚类算法对其进行建模，对年龄与消费积分、年收入与消费积分两种不同的分类进行聚类分析，可以给商家向消费者采取针对性的营销手段提供数据参考。

【关键步骤】

（1）对数据进行分析。

（2）使用 K 均值算法进行聚类分析。

9.4.1 对数据集进行分析

在 Jupyter Notebook 中新建一个记事本文件，载入这个数据集，并且大致了解数据集中的特征。

1. **载入数据集并查看特征**

首先，我们需要把数据集下载到本地，再使用 Jupyter Notebook 将其载入，并且详细查看数据集中的特征情况。在 Jupyter Notebook 中输入代码如下：

```
#载入 pandas
import Pandas as pd
#使用 pandas 载入数据集，把路径替换为数据集存放路径
data = pd.read_csv('C:/mytools/Anaconda3/datasets/Mall_Customers.csv')
#显示数据集前 5 行
data.head()
```

运行代码，得到表 9-1 所示的结果。

表 9-1　消费者数据集的前 5 行

	CustomerID	Gender	Age	Annual Income (k$)	Spending Score (1-100)
0	1	Male	19	15	39
1	2	Male	21	15	81
2	3	Female	20	16	6
3	4	Female	23	16	77
4	5	Female	31	17	40

从表 9-1 中我们可以看到，pandas 成功把数据集载入，并且成功显示了数据集的前 5 行。从中我们也可以看到这个数据集中有 5 个特征，分别是 CustomerID（客户编号）、Gender（性别）、Age（年龄）、Annual Income（年收入），以及 Spending Score（消费积分）。其中年收入的单位是“k$（千美元）”，消费积分的范围是 1～100。

接下来，我们还要进一步了解数据集的情况。

2. 了解数据集的形态和各个特征的统计信息

在使用该数据集之前，需要大致了解数据集中的一些情况，如数据集中有多少条数据、各个特征中的数据都是什么类型等。在 Jupyter Notebook 中输入代码如下：

```
#显示数据集的形态
data.shape
```

运行代码，得到的结果如下：

```
(200, 5)
```

从上面的代码运行结果我们可以看到，这个数据集共有 200 条数据，每条数据的特征有 5 个，这和我们在前文中通过 data.head()查看的数据特征数量是一致的。

接下来我们来了解数据集各个特征的简要统计信息，输入代码如下：

```
#查看数据特征的统计信息
data.describe()
```

运行代码，得到表 9-2 所示的结果。

表 9-2　数据集的统计信息

	CustomerID	Age	Annual Income (k$)	Spending Score (1-100)
count	200.000000	200.000000	200.000000	200.000000
mean	100.500000	38.850000	60.560000	50.200000
std	57.879185	13.969007	26.264721	25.823522
min	1.000000	18.000000	15.000000	1.000000
25%	50.750000	28.750000	41.500000	34.750000
50%	100.500000	36.000000	61.500000	50.000000
75%	150.250000	49.000000	78.000000	73.000000
max	200.000000	70.000000	137.000000	99.000000

从表 9-2 中我们可以看到各特征的统计信息，说明如下。

（1）“Age”这一列，最小值是 18.00，而最大值是 70.00，中位数是 36.00，平均值是 38.85，标准差为 13.97。

（2）“Annual Income”这一列，最小值是 2.63 万，最大值是 13.70 万，中位数是 6.15 万，而平均值是 6.06 万，标准差为 2.60 万。

（3）“Spending Score”中的最小值是 1.00，最大值是 99.00，中位数是 50.00，平均值是 50.20，标准差是 25.80。

到这里，大家可能发现，在数据集的统计信息中没有“Gender”这一列，那么我们如何知道消费者的性别分布情况呢？输入代码如下：

```
#查看消费者性别分布
data['Gender'].describe()
```

运行代码，得到如下的结果：

```
count        200
unique         2
top       Female
freq         112
Name: Gender, dtype: object
```

从代码的运行结果我们可以看到，在“Gender”这一列中，共有 200 条数据，其中包含 2 种不同的值，其中“Female（女性）”出现频率最高，达到 112 次，则“Male（男性）”出现了 88 次，说明数据集中女性消费者稍占多数。

现在我们再来看看数据集中每个特征的数据类型，以及是否包含空值。输入代码如下：

```
#查看各个特征的数据类型及是否包含空值
df.info()
```

运行代码，我们会得到如下的结果：

```
<class 'pandas.core.frame.DataFrame'>
RangeIndex: 200 entries, 0 to 199
Data columns (total 5 columns):
CustomerID                200 non-null int64
Gender                    200 non-null object
Age                       200 non-null int64
Annual Income (k$)        200 non-null int64
Spending Score (1-100)    200 non-null int64
dtypes: int64(4), object(1)
memory usage: 7.9+ KB
```

从上面的结果中我们可以看出，各个特征都有 200 条数据，看来数据集中并没有空值，这就不需要对空值进行补全。同时，消费者的年龄、年收入和消费积分都是整数类型的数据，而性别特征则是字符串类型的数据。

9.4.2 使用 K 均值算法进行聚类分析

现在我们已经对消费者的情况有了一定的了解，并且也得到了一些启发。在本小节中，我们就使用K均值算法对消费者进行聚类，看看他们大致可以分为几类。

1. 对年龄与消费积分进行聚类

现在我们就来对数据集中的消费者年龄和消费积分这两个特征进行聚类，看看消费者可以分为什么类型。在Jupyter Notebook中输入代码如下：

```
#导入KMeans工具
from sklearn.cluster import KMeans
#导入NumPy
import numpy as np
#导入pyplot
import matplotlib.pyplot as plt
#首先，我们把数据集中的年龄和消费积分的值赋给X1
X1 = data[['Age' , 'Spending Score (1-100)']].values
#定义一个空列表，用来存储K均值的inertia属性
#inertia属性表示数据集中样本到最近的聚类中心的距离总和
#值越小越好，越小表示样本在类间的分布越集中
inertia = []
#设置一个1～10的循环
for n in range(1, 10):
        #n_clusters = n 表示分别让K均值把数据聚成1～10个类
        #使用初始化优化“k-means++”
        #n_init参数表示使用不同质心种子运行K均值算法的时间
        #最终结果将是n_init连续运行在惯性方面的最佳输出
        #max_iter参数表示最大迭代次数
        #tol参数表示模型收敛惯性的相对公差
        # algorithm = 'elkan'表示使用elkan变体，利用三角不等式，使算法更有效率
        algorithm = (KMeans(n_clusters = n,init='k-means++', n_init = 
10,max_iter=300,
                                tol=0.0001,  random_state= 111, algorithm=
'elkan') )
        #用设置好的模型拟合X1
        algorithm.fit(X1)
        #将不同聚类数对应的inertia属性添加到inertia列表中
        inertia.append(algorithm.inertia_)
#接下来我们画图，先定义图形的大小
plt.figure(1, figsize = (15 ,6))
#绘制聚类中心数范围为1～10时的inertia值
plt.plot(np.arange(1, 11), inertia, 'o')
plt.plot(np.arange(1, 11), inertia, '-', alpha = 0.5)
#设置图形的横、纵轴的标签
plt.xlabel('Number of Clusters', fontsize=14) , plt.ylabel('Inertia', 
fontsize=14)
#显示图形
plt.show()
```

运行代码，得到图9.13所示的结果。

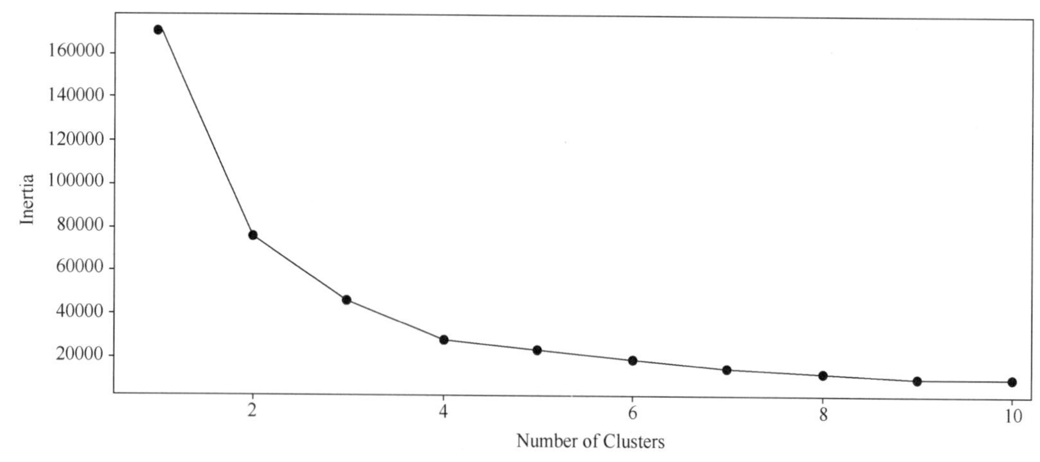

图9.13 不同的聚类中心数量对应的inertia值

从图 9.13 中我们可以看到，随着聚类中心的数量越来越多，K 均值的 inertia 值越来越小。为了保持聚类簇合理的个数，我们需要选择一个折中的办法，一般情况下聚类簇的个数可以参考使用 inertia 值下降速度开始明显变缓时对应的聚类中心的数量。从图 9.13 中，可以初步判断聚类中心的数量大于 4 的时候，inertia 值下降的速度明显变小了。那么使用年龄和消费积分这两个特征进行聚类时，n_clusters 等于 4 就是不错的选择。

得到 n_clusters 参数的值后，可以开始进行聚类了，输入代码如下：

```
#定义 K 均值算法的 n_clusters 参数为 4，其他参数保持和前文一样即可
algorithm = (KMeans(n_clusters = 4,init='k-means++', n_init= 10,max_
iter=300,
                        tol=0.0001, random_state=111, algorithm=
'elkan') )
#用模型拟合 X1
algorithm.fit(X1)
#把模型的 labels 属性赋给 labels1
labels1 = algorithm.labels_
#把模型的聚类中心 cluster_centers 属性赋值给 centroids1
centroids1 = algorithm.cluster_centers_
#下面的代码是用来绘图的，这里我们不展开解释
h = 0.02
x_min, x_max = X1[:, 0].min() - 1, X1[:, 0].max() + 1
y_min, y_max = X1[:, 1].min() - 1, X1[:, 1].max() + 1
xx, yy = np.meshgrid(np.arange(x_min, x_max, h), np.arange(y_min, y_max,
h))
Z = algorithm.predict(np.c_[xx.ravel(), yy.ravel()])
plt.figure(1, figsize = (15, 7) )
plt.clf()
Z = Z.reshape(xx.shape)
plt.imshow(Z, interpolation='nearest',
           extent=(xx.min(), xx.max(), yy.min(), yy.max()),
```

```
                    cmap = plt.cm.Pastel2, aspect = 'auto', origin='lower')
    plt.scatter( x = 'Age',y = 'Spending Score (1-100)', data = data , c =
labels1,
                    s = 200 )
    plt.scatter(x = centroids1[: , 0] , y =  centroids1[: , 1] ,
                    s = 300, c = 'red' , alpha = 0.5, marker='*' , linewidths=3)
    plt.ylabel('Spending  Score  (1-100)',fontsize=20),  plt.xlabel('Age',
fontsize=20)
    #显示图形
    plt.show()
```

运行代码，得到图 9.14 所示的结果。

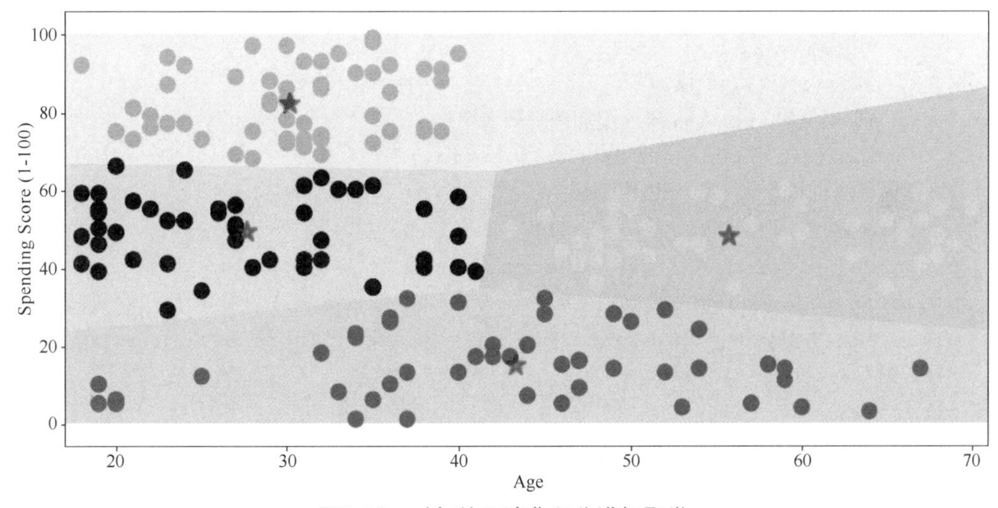

图9.14　对年龄和消费积分进行聚类

图 9.14 比较完美地解释了 K 均值算法的原理——对于给定的数据集，按照样本之间的距离大小，将数据集划分为 k 个簇。让簇内的点尽量紧密地连在一起，而让簇间的距离尽量的大。这里我们就把数据集分成了 4 个簇。图 9.14 中每个簇中间位置的五角星代表的就是每个簇的中心。这 4 个簇代表了 4 个类型的消费者。

➢ 左上角的簇代表年龄稍小但消费能力强的人群，我们可以称之为“富二代”群。

➢ 中间靠左的簇代表年龄稍小但消费能力中等的人群，我们可以称之为“中产青年”群。

➢ 中间靠右的簇代表年龄稍大且消费能力中等的人群，我们可以称之为“理性中年消费者”群。

➢ 最下面这一簇代表无论年龄长幼都很节俭的人群，我们可以称之为“勤俭持家”群。

这样我们就给不同年龄阶段及消费能力的消费者打上了标签。

2. 对年收入与消费积分进行聚类

前文我们通过年龄和消费积分找到了 4 种类型的消费者，下面我们再试试看，是不是可以从消费者的年收入和消费积分中找到消费者的其他类型。首先需要寻找合适的

n_clusters 参数，输入代码如下：

```
#将消费者的年收入和消费积分赋给 X2
X2 = data[['Annual Income (k$)', 'Spending Score (1-100)']].iloc[: , :].values
#定义空列表来存储 inertia 属性
inertia = []
#同样让 n 从 1 到 10 取值
for n in range(1, 10):
    #K 均值各项参数设置和之前相同，这里不赘述了
    algorithm = (KMeans(n_clusters = n,init='k-means++', n_init= 10,
max_iter=300,
                        tol=0.0001,random_state=111,  algorithm=
'elkan') )
    #用模型拟合 X2
    algorithm.fit(X2)
    #把模型的 inertia 属性添加到空列表中
    inertia.append(algorithm.inertia_)
#画图的方法也和之前一致，也不赘述了
plt.figure(1, figsize = (15,6))
plt.plot(np.arange(1, 11), inertia, 'o')
plt.plot(np.arange(1, 11), inertia, '-', alpha = 0.5)
plt.xlabel('Number of Clusters'), plt.ylabel('Inertia')
#显示图形
plt.show()
```

运行代码，得到图 9.15 所示的结果。

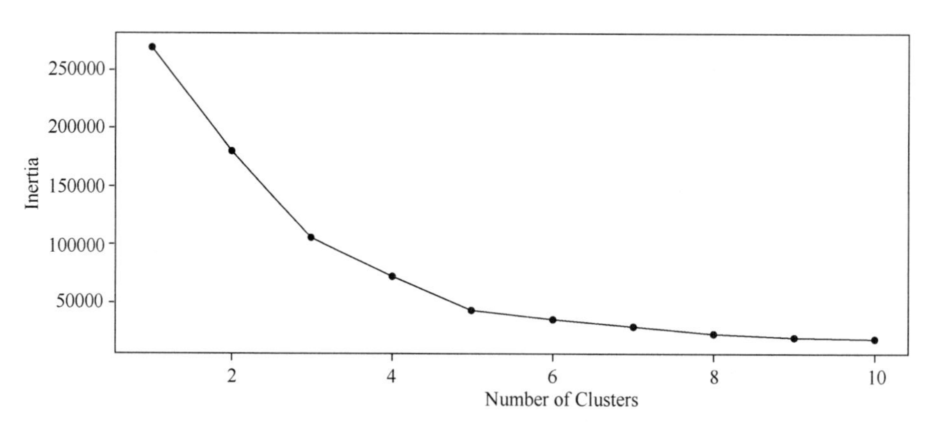

图9.15　不同的聚类中心数量对应的inertia值

同样的思路，我们要选择一个合适的聚类中心数量。在图 9.15 中我们看到，当 n_clusters 大于 5 的时候，inertia 的数值下降的幅度显著变小了。也就是说，n_clusters 为 5 是一个比较合适的聚类中心的数量。

既然我们找到了合适的 n_clusters，下面就可以进行聚类了。输入代码如下：

```
#设置 K 均值的 n_clusters 参数为 5，其他参数保持不变
```

```
algorithm=(KMeans(n_clusters=5,init='k-means++', n_init = 10,max_iter=
300,
                                        tol=0.0001,random_state= 111, algorithm=
'elkan') )
#用模型拟合 X2
algorithm.fit(X2)
#获取模型的 labels 属性
labels2 = algorithm.labels_
#获取模型的 cluster_centers 属性
centroids2 = algorithm.cluster_centers_
#下面的代码用于绘图，不详细注释了
h = 0.02
x_min, x_max = X2[:, 0].min() - 1, X2[:, 0].max() + 1
y_min, y_max = X2[:, 1].min() - 1, X2[:, 1].max() + 1
xx, yy = np.meshgrid(np.arange(x_min, x_max, h), np.arange(y_min, y_max,
h))
Z2 = algorithm.predict(np.c_[xx.ravel(), yy.ravel()])
plt.figure(1, figsize = (15, 7) )
plt.clf()
Z2 = Z2.reshape(xx.shape)
plt.imshow(Z2, interpolation='nearest',
            extent=(xx.min(), xx.max(), yy.min(), yy.max()),
            cmap = plt.cm.Pastel2, aspect = 'auto', origin='lower')

plt.scatter( x = 'Annual Income (k$)',y = 'Spending Score (1-100)' ,
                data = data, c = labels2 ,
                s = 200 )
plt.scatter(x = centroids2[:, 0] , y =centroids2[:, 1] ,
                s = 300, c = 'red' , alpha = 0.5, marker='*', linewidths=3)
plt.ylabel('Spending Score (1-100)',fontsize=20)
plt.xlabel('Annual Income (k$)', fontsize=20)
#显示图形
plt.show()
```

运行代码，得到图 9.16 所示的结果。

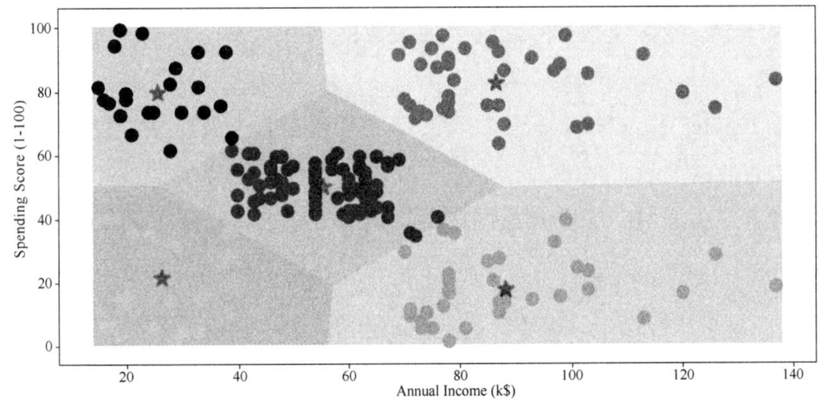

图9.16 对年收入和消费积分进行聚类

从图 9.16 中我们可以看到，K 均值算法根据消费者的年收入和消费积分将消费者分成了 5 个类型。

➢ 左上角代表收入低但消费高的人群，就是所谓的“月光族”。

➢ 右上角代表收入高消费也高的人群，可以称之为“社会精英”。

➢ 左下角代表收入少消费也低的人群，属于“贫困户”。

➢ 右下角代表收入高但消费低的人群，估计就是“理财大户”。

➢ 中间的一簇，收入、消费能力都是中等，按“普通消费者”的标签进行分类就可以。

本章小结

（1）聚类算法是一种无监督学习的算法，它与监督学习的分类和回归算法的主要不同点在于它不需要样本携带标签。

（2）常用的聚类算法有两种，分别是 K 均值算法和 DBSCAN 算法。

（3）K 均值算法是一种迭代求解的算法，它接受一个未标记的数据集，并将每个数据样本聚集到其最近距离均值的类中。

（4）DBSCAN 算法是一种典型的基于密度的聚类算法，它采用空间索引技术来搜索对象的邻域，把所有密度可达的对象组成一个簇。

（5）K 均值算法和 DBSCAN 算法的不同之处在于：K 均值算法基于距离聚类，而 DBSCAN 算法基于密度聚类；K 均值算法需要在开始时就指定聚类的数量，而 DBSCAN 算法不需要。

本章习题

1．思考题

（1）聚类算法的原理和用途是什么？

（2）K 均值算法和 DBSCAN 算法都是聚类算法，它们有什么不同？

（3）思考一个最能体现聚类算法优势的大数据应用例子。

2．操作题

（1）利用 Jupyter Notebook，建立一个 K 均值算法的模型，并对数据集进行聚类分析，做出数据的分类判断。

（2）利用本章所采用的消费者数据集，尝试进行 3 种特征类型的聚类实操演练。

第 10 章

数据降维、特征提取与流形学习

技能目标

- 掌握 PCA 对数据进行降维的方法
- 掌握 PCA 对图像数据进行特征提取的方法
- 了解特征提取对模型准确率的影响
- 掌握流形学习算法 t-SNE 在数据可视化领域的应用

本章任务

学习本章，读者需要完成以下 3 个任务。读者在学习过程中遇到的问题，可以通过访问课工场官网解决。

任务 10.1：使用 PCA 进行数据降维

了解 PCA 的简单原理，对数据进行降维处理，并观察主成分与原始特征的关系。

任务 10.2：使用 PCA 中的数据白化功能进行特征提取

启用 PCA 的数据白化功能，对人脸识别数据集进行特征提取，并通过与原始数据训练的模型准确率的对比，了解特征提取对模型准确率的影响。

任务 10.3：使用 t-SNE 对数据降维并进行可视化

使用手写数字数据集进行试验，通过与 PCA 降维后的可视化效果对比，了解 t-SNE 降维的特点与优势。

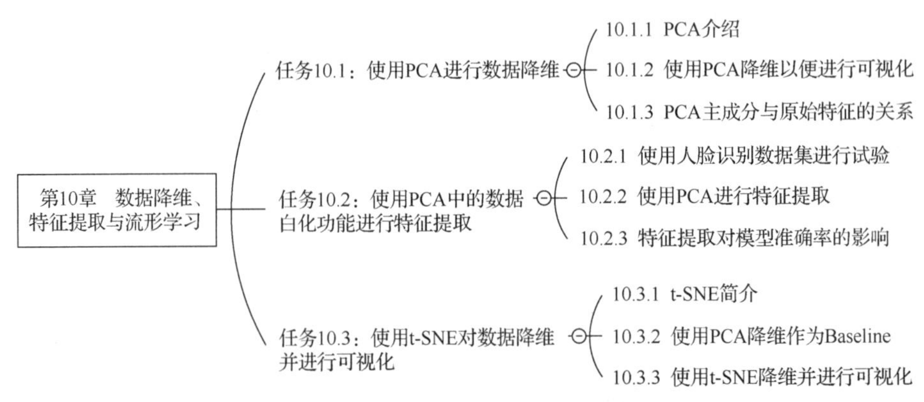

在实际的数据分析中，一些数据集会达到数千维甚至数万维，因此如果不进行数据降维操作，对于机器学习模型来说，训练过程可能会非常缓慢。另外，一些特征之间也会有很强的相关性。例如，一个肿瘤检测数据集中有两个特征，分别是“良性”和“恶性”。很明显，这两个特征是完全互斥的，即如果“良性”的值为 1，则“恶性”的值只能为 0。因此即使删除其中一列，也不会丢失任何信息。在这种情况下，就可以减少维度，降低模型的复杂性。同时，在某些领域中（如图像识别领域），使用数据原始特征可能会使模型的准确率达不到理想的状态，因此会对其进行特征提取以提高模型的准确率。此外，我们经常需要使非专业人士理解数据的含义，因此也常常使用降维的方式，将高维数据降维便于进行可视化展示。

任务 10.1 使用 PCA 进行数据降维

【任务描述】

使用 PCA 对数据进行降维。

【关键步骤】

了解 PCA 的简单原理，掌握使用 PCA 进行数据降维的方法，并了解 PCA 转换的主成分与原始特征的关系。

10.1.1 PCA 介绍

主成分分析（Principal Component Analysis，PCA）是一种常见的数据降维方法。PCA 的原理是，将多个数值型样本特征组合成一组规模较小的特征，它们是原始特征的加权线性组合，所形成的一组特征被称为主成分。主成分可以“解释”原始数据集样本特征的大部分变异性，或者说总变差（total variation），同时降低数据维度。在构建主成分中所使用的权重，体现了原始特征对新的主成分的相对贡献。

举个例子，假如你有一个超小型数据集，其中有两个样本，每个样本具有两个特征 x_1 和 x_2，如果你希望从这些特征中找到两个主成分 $Z_i(i=1,2)$，那么可以使用下面的公式：

$$Z_i=w_{i,1}\cdot x_1+w_{i,2}\cdot x_2$$

在上面的公式中，权重 $w_{i,1}$ 和 $w_{i,2}$ 也被称为成分负载，可用于将原始特征转换为主成分。第一主成分 Z_1 是能够解释样本特征总变差的线性组合，第二主成分 Z_2 解释样本特征剩余的变异性。而 PCA 要做的事情便是计算出 $w_{i,1}$ 和 $w_{i,2}$，并将原始特征转换为主成分。

下面继续使用 make_blobs 手动生成数据集来进行试验，尝试从两个特征中提取一个主成分，输入代码如下：

```
#导入画图工具 Matplotlib
import matplotlib.pyplot as plt
#导入数据集生成工具 make_blobs
from sklearn.datasets import make_blobs
X, y = make_blobs(n_samples=100, centers=2, random_state=38, cluster_
std=3)
#绘制散点图
plt.scatter(X[:,0], X[:,1], c=y, edgecolor = 'k', s=80, cmap = 'autumn')
#显示图形
plt.show()
```

运行代码，得到图 10.1 所示的结果。

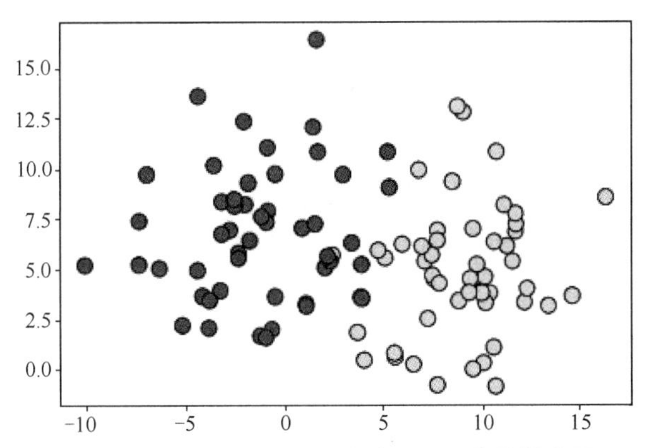

图10.1　使用make_blobs生成的数据集的散点图

如果读者也得到了和图 10.1 类似的图，说明数据集生成成功。你也可以通过调整 random_state 参数生成不完全一致的数据集来进行试验。从图 10.1 中可以看到，生成的数据集有两个维度或者说特征，一个特征体现在横轴上，另一个则是通过纵轴来体现的。

下面尝试使用 PCA 进行数据降维，将两个维度降至一个。输入代码如下：

```
#导入 PCA
from sklearn.decomposition import PCA
#设置主成分数量为 1
pca = PCA(n_components=1)
#拟合手动生成的数据特征 X 并将其转换
pca.fit(X)
```

```
X_pca = pca.transform(X)
#绘制散点图，由于 X_pca 只有一个特征，这里纵轴坐标用 X_pca 减掉自身，也就是 0 来表示
plt.scatter(X_pca,X_pca-X_pca,c=y,  edgecolor  =  'k',  s=80,  cmap  =
'autumn')
#加上网格便于观察
plt.grid(linestyle='-.')
#设置图题
plt.title('PCA')
#显示图形
plt.show()
```

运行代码，得到图 10.2 所示的结果。

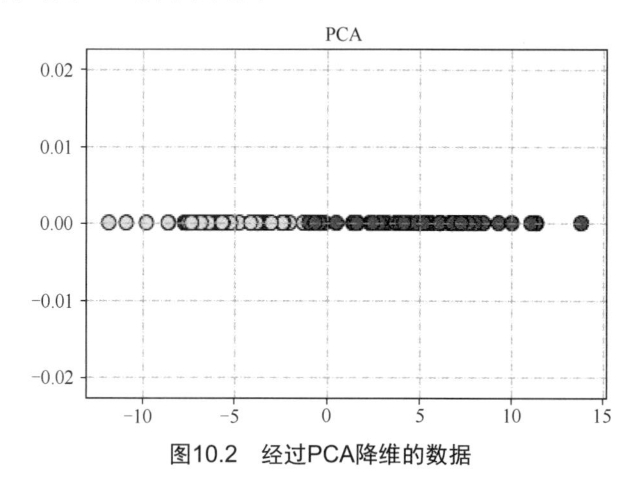

图10.2 经过PCA降维的数据

从图 10.2 中可以看到，本来散布在二维空间中的原始数据（见图 10.1），在使用 PCA 降维之后，散布在 $y=0$ 这条直线上，变成了一维数据。

与此同时，可以使用下面代码来查看 PCA 计算出的两个特征的权重：

```
#查看 PCA 计算出的两个特征的权重
pca.components_
```

运行代码，可以得到以下结果：

```
array([[-0.98979521,  0.14249716]])
```

从以上代码运行结果可以看到，经过 PCA 处理，原始数据中的两个特征的权重分别是-0.99 和 0.14。也就是说，主成分 $Z=-0.99x_1+0.14x_2$。

10.1.2 使用 PCA 降维以便进行可视化

对数据进行降维处理的另一个实际的用途是便于可视化。以鸢尾花数据集为例，原始的数据集中样本均有 4 个特征，而在二维平面上，比较适合展示的是两个特征的数据。因此可以使用 PCA 进行降维，将 4 个特征降至 2 个。读者可以使用下面的代码进行试验：

```
#导入鸢尾花数据集的载入工具
from sklearn.datasets import load_iris
#载入数据集并赋值给 iris
```

```
iris = load_iris()
#分别将数据集的特征和标签赋值给 X 和 y
X = iris.data
y = iris.target
#查看 X 和 y 的形态，检查是否载入成功
X.shape, y.shape
```

运行代码，得到以下结果：

```
((150, 4), (150,))
```

从代码运行结果可以看到，数据集载入成功，其中 X 包含 150 个样本的 4 个特征；相对应地，y 包含 150 个标签。下面使用 PCA 将 4 个特征降维至 2 个，输入代码如下：

```
#设置 PCA 的 n_components 参数为 2
pca2 = PCA(n_components = 2)
#对鸢尾花的样本特征进行降维操作
X_pca2 = pca2.fit_transform(X)
#查看降维结果
X_pca2.shape
```

运行代码，可以得到如下结果：

```
(150, 2)
```

从代码运行结果可以看到，经过 PCA 降维处理后的数据样本数量仍然是 150 个，但特征数量降至 2 个，这样就方便进行数据可视化的操作了。输入代码如下：

```
#使用散点图进行可视化，c=y 表示使用不同颜色代表不同的分类标签
plt.scatter(X_pca2[:,0],X_pca2[:,1],c=y, edgecolor = 'k', s=80, cmap =
'spring')
#加上网格便于观察
plt.grid(linestyle='-.')
#设置图题
plt.title('IRIS decomposited')
#给横、纵轴添加标签
plt.xlabel('component1')
plt.ylabel('component2')
#显示图形
plt.show()
```

运行代码，得到图 10.3 所示的结果。

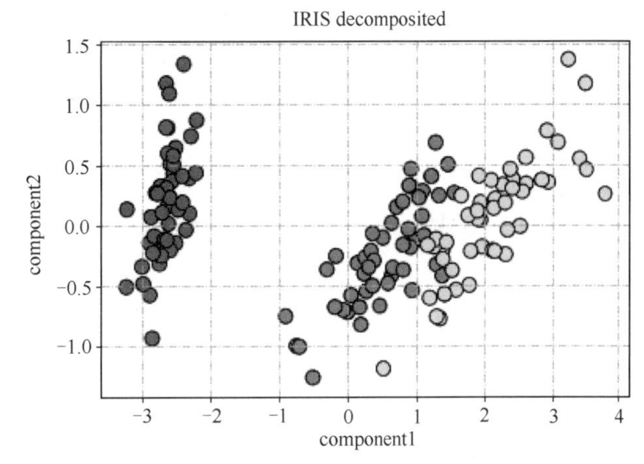

图10.3　经过PCA降维处理的鸢尾花数据集

从图 10.3 中可以看到，原本鸢尾花数据集中的 4 个特征，降维之后只剩下 2 个，这样就很方便进行数据可视化了。

10.1.3 PCA 主成分与原始特征的关系

此刻有些读者可能会有一个新的问题，即经过 PCA 降维后，原始的 4 个特征与 PCA 提取的主成分之间的关系是什么？如果从数学原理上解释，可能需要弄清楚什么是内积和投影。但是，由于我们不打算深入研究数学问题，所以仍然用画图的方法来说明这个问题。使用以下的代码即可进行试验：

```
#使用主成分绘制热度图
plt.matshow(pca2.components_, cmap='summer')
#纵轴对应的是 PCA 提取的主成分
plt.yticks([0,1],['component1','component2'])
#横轴对应的是原始特征
plt.xticks(range(len(iris.feature_names)),iris.feature_names,
           rotation=90,ha='left')
#使用色彩条进行相关性的解释
plt.colorbar()
#显示图形
plt.show()
```

运行代码，得到图 10.4 所示的结果。

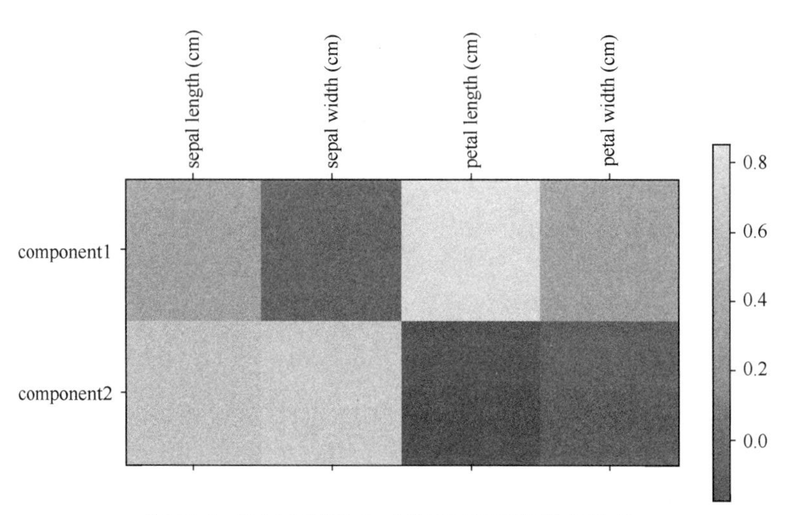

图10.4 PCA提取的主成分与原始特征的相关性

从图 10.4 中可以看到，与主成分 1(component1)最相关的是鸢尾花花瓣的长度(petal length)，而最不相关的是萼片的宽度（sepal width）；主成分 2（component2）恰好相反，最相关的是萼片的宽度，而最不相关的是花瓣的长度。

同样地，仍然可以使用下面的代码查看不同主成分对应的各个特征的权重：

```
#查看鸢尾花数据集的 2 个主成分对应的 4 个原始特征权重
pca2.components_
```

运行代码，可以得到以下结果：

```
array([[ 0.36138659, -0.08452251,  0.85667061,  0.3582892 ],
```

```
       [ 0.65658877,  0.73016143, -0.17337266, -0.07548102]])
```

从上述代码运行结果可知，两个主成分 Z_1 和 Z_2 与 4 个原始特征的关系是：

$Z_1=0.36138659x_1-0.08452251x_2+0.85667061x_3+0.3582892x_4$

$Z_2=0.65658877x_1+0.73016143x_2-0.17337266x_3-0.07548102x_4$

注意

在 scikit-learn 中，PCA 的 n_components 参数不仅可以代表提取的主成分的个数，也可以设置为希望保留的信息的百分比。例如，如果我们希望在降维后保留 80%的原始特征信息，则可以将 n_components 参数设置为 0.8。

任务 10.2　使用 PCA 中的数据白化功能进行特征提取

【任务描述】

对图像数据进行特征提取，用于提高模型准确率。

【关键步骤】

使用 LFW 数据集进行试验，使用 PCA 中的数据白化功能实现特征提取，并对比原始数据与处理后数据对模型准确率的影响。

10.2.1　使用人脸识别数据集进行试验

实际上，除了数据降维之外，PCA 的另一个应用方向就是特征提取。特征提取的原理是，试图找到比样本的原始特征更适合进行分析的数据。最常见的应用场景之一便是图像分析。图像由像素组成，在计算机中通常以红色、绿色和蓝色色值（RGB）的形式进行存储。往往数千个甚至数十万个像素组合在一起，才成为人类可以查看的图像。

在接下来的内容中，我们会使用一个小型图像数据集来进行特征提取的试验。这个数据集的名字叫作 LFW（labled faces in the wild）数据集。它是目前人脸识别的常用数据集。由于其提供的人脸图像均来源于生活中的自然场景，因此识别难度是比较高的，尤其是受姿态、光照、表情、年龄、遮挡等因素的影响，导致即使同一人的图像差别也很大。由于有些图像中可能不止出现一个人脸，所以仅选择中心坐标的人脸作为目标，其他区域则视为背景干扰。LFW 数据集共有 13233 幅人脸图像，每幅图像均给出对应的人名。目前，LFW 数据集性能测评已经成为人脸识别算法性能的一个重要指标。

下面使用 LFW 数据集进行试验，输入代码如下：

```
#导入数据集获取工具
from sklearn.datasets import fetch_lfw_people
```

```
import matplotlib.pyplot as plt
#下面两行代码是为了取消证书验证，避免出现报错 SSL: CERTIFICATE_VERIFY_FAILED
import ssl
ssl._create_default_https_context = ssl._create_unverified_context
#载入人脸数据集，在数据集中至少保留有 30 幅图像的人物
faces = fetch_lfw_people(min_faces_per_person=30)
#确保图像的大小都是一致的
image_shape = faces.images[0].shape
#设置图像显示区域为 3 行 3 列，大小为 9×9，并且去掉横轴和纵轴的刻度
fig, axes = plt.subplots(3,3,figsize=(9,9),
                                subplot_kw={'xticks':(),'yticks':()})
#遍历数据集中的人物姓名和图像，并依次显示
for target,image,ax in zip(faces.target,faces.images,axes.ravel()):
    ax.imshow(image)
    #使人物姓名出现在对应的图像上方
    ax.set_title(faces.target_names[target])
#显示图像
plt.show()
```

运行代码，可以得到人脸识别数据集的结果。

下面通过代码来看看数据的全览：

```
#查看样本特征情况
print("样本特征情况: {}".format(faces.images.shape))
#查看样本数量
print("人物数量: {}".format(len(faces.target_names)))
```

运行代码，可以得到以下结果：

```
样本特征情况: (2370, 62, 47)
人物数量: 34
```

从以上代码运行结果可以看到，这个数据集共有 2370 个样本，每个样本是 62 像素×47 像素的图像，也就是说样本的特征数量是 62×47=2914 个，这些图像分别来自 34 个人物。

注意

如果读者在载入数据时，使用的 min_faces_per_person 参数与此处设置得不同，则上述代码运行结果也会有所差异，这是正常的。

10.2.2 使用 PCA 进行特征提取

其实，在原始的像素空间中计算距离并不是一种特别好的测量人脸相似度的方法。这是因为当使用像素来比较两个图像时，我们会将每个单独像素的灰度值与另一个图像中对应位置的值进行比较。这种方式与人类对面部图像的解读方式有很大不同，使用这

种原始表征很难捕捉面部特征。举个例子，如果我们把面部图像向左或者向右移动一个像素，则其特征数据和原始数据就完全不同了。所以我们更倾向于使用主成分的分布，以便提高模型的精度。在实际应用中，可以使用 PCA 的数据白化功能，这个功能会将 PCA 提取的主成分重新缩放为和原始特征比例相同的数据，实现特征提取。

读者可以使用下面的代码来实际操作启动 PCA 数据白化功能，进行特征提取：

```
#导入数据集拆分工具
from sklearn.model_selection import train_test_split
#将图像数据和分类标签赋值给 X_faces 和 y_faces
#这里把图像的灰度数据除以 255，以便让数据的量纲在 0～1
X_faces = faces.data/255
y_faces = faces.target
#使用数据集拆分工具拆分出训练集与验证集
#这里指定了 stratify 参数为 y_faces，意为拆分时以 y_faces 为分类标签
X_ftrain, X_ftest, y_ftrain, y_ftest = train_test_split(X_faces, y_faces,
stratify = y_faces, random_state = 0)
#创建一个 PCA 实例，令主成分数量为 100，并使用 whiten 参数开启数据白化功能
#使用该 PCA 实例拟合训练集
pca = PCA(n_components=100, whiten=True, random_state=0).fit(X_ftrain)
#对训练集与验证集的特征进行转换
X_ftrain_pca = pca.transform(X_ftrain)
X_ftest_pca = pca.transform(X_ftest)
#查看数据白化后的样本特征
print("进行数据白化后的样本特征：{}".format(X_ftrain_pca.shape))
```

运行代码，得到以下结果：

```
进行数据白化后的样本特征：(1777, 100)
```

从以上代码运行结果可以看到，训练集中有 1777 个样本，经过 PCA 处理，每个样本的特征数量为 100，比原始数据的 2914 个特征减少了很多。

如果读者想知道 PCA 处理后的特征是什么样子，可以使用下面的代码将 PCA 提取的主成分还原成图像并查看：

```
#设置绘图区域为 3 行 3 列，大小为 9×9 像素，去掉横轴和纵轴刻度
fix, axes = plt.subplots(3, 3, figsize=(9, 9), subplot_kw={'xticks': (),
'yticks': ()})
#遍历 PCA 提取的主成分，并以原始数据的形态进行绘图
for i, (component, ax) in enumerate(zip(pca.components_, axes.ravel())):
        ax.imshow(component.reshape(image_shape))
        #设置每幅图像的图题为 i.component
        ax.set_title("{}.component ".format((i + 1)))
#将图像进行展示
plt.show()
```

运行代码，得到图 10.5 所示的结果。

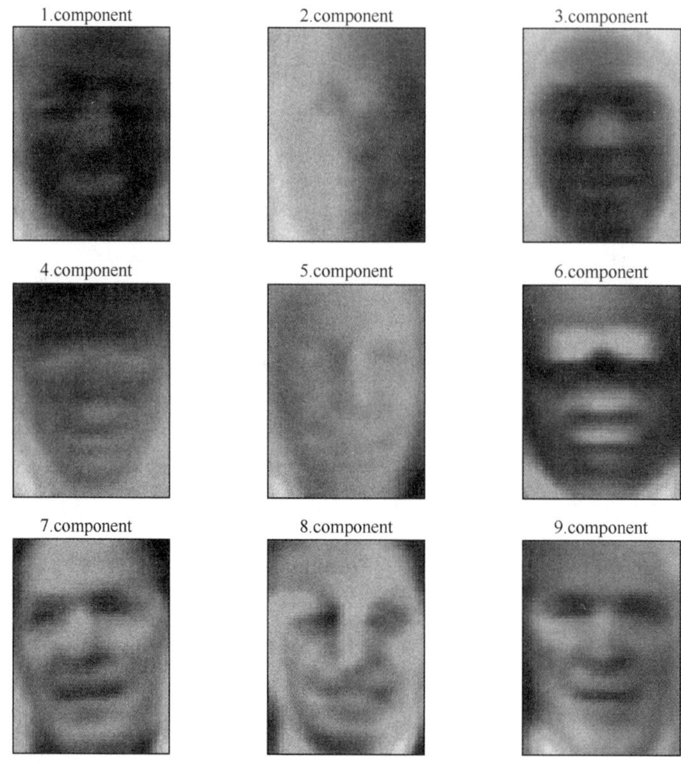

图10.5　经过PCA处理的人脸图像

可以发现图 10.5 像是使用像素非常低的摄像头拍出来的图像，看起来非常模糊，而且丢失了很多细节。对于图像数据来说，算法感知的方式和人类是完全不同的，前者主要突出面部和背景之间的对比度，后者则更突出面部左、右半部分之间的照明差异。虽然这种表示比原始像素值看起来更合理一些，但它和人类识别人脸的方式仍有相当大的差别——毕竟我们不会在像素级别去判断一个人是张三还是李四。

10.2.3　特征提取对模型准确率的影响

经过 PCA 特征提取之后的数据对模型的准确率有怎样的影响呢？下面我们以支持向量机为例，分别使用原始数据和经过 PCA 特征提取之后的数据训练模型，并使用验证集来评估模型的准确率。

首先使用原始数据进行训练，输入代码如下：

```
#导入支持向量机分类器
from sklearn.svm import SVC
#创建一个分类器实例，参数保持默认
svc = SVC()
#使用原始训练集训练模型
svc.fit(X_ftrain, y_ftrain)
#使用验证集评估准确率
print('原始数据训练的模型准确率：{:.2f}'.format(svc.score(X_ftest, y_ftest)))
```

运行代码，得到如下结果：

```
原始数据训练的模型准确率：0.22
```

从代码运行结果来看，使用原始数据训练的支持向量机模型准确率并不高，仅有22%，这并不是一个令人满意的分数。下面使用经过 PCA 特征提取之后的数据集，训练一个同样参数的支持向量机模型，看看是否对准确率有明显的影响。输入代码如下：

```
#创建另一个支持向量机分类器，同样保持默认参数
svc2 = SVC()
#使用经特征提取的数据训练模型
svc2.fit(X_ftrain_pca, y_ftrain)
#查看模型准确率
print('经过特征提取后的数据训练的模型准确率：{:.2f}'.format(svc2.score(X_ftest_pca, y_ftest)))
```

运行代码，得到以下结果：

```
经过特征提取后的数据训练的模型准确率：0.59
```

从上面的代码运行结果可以看到，使用经过 PCA 特征提取之后的数据集，训练出的模型准确率提高到了 59%。虽然这个分数也谈不上有多高，但是与使用原始数据集训练的模型相比，其准确率还是大幅提高了。这至少说明，使用 PCA 对人脸识别数据集进行特征提取，有助于提高支持向量机模型的准确率。

任务 10.3　使用 t-SNE 对数据降维并进行可视化

【任务描述】

掌握使用流形学习算法 t-SNE 进行数据降维，以便进行数据可视化。

【关键步骤】

了解 t-SNE 的简单原理以及与 PCA 的区别，并通过与 PCA 降维并进行可视化的效果对比，直观了解 t-SNE 的优势。

10.3.1　t-SNE 简介

在前文中，我们着重介绍了 PCA 的使用。可以说，PCA 是在学习数据降维或特征提取中必须掌握的方法之一——PCA 不仅在图像分析等领域的应用十分活跃，同时由于它可以将高维数据降至二维，也方便进行数据的可视化。但是，PCA 也有它的局限性，因为它会将原始数据进行旋转并且丢弃数据的方向信息，这样一来，有些原始数据中包含的信息就会被剔除。因此，当对某些需要保留方向信息的数据进行处理时，会考虑使用另外一种允许进行更复杂映射的算法——流形学习算法（Manifold Learning），如接下来要介绍的 t-SNE 算法。

t-SNE 的中心思想是：找到数据的二维表示，并尽可能保持数据点之间的距离。t-SNE

首先对每个数据点进行随机二维表示，然后尝试使原始特征空间中距离较近的点更近，使原始特征空间中距离较远的点更远。t-SNE 更强调距离较近的点，换句话说，它试图保存指示哪些点彼此相邻的信息。

在实际应用中，流形学习算法最常用的场景之一是对高维数据进行降维，以便进行可视化展示，所以一般都会用来将数据集特征降为 2 个特征。需要强调的是，t-SNE 算法只会对已有数据进行新的表示，不支持对新数据进行转换。也就是说，流形学习算法可用于探索性的数据分析，一般不会用来帮助进行监督学习的模型训练。原因是这些算法只能转换训练集数据，不能应用于验证集中。

10.3.2 使用 PCA 降维作为 Baseline

同样地，可以使用可视化的方法来直观感受 PCA 和 t-SNE 算法的区别。这里使用到的数据集是 scikite-learn 中的手写识别数据集。首先使用下面的代码加载数据集：

```
#导入手写识别数据集载入模块
from sklearn.datasets import load_digits
#创建数据集
digits = load_digits()
#查看数据集样本数量及特征数量
digits.data.shape
```

运行代码，可以得到以下结果：

```
(1797, 64)
```

从代码运行结果中得知，该数据集有 1797 个样本，每个样本有 64 个特征——这是因为数据集中存储的是 8 像素×8 像素的灰度图，全部为手写的 0～9 的阿拉伯数字。使用下面的代码可以从整体观察图像的样式：

```
#设置绘图区域格式，并去掉横、纵轴刻度
fig, axes = plt.subplots(5, 2, figsize=(5,
10), subplot_kw={'xticks':(), 'yticks': ()})
#遍历样本，并显示图像
for ax, img in zip(axes.ravel(), digits.
images):
    ax.imshow(img, cmap = 'Greys')
#将图像进行展示
plt.show()
```

运行代码，得到图 10.6 所示的结果。

由于数据集中存储的图像样本只有 8 像素×8 像素，所以放大显示之后会看起来非常模糊且有明显的像素感。但从图 10.6 中还是可以明显看出 0～9 数字的大致形状。

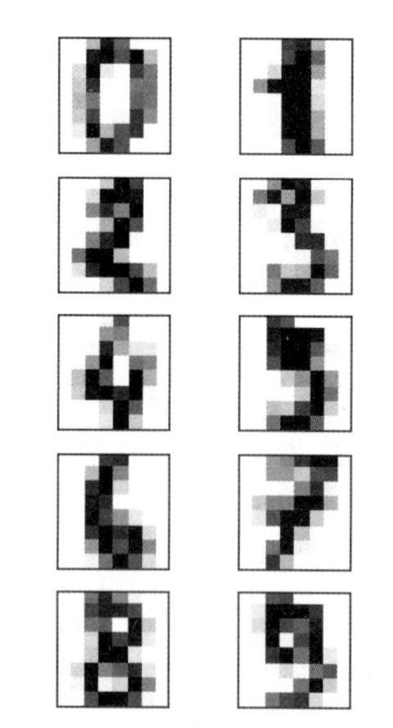

图10.6 手写识别数据集中存储的图像

下面先用 PCA 将样本的 64 个特征降维至 2，以便在二维坐标系中进行可视化，输入代码如下：

```
#创建一个 PCA 模型，设置主成分数量为 2 以便可视化
pca_dg = PCA(n_components=2)
#拟合原始数据集中的数据
pca_dg.fit(digits.data)
#对原始数据进行转换
digits_pca = pca_dg.transform(digits.data)
#定义一个颜色列表
colors = ["#476E2B", "#7851A8", "#BD3440", "#5A2D4E", "#879525",
"#A83793", "#4B655E", "#852642", "#3A3111", "#535B8A"]
#设置绘图区域的大小
plt.figure(figsize=(9, 9))
#控制横轴和纵轴的最大刻度
plt.xlim(digits_pca[:, 0].min(), digits_pca[:, 0].max()+5)
plt.ylim(digits_pca[:, 1].min(), digits_pca[:, 1].max()+5)
#遍历数据集中的样本，并使用文本的形式进行可视化
for i in range(len(digits.data)):
            # actually plot the digits as text instead of using scatter
        plt.text(digits_pca[i, 0], digits_pca[i, 1], str(digits.target[i]),
color = colors[digits.target[i]],
        fontdict={'weight': 'bold', 'size': 9})
#设定横、纵轴的标签
plt.xlabel("component 1")
plt.ylabel("component 2")
#显示图形
plt.show()
```

运行代码，得到图 10.7 所示的结果。

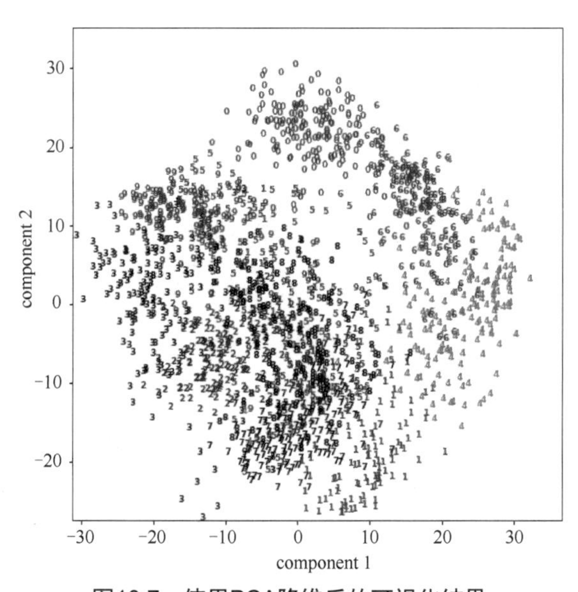

图10.7　使用PCA降维后的可视化结果

从图 10.7 中可以看到，虽然经过 PCA 降维处理之后，已经可以将 64 维数据在二维空间中进行展示，但是效果十分不理想——大部分样本都重叠在了一起，不能清晰地从图形中区分出来。造成这种情况发生的原因，就如同前文所说，PCA 丢弃了特征数据中的方向信息，以至于无法在新的主成分中体现样本在空间中的距离。

10.3.3 使用 t-SNE 降维并进行可视化

为了解决这个问题，我们尝试使用 t-SNE 算法进行同样的试验。输入代码如下：

```
#导入 t-SNE 模块
from sklearn.manifold import TSNE
#创建一个 t-SNE 模型
tsne = TSNE(random_state=42)
#使用 t-SNE 拟合并转换原始数据
digits_tsne = tsne.fit_transform(digits.data)
#设置绘图区域的大小
plt.figure(figsize=(9, 9))
#设置图形的横、纵轴的最大刻度
plt.xlim(digits_tsne[:, 0].min(), digits_tsne[:, 0].max() + 5)
plt.ylim(digits_tsne[:, 1].min(), digits_tsne[:, 1].max() + 5)
#遍历数据集中的样本
for i in range(len(digits.data)):
        #使用文本的形式对样本的分布进行绘制
        plt.text(digits_tsne[i, 0], digits_tsne[i, 1], str(digits.target[i]),
color = colors[digits.target[i]],
                       fontdict={'weight': 'bold', 'size': 9})
#设定横、纵轴标签
plt.xlabel("t-SNE feature 0")
plt.ylabel("t-SNE feature 1")
#显示图形
plt.show()
```

运行代码，可以得到图 10.8 所示的结果。

将图 10.8 与图 10.7 进行对比，可以发现经过 t-SNE 处理的数据可视化结果要好很多。可以看到，基本上大部分数字都按照其分类被放置在了相对集中的区域。数字 1 和数字 9 稍微有一些分散，但整体的效果还是可圈可点的。需要强调的是，t-SNE 是一种无监督学习算法，从上面的代码中可以看到，t-SNE 并没有使用数据集的分类标签，它是根据样本之间的距离对样本进行分隔的。

可能有的读者会说，使用 t-SNE 对手写数字识别数据集进行可视化似乎并没有太大的实际意义。实际上我们可以考虑这样的场景：假设你是一个零售企业中的运营数据分析师，公司的首席运营官希望你能够告诉他，你们的客户有哪些类型。汇报时使用可视化的方法会更容易让人理解。但公司客户数据可能包含很多维度，如“年龄”“性别”“收入”“订单数”“累计购买金额”等。这时，你就可以考虑使用 t-SNE 算法，将客户数据降至二维，并将其分簇进行展示。同时，可以结合聚类算法，为其“打上”不同的标签，这也是我们常说的“用户画像”。

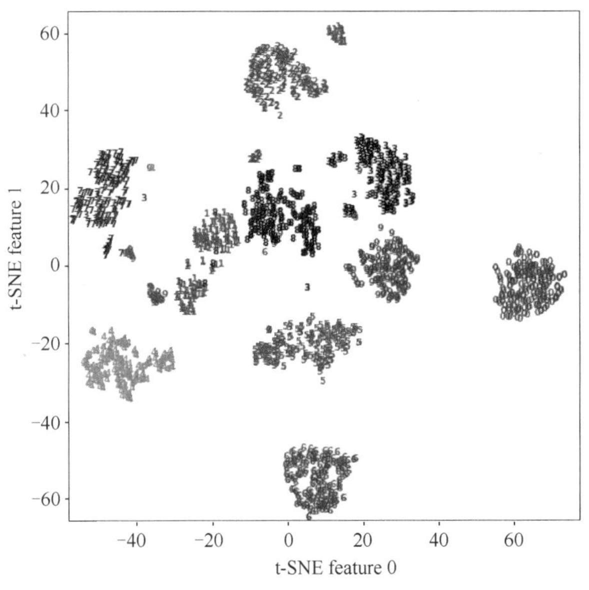

图10.8　使用t-SNE降维后的可视化结果

本章小结

（1）PCA 可以用于数据降维和特征提取。

（2）当数据维度较高时，使用数据降维有助于进行可视化展示。

（3）在图像识别领域，有时进行特征提取处理可以提高模型准确率。

（4）t-SNE 算法会考虑样本间的距离，因此对于需要对样本进行分隔的可视化场景其更加适用。

本章习题

操作题

（1）使用 scikit-learn 内置的任意一个用于分类的数据集，用 PCA 进行降维，并将处理后的数据进行可视化展示。

（2）使用本章中的人脸识别数据集，尝试调整 PCA 的 n_components 参数进行特征提取，并训练分类模型，观察不同 n_components 参数设置对模型准确率的影响。

（3）使用 scikit-learn 内置的任意一个用于分类的数据集，使用 t-SNE 算法进行降维，并将处理后的数据进行可视化展示。

第11章

模型选择、优化及评估

技能目标

- 掌握交叉验证方法对模型进行评估
- 掌握网格搜索法寻找模型的最优参数
- 掌握模型的不同评价标准

本章任务

学习本章，读者需要完成以下3个任务。读者在学习过程中遇到的问题，可以通过访问课工场官网解决。

任务11.1：掌握交叉验证方法对模型进行评估

交叉验证法是一种常用的对模型泛化性能进行评估的方法。本任务将学习如何使用交叉验证法对模型进行评估。

任务11.2：掌握网格搜索法寻找模型的最优参数

对使用网格搜索法寻找模型最优参数进行学习和了解。

任务11.3：掌握模型的不同评价标准

对模型准确率的评估是模型优化的依据。本任务学习几种对模型准确率评估的方法。

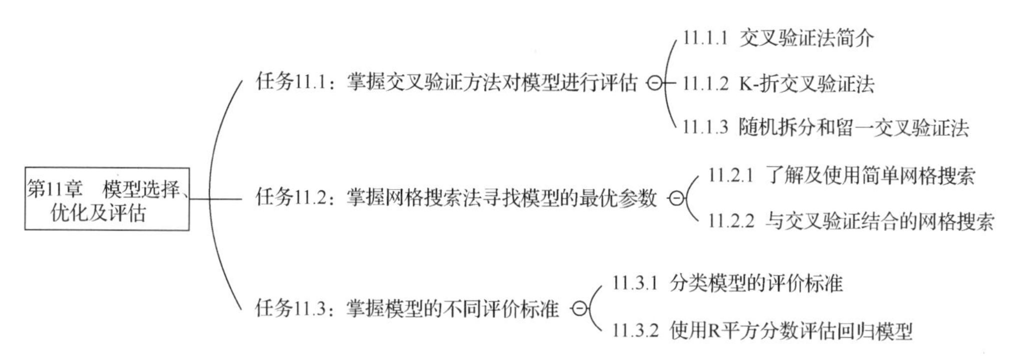

在机器学习过程中，有读者对训练出来的模型会有这样的疑问：针对某一个数据集，使用不同算法训练的模型表现如何？此外，我们应该如何调整模型的参数，让它们的表现达到最佳？

在人工智能领域，模型评估和参数调节的方法是机器学习过程中必备的知识之一。本章主要探讨交叉验证法对模型进行评估、网格搜索法优化模型参数、模型准确率的不同评估方法，以及回归模型的 R 平方分数。这些方法都可以帮助我们对模型进行评估并且找到较优的参数。

任务 11.1 掌握交叉验证方法对模型进行评估

【任务描述】

学习使用交叉验证法对模型进行评估。

【关键步骤】

（1）交叉验证法简介。

（2）K-折交叉验证法（K-fold cross validation algorithm）的学习和使用。

（3）使用随机拆分交叉验证法（shuffle-split cross-validation）、留一交叉验证法（leave-one-out）对模型进行评估。

11.1.1 交叉验证法简介

在前文的学习过程中，我们使用 scikit-learn 中的 train_test_split 将数据集拆分成训练集和验证集，然后使用训练集来训练模型，再用验证集对模型进行评分，最后评估模型的准确率。除了这种方法之外，我们还可以用交叉验证法（cross validation）来验证模型的表现。

在统计学中，交叉验证法是一种普遍使用的、对模型泛化性能进行评估的方法。与 train_test_split 的不同之处在于，交叉验证法是一种更能够充分评估模型泛化性能的方式。它将数据集反复地拆分，多次训练模型，并将每次模型的得分进行加和平均，以此提高模型的泛化性能。

本章对交叉验证法中常用的 3 种方法进行介绍，分别是：K-折交叉验证法、随机拆分交叉验证法、留一交叉验证法。

11.1.2 K-折交叉验证法

1. K-折交叉验证法简介

K-折交叉验证法是 scikit-learn 中内置默认的交叉验证法。这种方法比较容易理解，它将数据集拆分成 *k* 个部分，再对模型进行 *k* 次训练和评分。例如，设 *k*=5，则数据集被拆分成 5 个子集，其中第 1 个子集作为验证集，另外 4 个子集作为训练集用来训练模型，然后用第 2 个子集作为验证集，而另外 4 个子集用来训练模型。循环进行上述步骤，直到 5 个数据子集都被当成过验证集，这样将建立 5 个模型。这 5 个模型分别在验证集中的评分经加和平均后，就可得到交叉验证的结果。交叉验证法对有限的样本数据进行有效利用，其评估结果能够尽可能接近模型在验证集上的表现，经常作为模型优化的指标来使用。

2. 使用 K-折交叉验证法评估模型

这里使用 scikit-learn 库中的鸢尾花数据集进行 K-折交叉验证法的操作演示，在 Jupyter Notebook 中输入代码如下：

```
#导入鸢尾花数据集
from sklearn.datasets import load_iris
#导入交叉验证工具
from sklearn.model_selection import cross_val_score
#导入用于分类的支持向量机模型
from sklearn.svm import SVC
#载入鸢尾花数据集
iris = load_iris()
#设置 SVC 的核函数为 linear
svc = SVC(kernel='linear')
#使用交叉验证法对 SVC 进行评分
scores = cross_val_score(svc, iris.data, iris.target)
#输出结果
print('SVC 的交叉验证得分：{}'.format(scores))
```

运行代码，结果如下：

```
SVC 的交叉验证得分：[1.         0.96078431 0.97916667]
```

在以上代码中，我们先导入了 scikit_learn 的交叉验证评分类，然后使用 SVC 对数据集进行分类。在默认情况下，cross_val_score 会使用 3 个折叠。因此，我们会得到 3 个分数，分别是 1、0.96、0.98。

一般情况下，我们使用 3 个得分的平均分来计算模型的最终得分，可以通过如下代码来计算平均分：

```
#使用 scores.mean()来获得分数平均值
```

```
print('SVC 的交叉验证平均分：{:.3f}'.format(scores.mean()))
```

运行代码，得到结果如下：

```
SVC 的交叉验证平均分：0.980
```

结果显示，在鸢尾花的数据集中，交叉验证法进行的评分为 0.98，是一个非常不错的分数。

如果我们希望能够将数据集拆分成任意部分来评分，只需要修改 cross_val_score 的 cv 参数，如修改 cv 参数为 8 个，输入代码如下：

```
#设置 cv 参数为 8
scores_8 = cross_val_score(svc, iris.data, iris.target, cv=8)
#输出结果
print(' cv 参数为 8 的交叉验证得分：\n{}'.format(scores_8))
```

运行代码，结果显示 8 个分数，如下：

```
cv 参数为 8 的交叉验证得分：
[0.95238095 1.1.0.88888889 1.0.944444441.1.]
```

接下来可以使用 scores.mean()来获得分数平均值，输入代码如下：

```
#计算 cv 参数为 8 的交叉验证平均分
print('cv 参数为 8 的交叉验证平均分：{:.3f}'.format(scores.mean()))
```

运行代码，我们会得到结果如下：

```
cv 参数为 8 的交叉验证平均分：0.973
```

结果显示，交叉验证法给出的模型平均分为 0.97，这个模型的分数依然是很不错的。需要说明的是，在 scikit-learn 中，cross_val_score 对于分类模型默认使用的是 K-折交叉验证，而针对非平衡数据，其抽样方法则使用分层 K-折交叉验证法。

要解释清楚什么是分层 K-折交叉验证法，我们需要先分析鸢尾花的数据集，我们使用下面的代码来看看鸢尾花的分类标签：

```
#输出鸢尾花数据集的分类标签
print('鸢尾花的分类标签:\n{}'.format(iris.target))
```

运行代码，可以看到鸢尾花数据集全部的分类标签如下：

```
鸢尾花的分类标签：
 [0 0 0 0 0 0 0 0 0 0 0 0 0 0 0 0 0 0 0 0 0 0 0 0 0 0 0 0 0 0 0 0 0 0 0 0 0
0 0 0 0 0 0 0 0 0 0 0 0 0 1 1 1 1 1 1 1 1 1 1 1 1 1 1 1 1 1 1 1 1 1 1 1 1
1 1 1 1 1 1 1 1 1 1 1 1 1 1 1 1 1 1 1 1 1 1 1 1 1 1 2 2 2 2 2 2 2 2 2 2 2 2 2
2 2 2 2 2 2 2 2 2 2 2 2 2 2 2 2 2 2 2 2 2 2 2 2 2 2 2 2 2 2 2 2 2 2 2 2]
```

从结果中可以看出，如果用不分层的 K-折交叉验证法，在拆分数据集的时候，很可能每个子集中都是同一个标签，这样模型评分都不会太高。分层的 K-折交叉验证法的优势在于，它会在每个不同分类中进行拆分，确保每个子集中都有数量基本一致的不同分类标签。举例来说，如果一个以车辆种类分类的数据集，其中有 60%是“大货车”，只有 40%是“小轿车”，分层的 K-折交叉验证法会保证在车辆类型数据集的每个子集中都有 60%的大货车，其余 40%是小轿车。

11.1.3 随机拆分和留一交叉验证法

接下来，我们继续了解其他两种交叉验证的方法，一种是随机拆分交叉验证法，另一种是留一交叉验证法。

1. *随机拆分交叉验证法*

随机拆分交叉验证法的原理是：先从数据集中随机抽取一部分数据作为训练集，再从剩余的数据集中随机抽取一部分作为验证集，进行评分后再迭代，重复上一部分的动作，直到把我们希望迭代的次数全部“跑”完。与K-折交叉验证法相比，随机拆分交叉验证法对数据集的拆分更具有随机性——K-折交叉验证法是将数据集平均地拆分为 k 个子集，而随机拆分交叉验证法是从数据集中按照指定的比例抽取若干个样本作为训练集和验证集，并按照指定的次数重复进行上述的步骤。

为了让读者掌握随机拆分交叉验证的用法，我们还是使用 scikit-learn 库中的鸢尾花数据集来进行试验，在 Jupyter Notebook 中输入代码如下：

```
#导入随机拆分工具
from sklearn.model_selection import ShuffleSplit
#设置拆分的份数为 8
shuffle_split = ShuffleSplit(test_size=.3, train_size=.7,n_splits = 8)
#对拆分好的数据集进行交叉验证
scores = cross_val_score(svc, iris.data, iris.target, cv=shuffle_split)
#输出交叉验证得分
print('拆分为 8 个子集的随机拆分交叉验证模型得分：\n{}'.format(scores))
```

从代码中我们可以看到，把每次迭代的验证集设置为数据集的 30%，而训练集设置为数据集的 70%，并且把整个数据集拆分成 8 个子集。运行代码，结果如下：

```
拆分为 8 个子集的随机拆分交叉验证模型得分：
[0.97777778 0.95555556 0.97777778 1. 0.91111111 0.97777778 0.97777778 1.]
```

结果显示，ShuffleSplit 一共为 SVC 模型进行了 8 次评分，模型最终的得分即为这 8 个分数的平均值。输入如下代码计算平均值：

```
#计算拆分为 8 个子集的随机交叉验证平均分
print('拆分为 8 个子集的随机交叉验证平均分：{:.3f}'.format(scores.mean()))
```

运行代码，结果如下：

```
拆分为 8 个子集的随机交叉验证平均分：0.972
```

从代码运行结果来看，使用随机差分交叉验证法进行评估，模型的准确率也是非常不错的，基本和K-折交叉验证法所进行的评分基本持平。

2. *留一交叉验证法*

留一交叉验证法的原理有点像K-折交叉验证法，所不同的是，它把每一个数据点都当成一个验证集，所以数据集里有多少样本，它就要迭代多少次，对每一个数据点都要进行验证，因此它被“戏称”为“挨个儿试试”法。在数据集大的情况下，这个方法还是非常耗时的；但是如果数据集比较小，它的评分准确率还是比较高的。下面我们依然用鸢尾花数据集来进行试验，在 Jupyter Notebook 中输入代码如下：

```
#导入 LeaveOneOut
from sklearn.model_selection import LeaveOneOut
#设置 cv 参数为 LeaveOneOut
loo = LeaveOneOut()
#重新进行交叉验证
scores = cross_val_score(svc, iris.data, iris.target, cv=loo)
#输出迭代次数
print('LeaveOneOut 的迭代次数:{}'.format(len(scores)))
#输出评分结果
print("LeaveOneOut 模型平均分：{}".format(scores.mean()))
```

运行代码，会得到如下的结果：

```
LeaveOneOut 的迭代次数:150
LeaveOneOut 模型平均分：0.98
```

通过这个结果，我们可以发现，LeaveOneOut 忠实地执行了刚才所说的操作，对鸢尾花数据集中所有 150 个样本均进行了验证，迭代了 150 次，最后给出评分为 0.98，这个分数也是很高的。

任务 11.2　掌握网格搜索法寻找模型的最优参数

【任务描述】

掌握网格搜索法寻找模型的最优参数。

【关键步骤】

（1）了解及使用简单网格搜索。

（2）了解及使用与交叉验证结合的网格搜索。

11.2.1　了解及使用简单网格搜索

在前文中提到了很多不同的算法，也了解到各种算法模型中都有各自比较重要的参数。在大数据项目实施或者进行研究及试验的时候，经常会手动逐个尝试不同的参数对模型泛化表现的影响。这种方法虽然比较有效，但是人工调整比较烦琐，本小节中要介绍的网格搜索法，让人工调整的过程通过计算机来解决，一次找到相对更优的参数设置。

1. 简单网格搜索原理

在前文介绍了套索回归算法，这里以它为例，演示网格搜索对模型调优。在套索回归算法中，有两个参数比较重要，一个是正则化系数 alpha，另外一个是最大迭代次数 max_iter。在默认的情况下，alpha 的取值是 1.0，而 max_iter 的默认值是 1000。可以分别调整 alpha、max_iter 值对模型进行调优。如果人工进行参数调整，调整次数是很多的。例如，当 alpha 分别取 0.01、0.1、1.0、10.0 这 4 个数值，而 max_iter 分别取 100、1000、5000、10000 这 4 个数值时，手动调整参数来验证模型，调整次数分别如下：

```
max_iter=100，alpha=0.01，调整次数=1；
max_iter=100，alpha=0.1，调整次数=2；
max_iter=100，alpha=1.0，调整次数=3；
max_iter=100，alpha=10.0，调整次数=4；
max_iter=1000，alpha=0.01，调整次数=5；
max_iter=1000，alpha=0.1，调整次数=6；
max_iter=1000，alpha=1.0，调整次数=7；
max_iter=1000，alpha=10.0，调整次数=8；
…
max_iter=10000，alpha=1.0，调整次数=15；
max_iter=10000，alpha=10.0，调整次数=16；
```

全部验证完毕，需要手动调整 16 次，还是比较烦琐的。

2. *用网格搜索对模型进行调优*

下面我们仍然以鸢尾花数据集为例，用网格搜索的方法一次找到模型评分最高的参数。在 Jupyter Notebook 中输入代码如下：

```
#导入数据集拆分工具
from sklearn.model_selection import train_test_split
#导入套索回归模型
from sklearn.linear_model import Lasso
#导入鸢尾花数据集
from sklearn.datasets import load_iris
#载入鸢尾花数据集
iris = load_iris()
#将数据集拆分为训练集与验证集
X_train, X_test, y_train, y_test=train_test_split(iris.data,
iris.target, random_state=24)
#设置初始分数为 0
best_score = 0
#设置 alpha 参数遍历 0.01、0.1、1 和 10
for alpha in [0.01,0.1,1.0,10.0]:
#最大迭代数遍历 100、1000、5000 和 10000
    for max_iter in [100,1000,5000,10000]:
        lasso = Lasso(alpha=alpha,max_iter=max_iter)
#训练套索回归模型
        lasso.fit(X_train, y_train)
        score = lasso.score(X_test, y_test)
#设最佳分数为所有分数中的最高值
        if score > best_score:
            best_score = score
#定义字典，返回最佳参数和最大迭代次数
```

```
                best_parameters={'alpha':alpha,'最大迭代次数max_iter':max_
iter}
    #输出结果
    print("套索回归模型最高分为：{:.3f}".format(best_score))
    print('套索回归模型的最佳参数为：{}'.format(best_parameters))
```

以上代码中使用了 for 循环语句，使套索回归模型遍历 16 种参数设置，并找出最高分和对应的参数。运行代码，结果如下：

```
套索回归模型最高分为：0.943
套索回归模型的最佳参数为：{'alpha':0.01, '最大迭代次数max_iter': 100}
```

上述结果显示，使用网格搜索法，我们快速找到了模型的最高分为 0.94，以及模型得分最高的参数：alpha 值为 0.01，最大迭代次数 max_iter 为 100。这样省去了不断手动调整参数进行验证的过程。

11.2.2　与交叉验证结合的网格搜索

在任务 11.1 中所介绍的交叉验证法，通过将原始数据集拆分多次，生成多个不同的训练集与验证集，然后在里面找到最优的模型得分。如果将交叉验证法与网格搜索法结合，会不会发挥更大的功效呢？下面我们仍然使用鸢尾花数据集，来试验如何将交叉验证法与网格搜索法结合起来找到模型的最优参数。输入代码如下：

```
#导入NumPy
import numpy as np
#导入交叉验证工具
from sklearn.model_selection import cross_val_score
best_score = 0
for alpha in [0.01,0.1,1.0,10.0]:
     for max_iter in [100,1000,5000,10000]:
#训练套索回归模型
      lasso = Lasso(alpha=alpha,max_iter=max_iter)
#使用交叉验证进行评分
      scores = cross_val_score(lasso, X_train, y_train, cv=5)
      score = np.mean(scores)
      if score > best_score:
           best_score = score
          best_parameters={'alpha':alpha, '最大迭代数':max_iter}
#输出结果
print("模型交叉验证最高分为：{:.3f}".format(best_score))
print('交叉验证最佳参数设置：{}'.format(best_parameters))
```

运行代码，我们可以得到结果如下：

```
模型交叉验证最高分为：0.916
交叉验证最佳参数设置：{'alpha': 0.01, '最大迭代数': 100}
```

这里走了一个捷径，就是只用先前拆分好的 X_train 来进行交叉验证，便于找到最佳参数对应的模型之后，用所得到的最佳参数对应的模型来拟合 X_test 评估模型的得分。

输入代码如下：

```
#用最佳参数模型拟合数据
lasso = Lasso(alpha=0.01, max_iter=100).fit(X_train, y_train)
#输出验证集得分
print('验证集得分：{:.3f}'.format(lasso.score(X_test,y_test)))
```

运行代码，结果如下：

```
验证集得分：0.889
```

这个模型得分不是太高，但这并不是参数调整的问题，而是套索回归算法会对样本的特征进行正则化，导致一些特征的系数变成 0，也就是说会抛弃一些特征值。对鸢尾花的数据集来说，本身的特征数量并不多，因此使用套索回归算法来进行分类，得分会相对低一些。

以上代码使用了 for 嵌套循环，代码看起来还是不少。针对这个情况，scikit-learn 中内置了一个类——GridSearchCV，这个类就是网格搜索工具，其能够直接代替 for 嵌套循环的代码。例如，上面这个例子，我们使用 GridSearchCV 再进行试验，输入代码如下：

```
#导入网格搜索工具
from sklearn.model_selection import GridSearchCV
#将需要遍历的参数定义为字典
params = {'alpha':[0.01,0.1,1.0,10.0],
          'max_iter':[100,1000,5000,10000]}
#定义网格搜索中使用的模型和参数
grid_search = GridSearchCV(lasso,params,cv=5)
#使用网格搜索模型拟合数据
grid_search.fit(X_train, y_train)
#输出结果
print('模型 GridSearch 交叉验证最高分为：{:.3f}'.format(grid_search.score
(X_test, y_test)))
print('GridSearch 交叉验证最佳参数设置：{}'.format(grid_search.best_
params_))
```

可以看到，使用 GridSearchCV，省去了 for 嵌套循环以及比较最高分的代码，代码更加简洁。运行代码，得到如下结果：

```
模型 GridSearch 交叉验证最高分为：0.889
GridSearch 交叉验证最佳参数设置：{'alpha': 0.01, 'max_iter': 100}
```

从结果可以看到，使用 GridSearchCV 得到的结果和我们在前文中用 cross_val_score 结合网格搜索得到的结果是一样的。但是需要说明的是，在 GridSearchCV 中，还有一个属性叫作 best_score_，这个属性会存储模型在交叉验证中所得的最高分，而不是在验证集上的得分，我们可以用下面的代码输出来看一看：

```
#输出网格搜索中的 best_score_属性
print('GridSearch 交叉验证最高得分：{:.3f}'.format(grid_search.best_
score_))
```

运行代码，结果如下：

```
GridSearch 交叉验证最高得分：0.916
```

比较之前使用 cross_val_score 进行评分的步骤，会发现这里的分数和 cross_val_score 的得分是完全一致的。这说明，GridSearchCV 本身就是将交叉验证和网格搜索封装在一起的方法。这样我们完全可以采用 GridSearchCV 代替 for 嵌套循环的代码，来对参数进行调节。

注意

GridSearchCV 虽然是个非常好用的方法，但是由于在使用过程中需要反复训练模型，因此所需要的计算时间往往更长。

任务 11.3　掌握模型的不同评价标准

【任务描述】

学习和掌握分类模型的不同评价标准，以及回归模型的 R 平方分数。

【关键步骤】

（1）了解和使用分类模型的不同评价标准（包括 precision、recall、f1、roc_auc 等）。

（2）了解回归模型中的 R 平方分数。

11.3.1　分类模型的评价标准

1. 常用评价标准的概念

在实践中，对分类模型进行评分时，如准确率、召回率、f1 分数、ROC、AUC 等几种评分方法也很常用，它们与网格搜索法经常配合在一起使用。各种评分方法的简介如下。

（1）准确率（precision），表示模型预测正确的正例样本 tp（true positive）占所有预测为正例样本（tp+fp）（fp 指 false positive）的比例。其计算公式为：

$$\text{precision}=tp/(tp+fp)$$

（2）召回率（recall），也被称为查全率，是在所有实际为正例的样本（tp+fn）（fn 指 false negative）中，被正确预测为正例的样本比例。其计算公式为：

$$\text{recall}=tp/(tp+fn)$$

（3）f1 分数（f1-score），即平衡 F 分数（balanced F score），将准确率和召回率这两个分值合并为一个分值，在合并的过程中，认为召回率和准确率同等重要。其计算公式为：

$$f1=2\ \text{presicion recall}/(\text{presition}+\text{recall})$$

（4）ROC 和 AUC，在 scikit-learn 中，内置了一个用来计算模型 ROC 和 AUC 的方法——roc_auc_score。

其中，ROC 指的是 Receiver Operating Characteristic Curve，一般译为“受试者工作特征曲线”，或者感受性曲线。它是反映敏感性与特异性关系的曲线。横坐标 x 轴为 1 - 特异性，也称为假阳性率（误报率），x 轴越接近零准确率越高；纵坐标 y 轴称为敏感度，也称为真阳性率（敏感度），y 轴越大代表准确率越高。

而 AUC（Area Under Curve），指的是 ROC 曲线下方的面积，用来表示预测准确率，AUC 值越高，也就是曲线下方面积越大，说明预测准确率越高，这时的曲线也就越接近左上角（x 越小，y 越大）。

2. **常用评价标准的用法**

sklearn.metrics 内置了一个函数 classification_report，可以同时计算几种评分方法的评分，输入代码如下：

```
#导入 classification_report 评分报告库
from sklearn.metrics import classification_report
knn_prep=knn.predict(X_test)
#用 classification_report 对 K 最近邻算法模型评分，分别给出 precision、recall、f1-score、support 的分值
print(classification_report(y_test, knn_prep))
```

结果如下：

```
              precision    recall  f1-score   support

           0       0.68      0.81      0.74        31
           1       0.84      0.73      0.78        44

   micro avg       0.76      0.76      0.76        75
   macro avg       0.76      0.77      0.76        75
weighted avg       0.77      0.76      0.76        75
```

从上述结果可以看到，precision、recall、f1-score 等指标的分值以列表形式一目了然地展示出来。这也对模型评估起到了很大的帮助作用。

下面我们展示使用 roc_auc_score 进行模型评估。在 Jupyter Notebook 中输入代码如下：

```
#导入 sklearn.metrics 的 roc_auc_score
from sklearn.metrics import roc_auc_score
#计算 KNN 模型的 roc_auc_score
roc_auc_score1 = roc_auc_score(y_test,knn_prep)
print('KNN roc_auc_score:{:.2f}'.format(roc_auc_score1))
```

结果如下：

```
KNN roc_auc_score:0.77
```

结果显示，在前文所训练的 K 最近邻算法模型，其 roc_auc_score 达到了 0.77，算是

可以接受的分数。

11.3.2 使用 R 平方分数评估回归模型

1. R 平方分数简介

回归模型的 R 平方分数（可决系数），是指回归平方之和（ESS-explained sum of squares）在总变差（TSS-total sum of squares）中所占的比例。其中，TSS=ESS+SSR，SSR 为残差平方和（SSR-sum of squares residual）。R 平方分数可以作为综合度量回归模型对样本观测值拟合优度的指标。R 平方分数越大，说明在总变差中由模型作出解释的部分占的比例越大，模型拟合优度越好；R 平方分数越小，说明模型对样本观测值的拟合程度越差。

R 平方分数是测定多个变量之间关联关系密切程度的统计分析指标，同时也反映多个自变量对函数值（因变量）联合的影响程度。R 平方分数越大，自变量对函数值（因变量）的解释程度越高，自变量引起的变动占总变动的百分比也越高。在实际操作中，R 平方分数的取值范围为 0～1，它是一个非负统计量，且 R 平方分数随着抽样的不同而不同，是一种随样本而变动的统计量。例如，回归模型的 R 平方分数等于 0.7，那么表示此回归模型对预测结果的可解释程度为 70%。一般情况下，R 平方分数大于 0.75，表示模型拟合度很好，可解释程度较高；R 平方分数小于 0.5，表示模型拟合有问题，不宜采用此模型进行回归分析。

其公式为：

$$R^2 = 1 - \frac{\sum (y-\hat{y})^2}{\sum (y-\bar{y})^2}$$

式中 y 为真实值，$\hat{y}$ 表示预测值，$\bar{y}$ 表示平均值。

2. 使用 R 平方分数评估回归模型

使用回归模型的 R 平方分数进行模型的准确率判断的过程，主要是运用判定系数和回归标准差来检验模型对样本观测值的拟合程度。当解释变量为多元时，要使用调整的拟合度，以解决变量元素增加对拟合度的影响。

下面利用 sklearn 内置的波士顿房价数据集，用 R 平方分数对回归模型进行评估试验，在 Jupyter Notebook 中输入代码如下：

```
#导入相应的库
import numpy as np
from sklearn.utils import shuffle
from sklearn import datasets, linear_model
from sklearn import ensemble
#导入mean_squared_error、r2_score
from sklearn.metrics import mean_squared_error, r2_score
#导入sklearn内置的波士顿房价数据集
```

```
boston = datasets.load_boston()
#将数据集的所有元素随机打乱
boston_X, boston_y = shuffle(boston.data, boston.target, random_
state=13)
boston_X = boston_X.astype(np.float32)
offset = int(boston_X.shape[0] * 0.9)
#生成训练集和验证集
boston_X_train, boston_y_train = boston_X[:offset], boston_y[:offset]
boston_X_test, boston_y_test = boston_X[offset:], boston_y[offset:]
```

以上代码利用波士顿房价数据集生成了训练集和预测集。下面分别使用梯度上升决策树回归算法和套索回归算法进行建模，并使用 R 平方分数进行评分。

使用梯度上升决策树回归算法建模，输入代码如下：

```
#使用梯度上升决策树回归算法建模
params = {'n_estimators': 300, 'max_depth': 5, 'min_samples_split': 2,
          'learning_rate': 0.01, 'loss': 'ls'}
gbreg = ensemble.GradientBoostingRegressor(**params)
#使用梯度上升决策树回归模型拟合数据
boston_y_pred=gbreg.fit(boston_X_train,
boston_y_train).predict(boston_X_test)
#展示梯度上升决策树回归模型及其参数
print(gbreg)
```

运行代码，结果如下：

```
GradientBoostingRegressor(alpha=0.9, criterion='friedman_mse', init=None,
learning_rate=0.01, loss='ls', max_depth=5, max_features=None, max_leaf_
nodes=None, min_impurity_decrease=0.0, min_impurity_split=None, min_
samples_leaf=1, min_samples_split=2, min_weight_fraction_leaf=0.0, n_
estimators=300, n_iter_no_change=None, presort='auto', random_state=None,
subsample=1.0, tol=0.0001, validation_fraction=0.1, verbose=0, warm_start=
False)
```

使用 R 平方分数进行评分，输入代码如下：

```
#显示梯度上升决策树回归模型的 R 平方分数
print('GradientBoostingRegressor-R^2 on test data : %.2f' % r2_score
(boston_y_test, boston_y_pred))
```

运行代码，结果如下：

```
GradientBoostingRegressor-R^2 on test data : 0.85
```

以上结果显示，梯度上升决策树回归模型的 R 平方分数为 0.85，说明模型对这个数据集的预测准确率还算不错。

使用套索回归算法建模，输入代码如下：

```
# 使用套索回归算法建模
from sklearn.linear_model import Lasso
lasso = Lasso(alpha=0.1)
#使用套索回归模型拟合数据
```

```
y_pred_lasso = lasso.fit(boston_X_train, boston_y_train).predict (boston_
X_test)
r2_score_lasso = r2_score(boston_y_test, y_pred_lasso)
#展示套索回归模型及其参数
print(lasso)
```

运行代码，结果如下：

```
Lasso(alpha=0.1, copy_X=True, fit_intercept=True, max_iter=1000,
normalize=False, positive=False, precompute=False, random_state=None,
selection='cyclic', tol=0.0001, warm_start=False)
```

使用 R 平方分数进行评分，输入代码如下：

```
#显示套索回归模型的 R 平方分数
print("Lasso-R^2 on test data : %.2f" % r2_score_lasso)
```

运行代码，结果如下：

```
Lasso-R^2 on test data : 0.68
```

这个结果说明，套索回归模型的 R 平方分数为 0.68，与梯度上升决策树回归模型相比，套索回归模型的准确率就稍逊一些。因此对该数据集，我们更倾向于使用梯度上升决策树回归模型进行预测。

本章小结

（1）可以使用交叉验证法评估模型并进行模型选择，同时可以使用网格搜索法找到模型的最优参数。

（2）可以使用 precision、recall、f1_score 和 roc_auc_score 对分类模型进行评估。

（3）回归模型的 R 平方分数是回归模型常用的评估分数。

本章习题

1. 简答题

（1）模型评估的方法有哪些？为什么要进行模型评估？

（2）交叉验证法有哪几种？逐一说明其特点。

（3）简述分类模型准确率的评估和回归模型准确率的评估。

2. 操作题

（1）使用 scikit-learn 内置数据集训练任意一个模型，并使用交叉验证法进行评估。

（2）使用网格搜索法找到（1）中模型的最优参数。

（3）使用本章列举的任何一种模型评估方法，对模型进行评估操作并观察分值。

第 12 章

数据预处理与特征选择

技能目标

- 掌握常用的数据标准化方法
- 掌握常用的数据表达方法
- 掌握常用的特征选择方法

本章任务

学习本章，读者需要完成以下 3 个任务。读者在学习过程中遇到的问题，可以通过访问课工场官网解决。

任务 12.1：掌握常用的数据标准化方法

理解 StandardScaler、MinMaxScaler、Normalizer 及 Robust Scaler 的原理，并掌握它们的使用方法。

任务 12.2：掌握常用的数据表达方法

使用虚拟变量和数据分箱的方法进行数据表达，并理解其应用场景。

任务 12.3：掌握常用的特征选择方法

理解单变量统计、基于模型的特征选择和迭代特征选择的原理，及其使用方法。

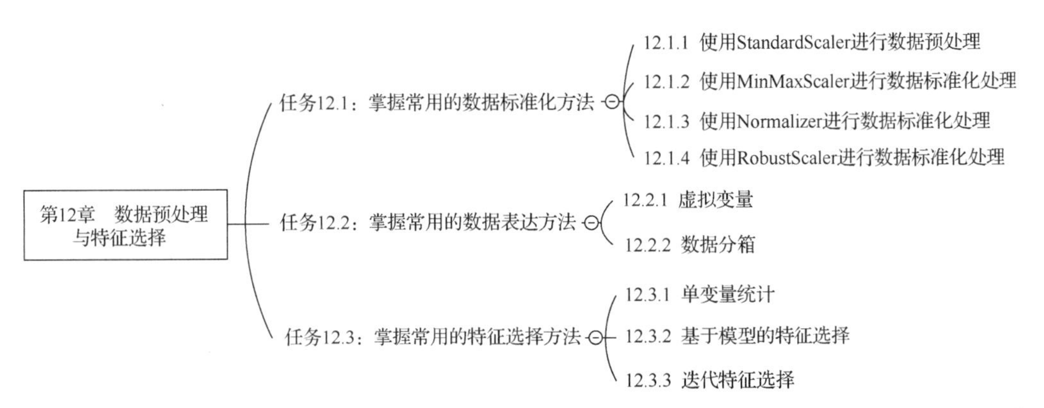

数据预处理是一种数据挖掘技术，涉及将原始数据转换为可用的格式。现实世界中的数据通常是不完整或者不一致的，可能缺少某些元素或趋势，并且可能包含许多错误。数据预处理是解决此类问题的一种行之有效的方法。数据预处理的方法是多种多样的，本章主要介绍一些常见的数据预处理方法，包括数据标准化和数据表达。

此外，在面对高维度数据集时，不一定每个特征都是重要的。去掉不太重要的特征，可以提高模型训练的效率和提高计算性能，甚至有可能提高模型的准确率。因此，一些常用的特征选择方法也会在本章进行介绍。

任务 12.1 掌握常用的数据标准化方法

【任务描述】

掌握什么是数据标准化及其常用方法。

【关键步骤】

掌握什么是数据标准化，掌握 StandardScaler、MinMaxScaler、Normalizer 和 Robust Scaler 等方法。

数据标准化是很多机器学习算法的共性需求。假设数据样本的某个特征不符合标准正态分布，那么某些算法的表现就不能令人满意。例如，某些机器学习算法中的目标函数（如支持向量机的 RBF 内核或线性模型的 L1 和 L2 正则化器）都基于训练集样本的特征，以 0 为中心，并且具有相同顺序的方差的假设，如果某一个特征的方差比其他特征的方差大一个数量级，则它可能对目标函数的影响过大，以至于模型无法像预期那样正确地从其他特征中学习到有用的信息。

正是因为如此，我们有时需要将某些特征量纲相差太大的样本特征进行标准化处理，以提高模型的精度和收敛的速度。以下是几种常用的数据标准化方法。

12.1.1 使用 StandardScaler 进行数据预处理

为了说明数据预处理的原理和方法，这里使用 scikit_learn 的 make_blobs 函数手动生成一些数据。输入代码如下：

```
#导入画图工具 Matplotlib
import matplotlib.pyplot as plt
#导入数据集生成工具 make_blobs
from sklearn.datasets import make_blobs
X, y = make_blobs(n_samples=100, centers=2, random_state=38, cluster_std=3)
#绘制散点图
plt.scatter(X[:,0], X[:,1], c=y, edgecolor = 'k', s=80, cmap = 'autumn')
#显示图形
plt.show()
```

运行代码，可以得到图 12.1 所示的结果。

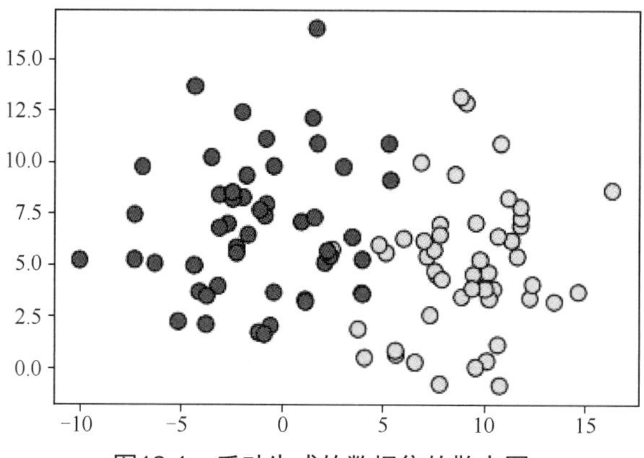

图12.1　手动生成的数据集的散点图

从图 12.1 中可以看到，使用 make_blobs 生成的数据集中的样本共有两个特征，一个是横轴代表的 X[:,0]，另一个是纵轴代表的 X[:,1]。其中 X[:,0]的数值范围在-10～17，而 X[:,1]的数值范围在-2.0～17.5。

现在使用 StandardScaler 来进行标准化处理，输入代码如下：

```
#导入 StandardScaler
from sklearn.preprocessing import StandardScaler
#使用 StandardScaler 进行数据标准化处理
X_1 = StandardScaler().fit_transform(X)
#绘制散点图
plt.scatter(X_1[:,0], X_1[:,1], c=y, edgecolor = 'k', s=80, cmap = 'autumn')
#为了方便对比，设置横/纵轴范围和图 12.1 一致
plt.xlim(X[:,0].min()-1,X[:,0].max()+1)
plt.ylim(X[:,1].min()-1,X[:,0].max()+1)
#加上网格便于观察
plt.grid(linestyle='-.')
#设置图题
plt.title('StandardScaler')
```

```
#显示图形
plt.show()
```

运行代码，可以得到图 12.2 所示的结果。

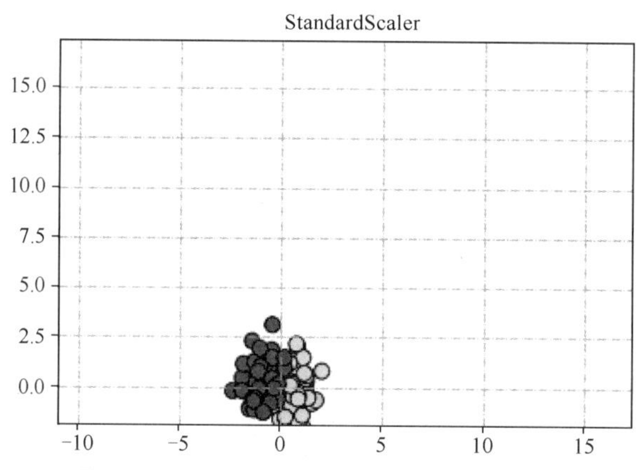

图12.2　经过StandardScaler处理的数据集

从图 12.2 中可以看到，经过 StandardScaler 的标准化处理，原始的数据被“压缩”到了一个很小的空间中。粗略观察，经过处理的数据，对应横轴上的数值范围在-2.5～2.5；对应纵轴上的数值范围在-2.5～3.0。这是因为 StandardScaler 是通过去除均值并缩放到单位方差使特征标准化的，其公式为：

$$z=(x-u)/s$$

在该公式中，x 代表原始数据集中的样本特征，u 代表 x 的均值，s 代表原始数据集中样本特征的标准差。经过这个公式的处理，所有样本特征的均值就会变成 0，而标准差会变为 1。这样，数据的各个特征都会被缩放至统一的量纲，便于模型的训练。

12.1.2　使用 MinMaxScaler 进行数据标准化处理

与 StandardScaler 类似，MinMaxScaler 也是常用的数据标准化工具之一。它是通过将每个特征缩放到给定范围来变换特征。下面先用图形直观地了解 MinMaxScaler 的缩放方式，输入代码如下：

```
#导入 MinMaxScaler
from sklearn.preprocessing import MinMaxScaler
#对原始数据 X 进行数据标准化处理
X_2 = MinMaxScaler().fit_transform(X)
#绘制散点图
plt.scatter(X_2[:,0], X_2[:,1], c=y, edgecolor = 'k', s=80, cmap =
'autumn')
#为了方便对比，设置横/纵轴范围为-1～2
plt.xlim(-1,2)
plt.ylim(-1,2)
#加上网格便于观察
```

```
plt.grid(linestyle='-.')
#设置图题
plt.title('MinMaxScaler')
#显示图形
plt.show()
```

运行代码，可以得到图 12.3 所示的结果。

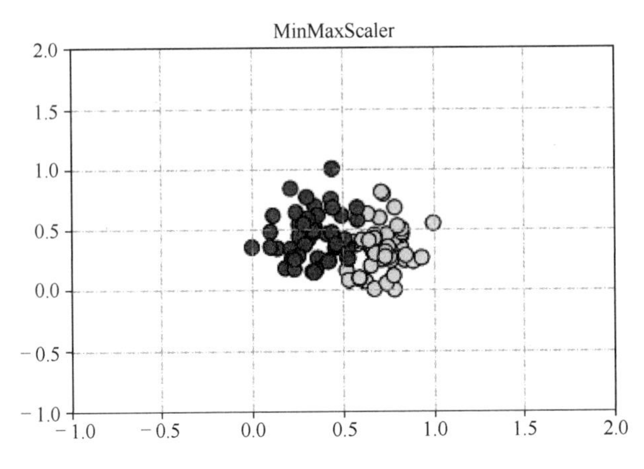

图12.3　经过MinMaxScaler处理的数据

从图 12.3 中可以看到，MinMaxScaler 处理后的数据，对应横轴的数值范围在 0～1，对应纵轴的数值范围在 0～1。这是因为在 MinMaxScaler 中，我们使用了默认的 feature_range 参数(0,1)。现在尝试改变这个参数，观察有怎样的变化。输入代码如下：

```
#修改 MinMaxScaler 的 feature_range 参数为(-0.8,1.8)
X_3 = MinMaxScaler(feature_range=(-0.8, 1.8)).fit_transform(X)
#绘制散点图
plt.scatter(X_3[:,0], X_3[:,1], c=y, edgecolor = 'k', s=80, cmap =
'autumn')
#为了方便对比，设置横/纵轴范围为-1～2
plt.xlim(-1,2)
plt.ylim(-1,2)
#加上网格便于观察
plt.grid(linestyle='-.')
#设置图题
plt.title('MinMaxScaler')
#显示图形
plt.show()
```

运行代码，可以得到图 12.4 所示的结果。

从图 12.4 中可以看出，在修改 feature_range 参数之后，MinMaxScaler 把数据样本的两个特征均缩放至-0.8～1.8。从视觉上来看，与图 12.3 相比，图 12.4 中的样本更加“发散”了。下面是 MinMaxScaler 在处理数据时的计算方法：

X_std=(X−X.min(axis=0))/(X.max(axis=0)−X.min(axis=0))

$$X\_scaled=X\_std*(max-min)+min$$

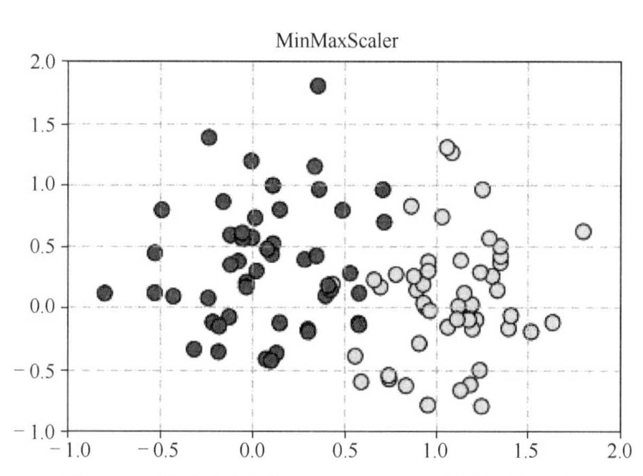

图12.4　修改参数后MinMaxScaler的数据处理结果

在上面的公式中，X 表示原始数据特征，X_scaled 代表缩放后的数据特征，max 和 min 分别对应 feature_range 参数中的最大值和最小值。例如，当 feature_range 为(0,1)时，min 等于 0，而 max 等于 1。

12.1.3　使用 Normalizer 进行数据标准化处理

Normalizer 是一种数据缩放方法。它缩放每个数据点，使特征向量的欧氏距离为 1。换句话说，它将数据点投影到半径为 1 的圆（如果是更高维度的数据集，则投影到半径为 1 的球体）上。这意味着每个样本按不同的数字缩放（其特征长度的倒数）。当只关心特征数据的方向（或角度）而不关心特征向量的长度时，通常使用这种标准化方法。

还是用之前生成的数据集来进行试验，输入代码如下：

```
#导入Normalizer
from sklearn.preprocessing import Normalizer
#使用Normalizer进行数据预处理
X_4 = Normalizer().fit_transform(X)
#绘制散点图
plt.scatter(X_4[:,0], X_4[:,1], c=y, edgecolor = 'k', s=80, cmap = 
'autumn')
#加上网格便于观察
plt.grid(linestyle='-.')
#设置标题
plt.title('Normalizer')
#显示图形
plt.show()
```

运行代码，可以得到图 12.5 所示的结果。

从图 12.5 中可以看到，Normalizer 如同前文所讲，已经把原始数据映射到了一条弧线上。

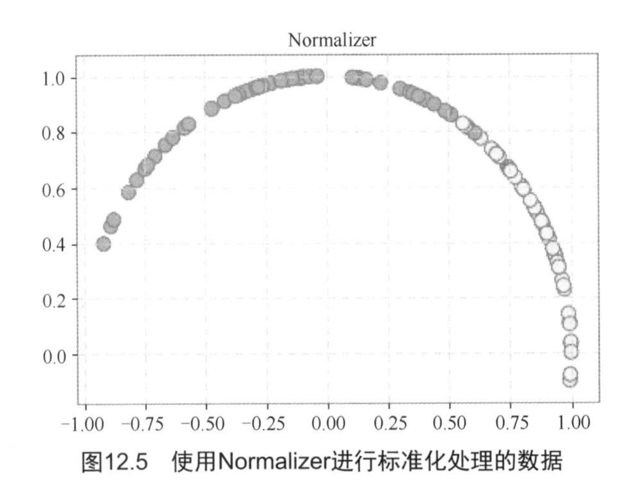

图12.5　使用Normalizer进行标准化处理的数据

12.1.4　使用 RobustScaler 进行数据标准化处理

RobustScaler 使用对异常值具有稳健性的统计方法来缩放特征。它会移除样本特征的中位数，并根据分位数范围默认为四分位距（Interquartile Range，IQR）来缩放数据。IQR 是第 1 个四分位数（25 分位数）和第 3 个四分位数（75 分位数）之间的范围。

通过计算训练集中样本的相关统计信息，将每个特征独立地进行定心和缩放。然后存储中位数和四分位数范围，以便在转换之后的数据上使用。

和 StandardScaler 不同，RobustScaler 不是通过去除平均值并缩放到单位方差来完成数据标准化的。原因是，数据集中的离群值通常会给样本均值或方差带来负面影响。在这种情况下，中位数和四分位数范围通常会给出更好的结果。

下面用图形直观地展示 RobustScaler 对数据的标准化处理，输入代码如下：

```
#导入 RobustScaler
from sklearn.preprocessing import RobustScaler
#使用 RobustScaler 进行数据预处理
X_5 = RobustScaler(quantile_range = (25,75)).fit_transform(X)
#绘制散点图
plt.scatter(X_5[:,0],X_5[:,1],c=y, edgecolor = 'k', s=80, cmap = 'autumn')
#加上网格便于观察
plt.grid(linestyle='-.')
#设置图题
plt.title('RobustScaler')
#显示图形
plt.show()
```

运行代码，得到图 12.6 所示的结果。

观察图 12.6 的横轴和纵轴，可以发现 RobustScaler 处理的结果和 StandardScaler 有点类似，都是围绕(0,0)这个点将数据缩放到一定的范围内。但如前文所说，因为

RobustScaler 会剔除离群值，所以它的稳健性相对较好。

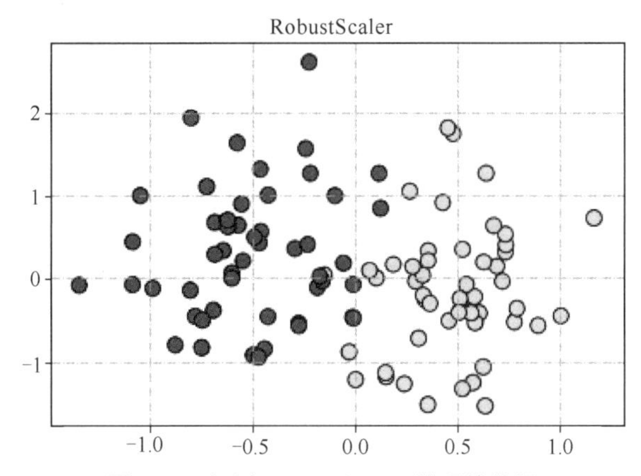

图12.6　经过RobustScaler处理的数据

任务 12.2 掌握常用的数据表达方法

【任务描述】

掌握数据表达的概念及其常用方法。

【关键步骤】

使用虚拟变量将类别型特征转化为数值型特征；使用数据分箱将数值型特征放置到不同的范围中。

12.2.1　虚拟变量

虚拟变量（dummy variable），又称名义变量或哑变量。在机器学习领域，虚拟变量常用来处理类别（category）型的特征，将其转化为只有 0 和 1 的整数型特征，便于进行数据统计分析和模型训练。

举个例子来说明，如某公司进行招聘，应聘人数众多。应聘者的学历包括“高中”“大学”“硕士”“博士”；应聘者也都登记了自己的年龄。我们可以使用数据表来存储这些特征，输入代码如下：

```
#导入 pandas
import Pandas as pd
#手动输入一个数据表
candidates = pd.DataFrame({'年龄':[25,36,27,38],
                           '学历':['高中','硕士','大学','博士']})
#显示 candidates 数据表
display(candidates)
```

运行代码，得到表 12-1 所示的结果。

表 12-1 应聘者的学历和年龄特征

	学历	年龄
0	高中	25
1	硕士	36
2	大学	27
3	博士	38

从表 12-1 中我们可以看出，应聘者的学历和年龄特征记录在一个 pandas 数据表中。其中“学历”特征中包含的是字符串类型的数据，而“年龄”特征中包含的是整数类型的数据。很显然，我们不可能直接使用字符串类型的数据去训练模型，这个时候就需要把字符串类型的特征转化为整数或者浮点数类型。

该者也可以自己定义一个数据字典，把字符串映射到不同的整数上。例如，把“高中”映射为 0，把“大学”映射为 1，以此类推。但是这样做，如果类别太多，就会非常麻烦。因此可以使用虚拟变量，将字符串类型的数据转化为整数类型。输入代码如下：

```
#使用 pandas 的 get_dummies 进行转化
candi_dum = pd.get_dummies(candidates)
#显示转化后的数据表
display(candi_dum)
```

运行代码，得到表 12-2 所示的结果。

表 12-2 转化为虚拟变量之后的数据

	年龄	学历_博士	学历_大学	学历_硕士	学历_高中
0	25	0	0	0	1
1	36	0	0	1	0
2	27	0	1	0	0
3	38	1	0	0	0

从表 12-2 中可以看到，应聘者的“学历”特征被转化成了 4 个互斥的特征——如果某人的学历是博士，那么他不可能是“高中”“大学”或者“硕士”。因此当“学历_博士”这一列为 1 时，其他 3 列的数据就会是 0。此时，数据集中样本的所有特征都是整数类型的数据，也就可以用来训练模型了。

注意

默认情况下，pandas 的 get_dummies 是不会对整数或浮点数类型的数据进行转换的。如果希望 get_dummies 转换整数或浮点数类型的数据，如本例中的“年龄”，指定 get_dummies 的 columns 参数为年龄即可。

12.2.2 数据分箱

数据分箱是一种数据预处理技术，用于消除较小的观察误差造成的影响，落在给定的小间隔（bin）中的原始数据值被代表该间隔的值（通常是中心值）替换。数据分箱是量化的一种形式。 统计数据分箱是一种将或多或少的连续值分组为较少数量的“箱体”的方法。例如，有关于一群人的数据，我们希望将他们的年龄进行分箱，如将 0～6 岁归入“儿童”、7～18 岁归入“少年”、18～35 岁归入“青年”、36～59 岁归入“中年”等。这样的作用是缩小单个样本的某个特征对模型的影响，尤其是在某个数值区间内数值变化对样本标签影响不大的特征。

下面我们对数据分箱进行试验，输入代码如下：

```
#导入数据集生成工具 make_regression
from sklearn.datasets import make_regression
#使用 make_regression 生成用于回归试验的数据集
x_reg, y_reg = make_regression(n_samples=100,
                               n_features = 1,noise = 10, random_
state=2** 32-1)
#绘制散点图
plt.scatter(x_reg, y_reg, edgecolor = 'k', s=60, cmap = 'autumn')
#向图形添加网格
plt.grid()
#显示图形
plt.show()
```

运行代码，得到图 12.7 所示的结果。

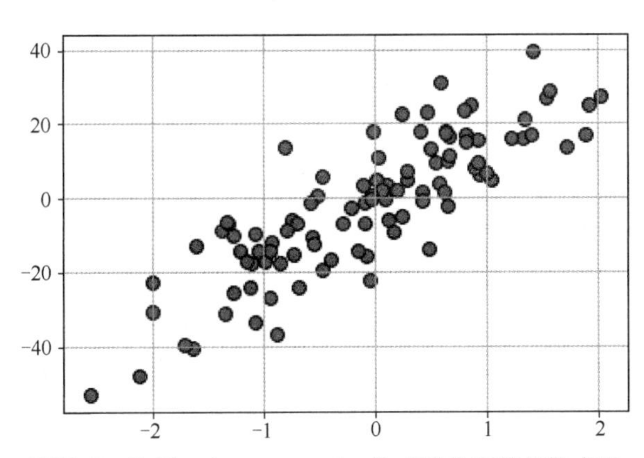

图12.7　使用make_regression生成的数据集的散点图

从图 12.7 中可以看到，我们使用 make_regression 生成的数据集中有 100 个样本，并且用 noise 参数为 10 的方式添加了噪声，这是为了避免生成的数据恰好在同一条直线上。

下面我们在数据未经处理的情况下训练两个回归算法模型，观察模型的表现。这里我们分别选择 K 最近邻算法和线性回归算法进行对比。输入代码如下：

```
#导入 NumPy 用于生成数列
import numpy as np
#导入线性回归
from sklearn.linear_model import LinearRegression
#导入 KNN 模型
from sklearn.neighbors import KNeighborsRegressor
#生成一个等差数列
line = np.linspace(-3,3,500,endpoint=False).reshape(-1,1)
#分别用两种算法训练模型
lr = LinearRegression().fit(x_reg,y_reg)
knr = KNeighborsRegressor().fit(x_reg,y_reg)
#绘制图形
plt.plot(line, lr.predict(line),label='Linear Regression')
plt.plot(line, knr.predict(line),label='KNN')
plt.scatter(x_reg,y_reg, edgecolor = 'k', s =80)
plt.legend(loc='best')
plt.grid(ls = '--')
#显示图形
plt.show()
```

运行代码，得到图 12.8 所示的结果。

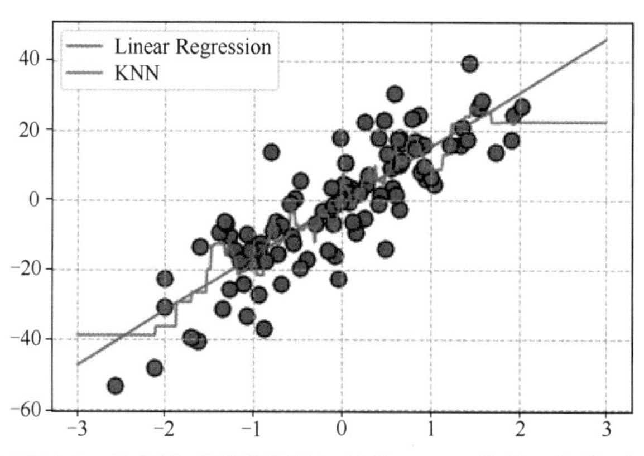

图12.8　使用生成的数据集训练的KNN和线性回归模型

从图 12.8 中可以看到，由于线性回归模型只能对线性关系建模，对于单个特征而言，线性回归模型是一条直线，而 K 最近邻算法可以建立更复杂的数据模型。虽然目前看起来线性回归的表现相对 K 最近邻算法来说更倾向于前拟合，但是，如果修改数据的表达方式，也可以使线性回归模型在连续数据上更强大。例如，本小节所讨论的特征数据的分箱操作（也称为离散化），将特征数据分割为多个特征，这样就可能使得线性回归模型的拟合度更高。

下面来动手试验数据的分箱操作，输入代码如下：

```
#计划把原始数据分到 5 个箱子中，设置 np.linspace 生成 6 个分隔点
bins = np.linspace(-3,3,6)
```

```
#将数据进行分箱操作
target_bin = np.digitize(x_reg, bins=bins)
#输出箱体范围
print('箱体范围：\n{}'.format(bins))
#输出前 5 个样本的特征值
print('\n 前 5 个样本的特征值：\n{}'.format(x_reg[:5]))
#输出前 5 个样本分箱情况
print('\n 前 5 个样本分箱情况：\n{}'.format(target_bin[:5]))
```

运行代码，得到以下结果：

```
箱体范围：
[-3.  -1.8  -0.6  0.6  1.8  3. ]
```

前 5 个样本的特征值：

```
[[-0.52086811]
 [-0.69174935]
 [-1.1167136 ]
 [-1.27862332]
 [ 1.92902069]]
```

前 5 个样本分箱情况：

```
[[3]
[2]
[2]
[2]
[5]]
```

从代码运行结果中可以看到，我们设置的 5 个箱体范围分别是-3.00～-1.80、-1.80～-0.60、-0.60～0.60、0.60～1.80 和 1.80～3.00。样本会根据特征的数值情况分入这 5 个箱体中，如第 1 个样本的特征值是-0.52，因此被分入第 3 个箱体，第 2 个样本的特征是-0.69，因此被分入第 2 个箱体，以此类推，直到全部样本都被分入 5 个箱体。

下面使用每个样本所在的箱体作为特征代替原始特征，输入代码如下：

```
#导入 OneHotEncoder
from sklearn.preprocessing import OneHotEncoder
onehot = OneHotEncoder(sparse = False)
onehot.fit(target_bin)
#使用独热编码转化数据
x_reg_bin = onehot.transform(target_bin)
#查看结果
print('替换特征后的样本形态：{}'.format(x_reg_bin.shape))
print('替换特征后的前 5 个样本：\n{}'.format(x_reg_bin[:5]))
```

运行代码，得到以下结果：

```
替换特征后的样本形态：(100, 5)
```

替换特征后的前 5 个样本：

```
[[0. 0. 1. 0. 0.]
[0. 1. 0. 0. 0.]
```

```
[0. 1. 0. 0. 0.]
[0. 1. 0. 0. 0.]
[0. 0. 0. 0. 1.]]
```

从代码运行结果中可以看到，经过分箱处理后，数据样本数量仍然是100个，但特征数量增加到了5个。例如，第1个样本被分入第3个箱体，其第3个新特征为1，其余特征为0；第2个样本被分入第2个箱体，其第2个新特征为1，其余特征为0，以此类推。

现在使用经过分箱处理的数据再次训练K最近邻算法和线性回归模型，并观察变化。输入代码如下：

```
#line2是line的分箱结果
line2 = onehot.transform(np.digitize(line,bins=bins))
#使用新的数据来训练模型
lr2 = LinearRegression().fit(x_reg_bin, y_reg)
knr2 = KNeighborsRegressor().fit(x_reg_bin,y_reg)
#绘制图形
plt.plot(line, lr2.predict(line2),label='New Linear Regression',c='r')
plt.plot(line, knr2.predict(line2),label='New KNN', ls='--',c='g')
plt.scatter(x_reg,y_reg, edgecolor = 'k', s =80, alpha = 0.6)
plt.legend(loc='best')
plt.grid(ls = '--')
#显示图形
plt.show()
```

运行代码，得到图12.9所示的结果。

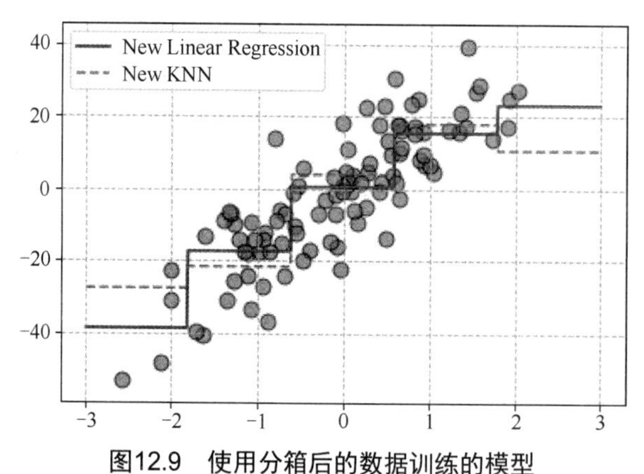

图12.9 使用分箱后的数据训练的模型

从图12.9中可以看到，线性回归模型和K最近邻算法模型变得更加相似。如果将图12.9与图12.8进行比较就会发现，线性回归模型不再是一条直线，而是变得更加“曲折”，相比之前来说，模型的表达能力有了一定的提升；同时，K最近邻算法模型变得更简单，这意味着在某种情况下数据分箱通过对特征进行离散化，可以降低过拟合的风险。此外，采用数据分箱处理可以降低特征中的异常值或缺失值对模型的影响，从而可以提高模型的健壮性。需要强调的是，在面对超大规模数据集时，采用数据分箱处理还可以提高模型的训练速度。

任务 12.3 掌握常用的特征选择方法

【任务描述】

掌握特征选择的作用及其常用方法。

【关键步骤】

掌握如何使用单变量统计进行特征选择、基于模型的特征选择以及迭代特征选择。

前文介绍了若干个创建新特征的方法，这些方法或多或少会增加数据的维度，使其超过原始特征的数量。添加更多的特征会使模型更加复杂，因此会增加过拟合的可能性。当添加新的特征，或者使用一般的高维数据集时，最好将特征的数量减少到只有最有用的特征，并丢弃其余的特征。这可以让模型更简单，从而有更好的泛化性能。但我们如何知道每个特征是否足够有用呢？有 3 种常用方法：单变量统计、基于模型的特征选择和迭代特征选择。下面将详细介绍这 3 种方法。

12.3.1 单变量统计

在单变量统计中，判断每个特征和目标之间是否存在统计显著关系，然后选择与最高置信度相关的特征。在分类任务中，这种方法也被称为方差分析（Analysis of Variance，ANOVA）。这种测试的关键特性是只考虑每个特征。因此，如果一个特征与其他特征相比，仅起到提供信息的作用，那么它会被丢弃。一方面，单变量统计的计算速度通常很快，而且不需要建立模型；另一方面，它完全独立于特征选择后可能要应用的模型。

举个例子，在相亲时，如果你更在意对方的相貌，那么“颜值”这个特征对你来说更加重要，而对方的“收入”“职业”等其他特征可能就会被你潜意识剔除；但如果你更在意对方的经济条件，那么“收入”是更加重要的特征，至于对方长相如何，身高多少，你可能就没那么关心了。使用这种方法来找对象是最省心的——计算量较小，而且不需要建模，只用基本的方差分析就可以实现。

在 scikit-learn 中，实现单变量统计的特征选择是非常容易的事情，使用 SelectKBest 或者 SelectPercentile 即可。下面使用之前用过的鲍鱼数据集来进行一个小试验，输入代码如下：

```
#载入鲍鱼数据集
abalone = pd.read_csv('abalone.csv')
#检查是否载入成功
abalone.info()
```

运行代码，得到以下结果：

```
<class 'pandas.core.frame.DataFrame'>
RangeIndex: 4177 entries, 0 to 4176
Data columns (total 9 columns):
Sex               4177 non-null object
Length            4177 non-null float64
Diameter          4177 non-null float64
Height            4177 non-null float64
Whole weight      4177 non-null float64
Shucked weight    4177 non-null float64
Viscera weight    4177 non-null float64
Shell weight      4177 non-null float64
Rings             4177 non-null int64
dtypes: float64(7), int64(1), object(1)
memory usage: 293.8+ KB
```

如果读者得到一样的结果，说明数据集载入成功。由于在第 5 章中已经介绍过这些特征代表的含义，这里就不赘述了。

现在使用单变量统计来进行特征选择，首先用 SelectKBest 进行试验，输入代码如下：

```
#导入 SelectKBest
from sklearn.feature_selection import SelectKBest
#导入数据集拆分工具
from sklearn.model_selection import train_test_split
#把 Sex 特征类型转换为整数
abalone = pd.get_dummies(abalone)
#让 SelectKBest 选择 4 个特征
select = SelectKBest(k = 4)
x_ab = abalone.drop('Rings', axis = 1)
y_ab = abalone['Rings']
x_ab_train, x_ab_test, y_ab_train, y_ab_test = train_test_split(x_ab, y_ab)
#拟合数据
select.fit(x_ab_train, y_ab_train)
X_train_selected = select.transform(x_ab_train)
#输出特征选择结果
print('特征选择结果:{}'.format(X_train_selected.shape))
```

运行代码，得到如下结果：

```
特征选择结果:(3132, 4)
```

从代码运行结果可以看到，经过 SelectKBest 的处理，训练集中的样本特征保留了 4 个。读者可以使用下面的代码查看哪些特征被保留了下来：

```
#查看哪些特征被保留下来
mask = select.get_support()
#输出结果
print(mask)
```

运行代码，得到如下结果：

```
[ True  True  True  False  False  False  True  False  False  False]
```

由于我们使用了 get_dummies 将原始数据中 Sex 特征进行了转换，可以通过输出新的特征信息来对照。输入代码如下：

```
#get_dummies 处理后的数据集信息
abalone.info()
```

运行代码，得到经过转换的样本特征如下：

```
<class 'pandas.core.frame.DataFrame'>
RangeIndex: 4177 entries, 0 to 4176
Data columns (total 11 columns):
Length          4177 non-null float64
Diameter        4177 non-null float64
Height          4177 non-null float64
Whole weight     4177 non-null float64
Shucked weight    4177 non-null float64
Viscera weight    4177 non-null float64
Shell weight     4177 non-null float64
Rings           4177 non-null int64
Sex_F           4177 non-null uint8
Sex_I           4177 non-null uint8
Sex_M           4177 non-null uint8
dtypes: float64(7), int64(1), uint8(3)
memory usage: 273.4 KB
```

对照特征选择结果，可以看到第 1 个特征对应的值是 True，说明 Length 被 SelectKBest 保留了下来，第 2 个特征 Diameter 对应的值也被保留了，以此类推。有趣的是，和性别有关的 3 个特征 Sex_F、Sex_I、Sex_M 都被舍弃了，说明经过方差分析，性别与年龄的相关性并不显著。

如果读者希望用图形直观地观察特征选择的结果，使用下面代码即可：

```
#使用图形表示特征选择的结果
plt.matshow(mask.reshape(1,-1),cmap='autumn')
plt.xticks(range(len(x_ab_train.columns)),x_ab_train.columns)
plt.xlabel("Selected Features")
#显示图形
plt.show()
```

运行代码，得到图 12.10 所示的结果。

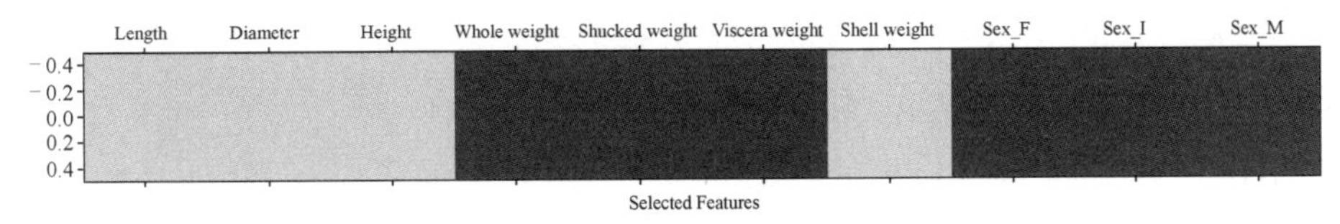

图12.10　将特征选择结果进行可视化

从图 12.10 中可以看出，浅色部分是被 SelectKBest 选择的特征，分别是第 1、第 2、第 3 和第 7 个，也就是“Length”“Diameter”“Height”“Shell weight”。其余特征则被丢弃，在图 9.10 中显示为深色。

注意

与 SelectKBest 不同，SelectPercentile 通过指定保留的特征占原始特征的比例来控制特征选择的数量。修改 SelectPercentile 的 percentile 参数即可指定特征选择数量，如指定 percentile 的数值为 60，则会保留原始特征中 60%的特征。

12.3.2 基于模型的特征选择

基于模型的特征选择使用有监督的机器学习算法来判断每个特征的重要性，并且只保留最重要的特征。用于特征选择的模型不一定要与最终用于预测的模型相同。特征选择模型需要为每个特征提供一些重要的度量，如线性模型中的 coefficients，或者决策树算法中的 feature_importances_。与单变量统计选择不同的是，基于模型的特征选择同时考虑样本的所有特征，因此其可以发现特征之间的交互性。

在 scikit-learn 中，可以使用 SelectFromModel 来进行基于模型的特征选择。还是以鲍鱼数据集为例，使用下面的代码进行试验。

```
#导入基于模型的特征选择工具
from sklearn.feature_selection import SelectFromModel
#导入决策树
from sklearn.tree import DecisionTreeRegressor
#设置阈值为 feature_importance 的中位数
sfm = SelectFromModel(DecisionTreeRegressor(random_state=38),threshold=
'median')
#使用模型拟合数据
sfm.fit(x_ab_train, y_ab_train)
X_train_sfm = sfm.transform(x_ab_train)
#输出结果
print('基于决策树进行特征选择的结果：{}'.format(X_train_sfm.shape))
```

运行代码，得到以下结果：

```
基于决策树进行特征选择的结果：(3132, 5)
```

从代码运行结果可以看到，在样本的全部特征中 feature_importances_大于中位数的共有 5 个，也就是说，这 5 个特征对结果的影响是相对较大的。

使用下面的代码可以查看模型选择的特征。

```
#查看选择的特征
mask_sfm = sfm.get_support()
print(mask_sfm)
```

运行代码，得到如下的结果：

```
[False  True False  True  True  True  True  False  False  False]
```

从上面的代码运行结果可以看到，基于决策树模型进行特征选择后，保留的特征是第 2、第 4、第 5、第 6 和第 7 个，分别对应的是 Diameter、Whole weight、Shucked weight、Viscera weight 和 Shell weight。

同样可以使用可视化的方法来展示特征保留的情况，代码如下：

```
#对特征选择进行可视化
plt.matshow(mask_sfm.reshape(1,-1),cmap='autumn')
plt.xticks(range(len(x_ab_train.columns)),x_ab_train.columns)
plt.xlabel('Selected Features')
plt.show()
```

运行代码，得到图 12.11 所示的结果。

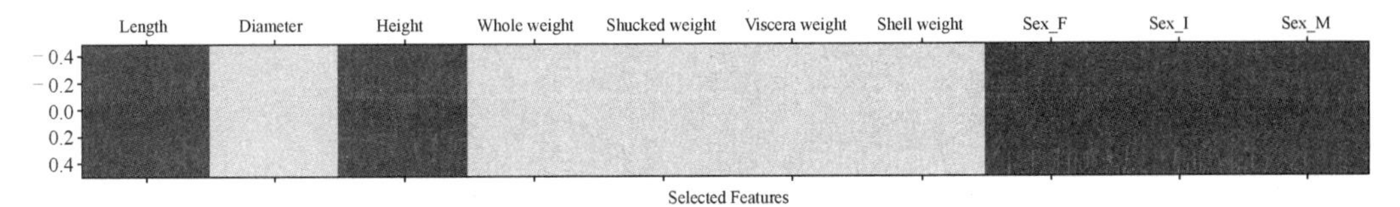

图12.11　基于决策树模型进行的特征选择

从图 12.11 中可以清晰地看到，基于决策树模型的 feature_importances_所选择的特征。观察方法同前，此处不赘述。

12.3.3　迭代特征选择

如前文所述，单变量统计不基于模型进行特征选择，而基于模型的特征选择会使用单一模型来选择特征。在迭代特征选择中，则会建立一系列特征数目不同的模型。有两种途径来实现这种方法：从没有特征开始，在达到某个停止标准之前逐个添加特征；或者从所有特征开始，在达到某个停止标准之前逐个删除特征。由于建立了若干个模型，所以这种方法比前面两种方法更加消耗计算资源。在 scikit-learn 中有一种叫递归特征消除（Recursive Feature Elimination，RFE）的方法，它从所有特征开始建立模型，并根据模型的判断丢弃最不重要的特征，然后使用剩余特征构建新模型，依此类推，直到只剩下预先指定的特征数量为止。和基于模型的特征选择方法一样，它也需要使用类似 coefficients 或者 feature_importances_属性来提供特征的重要性评估标准。

继续使用鲍鱼数据集，用 RFE 方法来进行试验，输入代码如下：

```
#导入 RFE 工具
from sklearn.feature_selection import RFE
#继续使用决策树模型，设置要保留的特征数量为 5
rfe = RFE(DecisionTreeRegressor(random_state=38), n_features_to_select
=5)
#使用 RFE 工具拟合数据
```

```
rfe.fit(x_ab_train, y_ab_train)
#显示保留的特征
mask = rfe.get_support()
print(mask)
```

运行代码，得到如下的结果：

```
[False True False True True True True False False False]
```

从代码运行结果中可以看到，使用 RFE 选择的样本特征和基于模型的特征选择结果是一样的。这在很大程度上是因为我们使用了决策树作为提供特征选择依据的模型。

RFE 特征选择的结果的可视化方法和前文一致，留待读者自己动手试验。

本章小结

（1）常用的数据标准化方法包括 StandardScaler、MinMaxScaler、Normalizer 和 RobustScaler。

（2）使用虚拟变量和数据分箱等方法可以进行数据表达。

（3）使用单变量统计、基于模型的特征选择及迭代特征选择等方法，可以自动选择样本特征中相对更加重要的特征，以降低模型的复杂度。

本章习题

操作题

（1）使用本章中任意一种数据标准化方法，对鲍鱼数据集进行标准化处理。

（2）使用虚拟变量，将鲍鱼数据集中的性别特征转换为整数类型的特征。

（3）任选一种算法，使用原始数据集训练模型；任选一种特征选择方法，使用经过特征选择的数据集再次训练模型；对比两个模型的准确率。

第 13 章

处理文本数据

技能目标

- 掌握文本数据的特征提取、汉语分词和词包模型
- 了解词包模型的问题与解决方法
- 学会使用本章涉及的知识完成简单的情感分析

本章任务

学习本章，读者需要完成以下 3 个任务。读者在学习过程中遇到的问题，可以通过访问课工场官网解决。

任务 13.1：掌握文本数据的特征提取、汉语分词和词包模型

使用计数向量器将文本数据转换为向量，对汉语文本数据进行分析处理，利用词包模型将文本特征转换为数组。

任务 13.2：文本数据的进一步优化处理

调整 n_Gram 参数，让机器能够正确理解单词顺序不一样的句子。

任务 13.3：使用真实数据进行实战练习

使用电子商务评论数据集进行简单的情感分析实战练习。

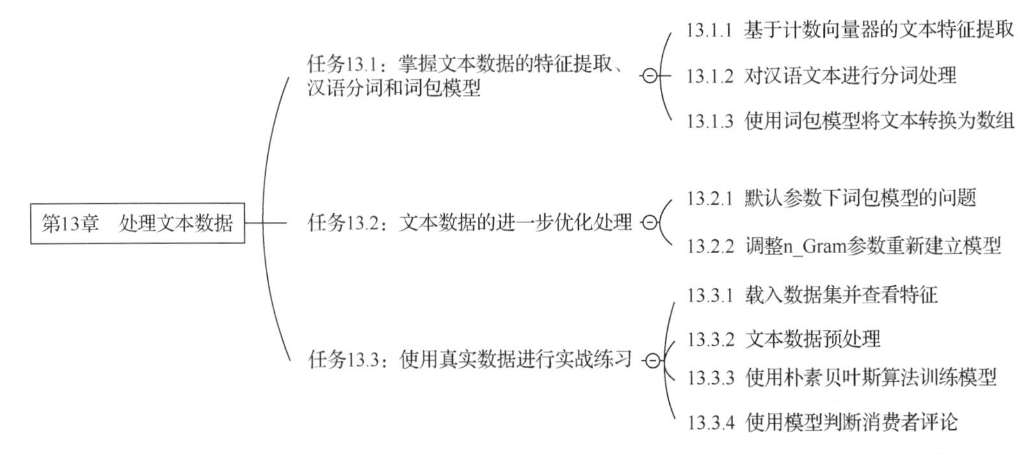

自然语言处理（Natural Language Processing，NLP）是人工智能的重要分支之一，其研究内容是如何用自然语言实现人类与计算机的有效沟通。在本章，读者要学习的是自然语言处理的基本知识——如何处理文本数据。

任务 13.1 掌握文本数据的特征提取、汉语分词和词包模型

【任务描述】

将文本数据转换成数值型特征。

【关键步骤】

使用计数向量器提取文本特征，对汉语文本数据进行分词处理，建立词包模型将文本特征变成数组。

13.1.1 基于计数向量器的文本特征提取

在前文中，我们所展示的数据特征大致可以分为两类，一类是表示数值的连续特征，另一类是表示样本分类的类型特征。在自然语言处理领域，我们会遇到第三类数据——文本数据。例如，我们想知道用户对某部电影的评价是好还是坏，就需要使用用户评价的内容文本来训练模型。例如，用户评论说“这部电影太差了，看得我都睡着了”，或者“这部片子真心不错，超级感人”，诸如此类。我们需要从两个不同的评论中提取关键特征，并给它们贴上标签，来训练机器学习模型。

文本数据通常以字符串形式存储在计算机中。在不同的场景下，文本数据的长度会有很大的变化，这使得文本数据的处理方法与数值数据完全不同。相对于英语，汉语较难处理，因为在进行文本处理时，通常需要在“词”级别或者“字”级别的粒度进行分析，而在一个句子中，汉语单词之间没有间隔。也就是说，与英语不同，汉语每个词之间都没有空格作为分界线，这就要求我们首先对汉语文本进行分词处理。

下面我们用一句英语名言来举例。“Do not aim for success if you want it; just do what you love and believe in, and it will come naturally.” 翻译成汉语是 “如果你想要成功，不要去追求成功；尽管做你自己热爱的事情并且相信它，成功自然到来。” 这里，先对英文原句进行向量化处理，输入代码如下：

```
#导入计数向量器 CountVectorizer
from sklearn.feature_extraction.text import CountVectorizer
vect = CountVectorizer()
#使用 CountVectorizer 拟合文本数据
en = ['Do not aim for success if you want it; just do what you love and believe in, and it will come naturally.']
vect.fit(en)
#输出结果
print('单词数：{}'.format(len(vect.vocabulary_)))
print('向量化结果：{}'.format(vect.vocabulary_))
```

运行上面的代码，会得到以下结果：

```
单词数：18
向量化结果：{'do': 4, 'not': 12, 'aim': 0, 'for': 5, 'success': 13, 'if': 6, 'you': 17, 'want': 14, 'it': 8, 'just': 9, 'what': 15, 'love': 10, 'and': 1, 'believe': 2, 'in': 7, 'will': 16, 'come': 3, 'naturally': 11}
```

从代码运行结果可以看到，计数向量器返回了这句话包含的单词数，共 18 个。字母 “a” 开头的 “aim” 被转化为数字 0，而同样是字母 “a” 开头的 “and” 则被转化为数字 1，这是因为 “and” 的第二个字母是 “n”，比 “aim” 的第二个字母 “i” 在字母表上的排序靠后；字母 “b” 开头的 “believe” 紧随其后，转化为数字 2，以此类推，直到计数向量器把全部文本转化为向量。

接下来，再看一看中文的情况。输入代码如下：

```
#使用汉语进行对比
cn = ['如果你想要成功，不要去追求成功；尽管做你自己热爱的事情并且相信它，成功自然到来。']
#拟合汉语文本数据
vect.fit(cn)
#输出结果
print('单词数：{}'.format(len(vect.vocabulary_)))
print('向量化结果：{}'.format(vect.vocabulary_))
```

运行代码，得到如下结果：

```
单词数：4
向量化结果：{'如果你想要成功': 1, '不要去追求成功': 0, '尽管做你自己热爱的事情并且相信它': 2, '成功自然到来': 3}
```

从上面的代码运行结果来看，计数向量器对汉语文本的处理是有问题的。它返回的单词数是 4，且计数向量器的向量化结果只是根据原文标点符号的位置对每个分句进行了处理，这显然不是我们想要的结果。这也是前文中我们所说的，汉语没有使用空格来分隔不同的单词，导致了这种情况的发生。

13.1.2 对汉语文本进行分词处理

为了对汉语进行正确的向量化，首先要做的事情是进行分词处理。本章将使用“结巴分词”来对汉语进行分词处理。由于 Anaconda 没有内置“结巴分词”，需要在 Anaconda Prompt 中使用“pip install jieba”进行安装。

安装完成之后，输入代码如下：

```
#导入结巴分词，如果可以导入，则说明安装成功
import jieba
#使用结巴分词对汉语文本进行分词
cn = jieba.cut('如果你想要成功，不要去追求成功；尽管做你自己热爱的事情并且相信它，成功自然到来。')
#使用空格作为词与词之间的分隔
cn = [' '.join(cn)]
#输出结果
print(cn)
```

运行代码，得到以下的结果：

```
['如果 你 想要 成功 ， 不要 去 追求 成功 ； 尽管 做 你 自己 热爱 的 事情 并且 相信 它 ， 成功 自然 到来 。']
```

从上面的代码运行结果可以看到，结巴分词已经在这句汉语文本数据的单词之中插入了空格。这样就可以使用计数向量器来进行处理了。输入代码如下：

```
#使用 CountVectorizer 重新进行向量化
vect.fit(cn)
#输出处理结果
print('单词数：{}'.format(len(vect.vocabulary_)))
print('向量化结果：{}'.format(vect.vocabulary_))
```

运行代码，得到以下结果：

```
单词数：13
向量化结果：{'如果': 3, '想要': 6, '成功': 7, '不要': 0, '追求': 12, '尽管': 4, '自己': 10, '热爱': 8, '事情': 1, '并且': 5, '相信': 9, '自然': 11, '到来': 2}
```

从代码运行结果中可以看到，经过结巴分词的处理之后，计数向量器可以将汉语文本数据中的单词向量化了。需要强调的是，CountVectorizer 在处理文本的过程中，会将只有一个字母或文字的单词作为停用词过滤掉，如本句中的“做”“你”“的”“它”等。同时，标点符号也会被剔除。

13.1.3 使用词包模型将文本转换为数组

在前文中，计数向量器将每个单词编码为 0～12 的整数，经过这样的处理，我们就可以使用稀疏矩阵来表示文本数据。输入代码如下：

```
#定义一个词包
bag_of_words = vect.transform(cn)
```

```
#显示结果
bag_of_words
```

运行代码，得到如下的结果：

```
<1x13 sparse matrix of type '<class 'numpy.int64'>'
    with 13 stored elements in Compressed Sparse Row format>
```

从代码运行结果中可以看到，计数向量器把原来的文本数据转化成一个 1 行 13 列的稀疏矩阵，矩阵中存储了 13 个元素，也就是结巴分词分出来的 13 个单词。我们可以用下面的代码查看这个矩阵的具体情况：

```
#将词包转换为数组
bag_of_words.toarray()
```

运行代码，结果返回如下：

```
array([[1, 1, 1, 1, 1, 1, 1, 3, 1, 1, 1, 1, 1]])
```

从代码运行结果可以看到，前面定义好的词包以数组的形式进行了返回。在这个数组中，大部分元素是 1，第 8 个元素是 3。通过与前面的向量化结果对比，可以发现第 8 个元素对应的文本是“成功”。在原始的文本中，“成功”一词出现了 3 次，因此在词包中以整数 3 来表示。其他单词使用整数 1 来表示。也就是说，在建立词包模型的过程中，计数向量器是使用某个单词在文本中出现的次数来将文本转化为数字的。

任务 13.2　文本数据的进一步优化处理

【任务描述】

解决机器不能区分单词顺序不一致的句子的问题。

【关键步骤】

了解默认 n_Gram 参数下词包模型的问题，并通过调整 n_Gram 给出解决方案。

13.2.1　默认参数下词包模型的问题

在前文中，我们使用词包模型将自然语言转换为数组，便于机器学习算法的建模。但这样做是有问题的，由于词包模型将句子看作一组简单的单词，因此会忽略单词的顺序。试想加入两个句子，其包含相同的单词，但单词的顺序不同，机器会认为这两句话的意思完全一样。

例如，尝试用词包模型对“大师兄，师父和师弟被妖精抓走了！”进行特征提取，输入代码如下：

```
#先做分词处理
s1 = jieba.cut('大师兄，师父和师弟被妖精抓走了！')
#插入空格
s1 = [' '.join(s1)]
```

```
#转化为向量
vect.fit(s1)
s1_feature = vect.transform(s1)
#输出转化结果
print('转化结果：\n{}'.format(s1_feature.toarray()))
```

运行代码，得到如下的结果：

```
转化结果：
[[1 1 1 1 1]]
```

从代码运行结果中可以看到，经过计数向量器的处理，原始文本数据变成了一个 1 行 5 列的矩阵，矩阵中的每个元素都是 1。

现在我们来调整原文中单词的顺序，把它变成“妖精，大师兄被师父和师弟抓走了！”现在来看一看如果用默认参数的计数向量器进行转化，结果会是怎样的。输入代码如下：

```
#打乱顺序后的文本赋值给 s2
s2 = jieba.cut('妖精，大师兄被师父和师弟抓走了！')
#用空格分隔
s2 = [' '.join(s2)]
#进行转化
s2_feature = vect.transform(s2)
#输出转化的结果
print('转化结果：\n{}'.format(s2_feature.toarray()))
```

运行代码，得到以下结果：

```
转化结果：
[[1 1 1 1 1]]
```

从以上代码运行结果可以看到，打乱顺序的“妖精，大师兄被师父和师弟抓走了！”的转化结果同样也是 1 行 5 列、元素全部是 1 的矩阵，和“大师兄，师父和师弟被妖精抓走了！”的转化结果完全相同。也就是说，在我们人类看起来意思完全不同的两句话，现在被机器认为是意思完全相同的了。

13.2.2 调整 n_Gram 参数重新建立模型

为了解决这个问题，我们可以调整 n_Gram——计数向量器中的范围参数。让我们首先了解 n_Gram。n_Gram 是一种常用于大词汇量连续文本或语音识别的语言模型。其原理是利用上下文中相邻词的搭配信息来转换文本数据，其中 n 表示整数值。这样就可以避免单个单词出现顺序不同，但 CountVectorizer 向量化结果仍然一样的问题。例如，当 n 等于 2 时，装载到词包里的就是两个相邻的单词，也就是说第 1 句中装入词包的是“师兄 师父”和“师父 师弟”等，此时该模型称为 Bigram，这意味着 n-Gram 将对两个相邻的单词进行配对；而当 n 等于 3 时，则是将 3 个相邻的单词进行配对，这时的模型称为 trigram。

接下来我们将演示如何调整 n-Gram 函数来优化词包模型。输入代码如下：

```
#设置 CountVectorizer 的 n_Gram 参数为(2,2)
vect = CountVectorizer(ngram_range=(2,2))
#重新建立文本数据的词包模型
bag = vect.fit(s1)
s1_feature = bag.transform(s1)
#输出结果
print('调整 n-Gram 参数后的特征：{}'.format(bag.get_feature_names()))
print('新的数组：{}'.format(s1_feature.toarray()))
```

运行代码，得到如下所示的结果：

```
调整 n-Gram 参数后的特征：['妖精 抓走', '师父 师弟', '师兄 师父', '师弟 妖精']
新的数组：[[1 1 1 1]]
```

从上面的代码运行结果可以看到，我们将计数向量器的 ngram_range 参数调整为(2,2)，这意味着要组合的单词数的下限是 2，上限是 2。也就是说，我们限制 CountVectorizer 在一个句子中组合两个相邻的词。所以在新的特征列表中，“妖精”和“抓走”组合成了一个新的特征，而“师父”和“师弟”组合在了一起，以此类推，提取的特征比默认参数的计数向量器转化结果的特征少了一个，转化为数组后变成了由 4 个 1 组成的 1 行 4 列矩阵。

下面再来测试新的计数向量器对另外一句话的特征提取情况，输入代码如下：

```
#调整文本顺序
s2 = jieba.cut('妖精，大师兄被师父和师弟抓走了！')
#以空格间隔
s2 = [' '.join(s2)]
#使用新的计数向量器进行转化
s2_feature = vect.transform(s2)
#输出新的特征数组
print('新的特征数组：\n{}'.format(s2_feature.toarray()))
```

运行代码，得到以下结果：

```
新的特征数组：
[[0 1 1 0]]
```

从上面的代码运行结果可以看到，在 ngram_range 参数设置为(2,2)之后，计数向量器对打乱单词顺序的句子所进行的特征提取结果和没有打乱顺序的句子特征提取结果已经完全不一样了——打乱单词顺序的句子特征转化为[[0 1 1 0]]。对比上一段的代码运行结果可以看到，第 1 个特征“妖精 抓走”，在第 2 句文本转化结果中对应的值是 0，也就是说这两个单词的组合在第 2 句中没有出现；第 2 个特征“师父 师弟”在第 2 句文本转化结果中对应的值是 1，代表这两个单词的组合在第 2 句中出现了；同样，第 3 个特征“师兄 师父”和第 4 个特征“师弟 妖精”对应的特征分别是 1 和 0，也代表了这两个特征在第 2 句中是否出现了。经过这样的优化处理，可以看出对于机器来讲，单词顺序不一样的两个句子，其含义已经可以区分开了。

任务 13.3 使用真实数据进行实战练习

【任务描述】

在这个任务中，我们使用一个女装电子商务数据集进行实战练习，训练模型来预测客户对某个商品的评论是“好评”还是“差评”。

【关键步骤】

首先下载相关数据集并使用 pandas 进行加载，再对数据进行预处理，之后训练机器学习模型，并使用模型作出判断。

13.3.1 载入数据集并查看特征

任务中使用的数据集包含顾客对所购商品的评论。它含有 10 个特征，用来练习基本的自然语言处理任务——情感分析。因为这是真实的商业数据，所以它被匿名化了，评论文本和正文中对该公司的引用被替换为“retailer”。

数据集下载完成之后，我们就可以将数据集进行载入，输入代码如下：

```
#导入 pandas
import Pandas as pd
#使用 pandas 载入数据，地址换成保存文件的目录
#由于数据集自带了序号，因此设置 index_col 参数为 0
raw_data = pd.read_csv('Womens Clothing E-Commerce Reviews.csv',
index_col=0)
#查看数据集的前 5 行
raw_data.info()
```

运行代码，得到以下的结果：

```
<class 'pandas.core.frame.DataFrame'>
Int64Index: 23486 entries, 0 to 23485
Data columns (total 10 columns):
Clothing ID                23486 non-null int64
Age                        23486 non-null int64
Title                      19676 non-null object
Review Text                22641 non-null object
Rating                     23486 non-null int64
Recommended IND            23486 non-null int64
Positive Feedback Count    23486 non-null int64
Division Name              23472 non-null object
Department Name            23472 non-null object
Class Name                 23472 non-null object
dtypes: int64(5), object(5)
memory usage: 2.0+ MB
```

从以上代码运行结果可以看出，这个数据集共包含 10 个特征，分别是 Clothing ID（服装编号）、Age（消费者年龄）、Title（评论标题）、Review Text（评论内容）、Rating（评分）、Recommended IND（是否推荐）、Positive Feedback Count（正面评价数量）、Division Name（服装所属事业部名称）、Department Name（服装所属部门名称）以及 Class Name（服装类型）。

在本任务中，使用的特征主要是 Review Text，同时将 Rating 作为分类标签。其余特征暂不占用篇幅进行详细解释。

13.3.2　文本数据预处理

前文提到，为了让模型能够在文本数据中进行学习，我们需要先对原始数据进行加工，并且将其转化为向量，这样计算机才可以“理解”它们的意思。

首先我们将文本数据进行清洗，输入代码如下：

```
#导入 Python 的字符串处理模块 string
import string
#为了方便重复使用，我们定义一个文本处理的函数
def text_process(text_data):
        #接下来我们要确保文本数据中没有标点符号
        nopunc = [word for word in text_data if word not in string.
punctuation]
        #还要确保单词之间没有间隔
        nopunc = ''.join(nopunc)
        #返回处理好的单词列表
        return [word for word in nopunc.split()]
```

运行代码，我们就定义好了一个进行文本清洗的函数。接下来我们用这个函数处理原始数据中商品评论的前 5 条数据，输入代码如下：

```
#在原始数据中取前 5 行，并使用我们定义的 text_process 函数进行处理
raw_data['Review Text'].head().apply(text_process)
```

运行代码，得到以下结果：

```
0    [Absolutely, wonderful, silky, and, sexy, and,...
1    [Love, this, dress, its, sooo, pretty, i, happ...
2    [I, had, such, high, hopes, for, this, dress, ...
3    [I, love, love, love, this, jumpsuit, its, fun...
4    [This, shirt, is, very, flattering, to, all, d...
Name: Review Text, dtype: object
```

从上面的代码运行结果可以看出，我们定义的 text_process 函数把原始的商品评论文本数据前 5 条转化成了 5 个列表，每个列表包含若干个不含标点符号（列表中的逗号是数组中元素的分隔符）、也没有多余空格的单词。

下面的步骤便是将这些清洗好的文本数据转化为向量。输入代码如下：

```
#现在要导入数据集拆分工具（后面会用到）
```

```
from sklearn.model_selection import train_test_split
#把原始数据集中包含空值的数据整行去掉
df = raw_data.dropna(axis = 0)
#为了降低模型训练的难度，只保留评分为5和评分为1的评论数据
df_binomial = df[(df['Rating'] == 5)|(df['Rating'] == 1)]
#把商品评论数据赋值给x
x = df_binomial['Review Text']
#商品评分数据赋值给y
y = df_binomial['Rating']
#下面我们定义一个转换器，用来把文本转为向量
#设置CountVectorizer使用我们之前定义好的text_process函数作为分析器
#设置ngram_range参数为(2,2)，避免不同语序的样本造成混淆
#并且去除停用词
transformer = CountVectorizer(analyzer = text_process,ngram_range=(2,2),
                              stop_words='english').fit(x)
#查看transformer中存储了多少个词
print(len(transformer.vocabulary_))
```

运行代码，得到如下的结果：

```
14151
```

如果读者你得到了和上面一样的结果，这说明代码成功地将文本数据转化为向量，并且存储在了CountVectorizer的vocabulary_属性中。这样就可以继续下一步的工作了。这里只保留评分为5和评分为1的评论数据，是为了降低模型训练的难度。

现在我们要做的是，用刚刚设置好的转换器transformer对x进行转换，并且拆分成训练集和验证集。输入代码如下：

```
#用刚刚拟合好的转换器来转换x
x = transformer.transform(x)
#拆分训练集和验证集
x_train, x_test, y_train, y_test = train_test_split(x, y, test_size = 0.3,
random_state = 42)
#检查拆分结果
x_train.shape, y_test.shape
```

运行代码，得到如下的结果：

```
((8084, 14151), (3465,))
```

从上面的代码运行结果来看，训练集中有8084条数据，且训练集中的样本有14151个特征；验证集中有3465条数据，训练集和验证集各自占比约为70%和30%（因为在拆分的时候，我们设置了test_size为0.3）。

至此，用于训练模型的数据集就准备好了，下面开始训练机器学习模型。

13.3.3 使用朴素贝叶斯算法训练模型

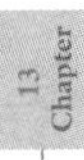

在前文中，我们介绍了朴素贝叶斯系列算法。在本章中，我们将会使用朴素贝叶斯中用于多元分类的模型——多项式朴素贝叶斯。由于多项式朴素贝叶斯分类器适用于具

有离散特征的分类（如文本分类的字数），因此其比较适合本章的例子。接下来，我们就使用下面的代码来进行模型的训练：

```
#导入多项式朴素贝叶斯模块
from sklearn.naive_bayes import MultinomialNB
#定义一个分类器
clf = MultinomialNB()
#用训练集数据训练分类器模型
clf.fit(x_train, y_train)
```

运行代码，得到如下的结果：

```
MultinomialNB(alpha=1.0, class_prior=None, fit_prior=True)
```

从上面的代码结果我们可以看到，程序将多项式朴素贝叶斯模型的参数进行了返回。这里的 alpha 指的是平滑参数。在多项式朴素贝叶斯模型中，平滑的方式有拉普拉斯平滑和利德斯通平滑。本例中，alpha 的值是 1，也就是说平滑的方式是拉普拉斯平滑；如果 alpha 值小于 1 但是大于 0，则平滑方式是利德斯通平滑。对于这两个平滑参数，如果读者感兴趣，可以搜索它们的含义，限于篇幅，我们就不在本书中展开介绍了。

接下来，我们来评估模型的准确率。考虑到这是一个不均衡的数据集（得到 5 分的数量远大于 1 分的），所以不再使用.score()方法，而用 classification_report 来进行模型的评分。输入代码如下：

```
#导入 scikit-learn 中的误差矩阵模块和分类器评估模块
from sklearn.metrics import confusion_matrix, classification_report
#用前文训练的模型预测验证集的结果
predict=clf.predict(x_test)
#使用误差矩阵对比真实的 y 值和模型预测的 y 值
print(confusion_matrix(y_test, predict))
#插入换行符，便于查看
print('\n')
#输出分类器的评估报告
print(classification_report(y_test, predict))
```

运行代码，得到如下的结果：

```
[[  49  160]
 [   5 3251]]
              precision    recall  f1-score   support
           1       0.91      0.23      0.37       209
           5       0.95      1.00      0.98      3256
    accuracy                           0.95      3465
   macro avg       0.93      0.62      0.67      3465
weighted avg       0.95      0.95      0.94      3465
```

从上面的代码运行结果可以看到，我们使用多项式朴素贝叶斯训练的模型总体的表现还是可以接受的——在评分为 5 的商品评论中，模型把 3251 条放入了正确的分类，只有 5 条数据的分类结果错误。但评分为 1 的商品评论的分类结果并不令人满意。在 209

条数据中，49 条被放入了正确的分类，而预测错误的数量达到了 160 条。同时，从 classification_report 的评分来看，模型的精确率 precision 和召回率 recall 平均分都达到了 0.95，f1-score 达到了 0.94。可以看出，使用这个模型在预测某条评论是否为好评时表现不错，但在预测某条评论是否属于差评时表现相对较差。

13.3.4 使用模型判断消费者评论

如前文所述，模型在预测某条文本数据是否属于好评时的表现还是很不错的。下面一段文字是随意编写的，读者也可以试着写一些，以测试自己的模型。

“I love this dress so much! It’s really beautiful and sexy! And its material feels very comfortable. This is a perfect experience of online shopping!”

接下来我们就使用模型对这段“伪造”的商品评论进行分类，输入代码如下：

```
#把评论赋值给 fake_review
fake_review = 'I love this dress so much! It's really beautiful and sexy!\
And its material feels very comfortable. This is a perfect experience of
online shopping!'
#用之前设置好的 transformer 将文本转化为向量
fake_review_vec = transformer.transform([fake_review])
#使用模型进行预测
rating_predicted = clf.predict(fake_review_vec)[0]
#输出结果
print('留下这条评论的消费者给商品的打分是{}分'.format(rating_predicted))
```

运行代码，得到如下的结果：

```
留下这条评论的消费者给商品的打分是 5 分
```

很明显，模型进行了正确的判断——我们在“伪造”的商品评论中一点儿也没有掩饰表达这次购物体验的喜悦之情。因此模型也预测这条商品评论所对应的商品评分是 5 分。

注意 1：本任务中使用的数据集是一个严重不平衡的数据集（imbalanced dataset），Rating 为 5 分的样本数量远大于 Rating 为 1 的样本数量。这会导致模型出现偏差（模型认为大部分都是好评），就像在上文看到的，在对“好评”的文本进行分类时准确率很高，但在对“差评”的文本进行分类时准确率却很低。

注意 2：如果要解决这个问题，有两种可以考虑的方法：一是 under-sample 法，即从数据集中随机选取和“差评”样本数量大致相同的“好评”样本，来构建训练集；二是 over-sample 法，即将“差评”样本进行复制，使其数量和“好评”样本数量大致相同。一般来说，在数据集样本数量较多时，可以考虑使用 under-sample 法；相反地，在数据集样本数量较少时，则考虑使用 over-sample 法。不平衡的数据集的处理不是本章的主要内容，感兴趣的读者可以动手尝试使用上述两种方法进行调整，观察对模型准确率的影响。

本章小结

（1）使用计数向量器可以将文本数据转化为向量。

（2）汉语文本数据需要先使用分词工具进行分词处理。

（3）使用词包模型可以将文本数据特征转化为数组。

（4）调节 n_Gram 参数可以进一步优化文本数据的处理。

本章习题

操作题

（1）分别寻找一句英文句子和一句中文句子，使用计数向量器将它们转化为数组。

（2）调节 n_Gram 参数，重新使用上述两个句子进行试验，观察结果的变化。

（3）使用任务 13.3 中的数据集，完成从预处理到模型训练的整个过程。

第14章

未来职业发展前景与方向

技能目标

- 了解数据科学家的职业发展前景
- 了解数据科学家的工作职责
- 了解成为数据科学家的必备技能
- 了解如何在实践中提高技能
- 了解未来的学习方向

本章任务

学习本章，读者需要完成以下1个任务。读者在学习过程中遇到的问题，可以通过访问课工场官网解决。

任务：了解数据科学家的职业发展

数据科学家是一个前景广阔的职业，了解数据科学家的工作职责，以及如何成为数据科学家。同时了解如何提升自己的技能，并确定未来的学习方向。

第14章　未来职业发展前景与方向 —— 任务：了解数据科学家的职业发展
- 14.1 数据科学家的养成
- 14.2 在实践中提高技能
- 14.3 未来的学习方向

任务　了解数据科学家的职业发展

【任务描述】

了解数据科学家的职业发展。

【关键步骤】

了解数据科学家的职业发展前景、工作职责以及如何成为数据科学家。

了解如何提高自己的技能，并确定未来学习的方向。

14.1　数据科学家的养成

1. 数据科学家的职业发展前景

早在 2012 年 10 月，《哈佛商业评论》刊登文章：《数据科学家：21 世纪“最性感的职业”》。那么究竟什么是数据科学家呢？根据 SAS 给出的定义：“数据科学家是新一代的分析数据专家，他们具有解决复杂问题的技术技能，并且具有探索需要解决哪些问题的好奇心。”他们既是数学家，计算机科学家，又是趋势发现者。由于该职位跨越了商业和 IT 领域，往往可以获得不错的薪水，因此受到了高度追捧。

实际上，在 10 年前，数据科学家并没有受到很多关注，但是这个岗位在近几年突然流行了起来，这也反映了当今企业、政府对大数据的看法。大量的非结构化信息不再被人们忽略和遗忘。按照现在流行的说法来讲，数据是新的“石油”，其中蕴藏着巨大的财富——而数据科学家便是能够挖掘数据并发表之前未曾被提出过的业务见解，创造价值的人。也正是这样的原因，近年来数据科学家的身价一路飙升，并屡创新高。

在北京，数据科学家的平均月薪超过了 3.30 万元，而且有 69.90%的样本薪酬分布在 30 000～50 000 元。与此同时，自 2016 年开始，该职位的薪酬水平开始显著增长；2019 年该职位的薪酬水平同比增长了 39.40%。需要强调的是，随着人工智能和大数据产业继续蓬勃发展，该职位未来的前景仍然可以说是一片光明。

注意

该数据取自 399 份样本，样本数量并不高，因此仅作为参考。实际求职中因所在城市和个人经验能力等不同会有所差异。

2. 数据科学家的工作职责

事实上，根据业务场景的不同，数据科学家的工作职责也有一定的差异。不过万变不离其宗，无论行业或业务场景如何变化，总有一些共同的工作职责是大多数数据科学家需要履行的，包括但不限于以下几个方面。

➢ 数据收集与整理：收集大量不规则的数据并将其转换为可用的格式。
➢ 前沿技术跟踪：紧跟诸如机器学习、深度学习和文本分析之类的分析技术。
➢ 技术落地应用：使用数据驱动技术解决与业务相关的问题。
➢ 横向部门协同：与 IT 和业务部门进行沟通和协作。
➢ 掌握编程语言：会使用一种或多种编程语言，包括 Python、R、Scala 等。
➢ 成为统计专家：掌握统计信息，包括统计检验和分布等。
➢ 创造实际价值：寻找数据的规律，以及发现有助于企业盈利的趋势。

从上述的工作职责不难看出，数据科学家不仅要掌握编程语言和其他用于数据分析的工具，更重要的是要深入了解业务，找到业务中的问题以及使用数据挖掘技术解决这些问题的途径。在实际工作中，需要长期的实际操作培养出对数据的敏感度和对所在行业的深入了解，才能出色地完成任务。

因此，数据科学家是一个要求相当全面的岗位，很多时候仅仅懂技术和会使用工具是远远不够的，还需要了解市场、客户（用户）、产品等。当然，还得具备较好的沟通协调能力，这样才能够让研究成果真正用于实际的生产环节并创造价值。

3. 如何成为数据科学家

如果你是一名学生，那正好可以借助学校的资源奠定坚实的基础。哪怕你的专业并不是和数据科学直接相关，但仍然可以选修相关的课程或辅修相关的专业，平时抽一点时间浏览相关的网站和社区，并且积极地参与一些相关的兼职或实习。切记，数据科学家不是一个只会使用工具的工程师，还需要紧密地结合你所从事的业务，从而通过数据掌握更有价值的信息。

如果你已经是一位职场人士，希望向数据科学家转型，那么你需要付出更多的努力。毕竟只能用业余时间去学习，对于之前完全没有学习过相关知识的读者来说尤其艰难。要提醒你的是，虽然很多数据科学家都有数据分析师或统计学家的背景，但同样有很多来自非技术领域的人——如商业管理或经济学。要知道，这也恰恰是他们的优势，虽然他们并不是统计学或计算机科学科班出身，但是跨领域的知识会让他们更轻松地掌握解决问题的诀窍。

无论你属于上述哪一种情况，有几个方面的知识和能力是你必须具备的。

➢ 统计和机器学习。
➢ 编程语言，如 SAS、R 或 Python 等。
➢ 数据库技术，如 MySQL 和 Postgres 等。
➢ 数据可视化和报告技术。

- Hadoop 和 MapReduce。
- 良好的沟通能力。
- 对事物运作方式的永不满足的好奇心。

总而言之，掌握数据科学相关的技术和工具使用并不是一件难事，而深入理解业务问题并找到解决问题的方法，是需要一定的业务经验支撑的。因此，我们建议读者多动手实践并善于思考如何获得更好的结果。

14.2　在实践中提高技能

1. 使用算法大赛平台训练技能

对于仍在学校读书的读者或以前没有该领域工作经验但想要朝这个方向奋斗的读者来说，由于平时没有机会访问大量数据集，因此使用实际数据进行练习会有一定的难度。但没关系，可以使用 Kaggle 和 OpenML 等竞赛平台来训练自己的技能。

Kaggle 是一个供开发人员和数据科学家主持机器学习竞赛、托管数据库、编写和共享代码的平台。Kaggle 平台吸引了超过 80 万名数据科学家的注意。2017 年 3 月，Google 公司正式宣布收购 Kaggle 公司，这引起了业界的广泛关注。有兴趣的读者可以访问该网站，了解有关 Kaggle 平台的更多信息。

OpenML 是另一个机器学习平台。读者可以在此平台上训练 20 000 多个数据集和练习 50 000 多个机器学习任务。但是，使用这种竞赛平台进行练习存在一些局限，因为这些平台提供的数据集通常经过了预处理和专门优化，并且与现实世界的数据集仍有一定差距，所以即使在这些平台上取得了良好的名次，也要切记，对于未来的专业发展而言，你仍然是任重道远。

2. 使用 A/B 测试确定算法模型

A/B 测试是指从用户组中随机选择一小部分并将其分为两组，一组根据算法 A 为他们提供服务或内容，而另一组根据算法 B 为他们提供服务或内容。接下来，我们比较两组算法的最佳参数的效果，如哪组用户贡献更高的营业额，或者用户更具黏性。然后选择性能更好的算法和相对更优的参数来确定最终产品的形态。

这样做的原因是：虽然可以使用.score()方法或 cross_val_score 为模型评分，但这些是在本地计算机上执行的，该方法称为“离线测试”或“离线评估”，而在互联网飞速发展的时代，大多数应用程序都是面向用户的，也就是说，这些应用程序很多是在线提供服务的。所以即使我们的模型在脱机测试中获得不错的成绩，部署后仍可能会出现一些意外问题，这些问题很可能会影响用户的体验和行为。为了防止类似情况的发生，我们就会使用 A/B 测试方法进行在线测试。

举个例子，假如你创建了一个小型网站，依靠 CPC 广告（以点击数计费的一种广告形式）作为主要的收入来源——广告商会根据投放在你网站上的广告的被点击量来支付酬劳。这个时候你需要做的事情就是确保广告的内容和你的用户兴趣匹配度够高。在这种情况下，你可能会从用户中抽取一些作为样本，并把他们分为 A、B 两个组，对两组用户分别展示不同的广告内容，并统计他们的点击行为。假设 A 组用户对你所展现的广告内容的点击量更高，则未来你可能会向所有网站用户展现此类型的广告内容，以此让自己的收入最大化。

3. 注意模型准确率与效率之间的平衡

尽管我们在本书中使用各种方法对模型进行评分，并尽可能提高模型的准确率，但在实际应用中，模型准确率高一两个百分点或是低一两个百分点，对于结果的影响其实并不是很大。我们往往应该更加注意它的运行效率、稳健度和对系统资源的消耗。所以，模型要尽量高效、简洁，这要求我们在建模过程中充分了解数据处理和训练过程的复杂性，并尝试考虑在模型的准确率和后期维护的成本中找到平衡点。

14.3 未来的学习方向

1. 深度学习

众所周知，现在的人工智能领域，最热门的技术之一是深度学习。无论是 Alpha-Go（及其升级版 Alpha-Go-Zero）、无人驾驶，还是医疗人工智能系统，都包含了深度学习技术。

在本书中，我们介绍了多层感知器神经网络学习算法 MLP。然而，由于 scikit-learn 不支持 GPU 加速，当需要处理大数据集，尤其是处理大量高清视频或高像素图像时，scikit-learn 就有一点“力不从心”。因此，我们建议对计算机视觉、图像识别和其他方向感兴趣的读者可以进一步了解深度学习框架，如 TensorFlow、Caffe 和 Keras 等。

TensorFlow 是一个开源的深度学习框架，是 GoogleBrain 的第二代深度学习系统。最初，TensorFlow 用于 Google 公司内部的研发，但在 2015 年 11 月，Google 公司为大多数机器学习从业者和爱好者提供了 TensorFlow 开源版本。TensorFlow 可以部署在由多个 CPU 或 GPU 组成的服务器集群中，也可以通过 API 集成到移动应用中。加上 Google 公司的“光环”，TensorFlow 可以说是当前深度学习领域的“明星”框架。

Caffe 也是一个流行的深度学习框架。它非常适合快速开发和工程应用。Caffe 官方提供了很多例子，代码易于理解，高效实用。它使用简单方便，相对成熟完善，基本算法实现简单、快捷。

Keras 与 TensorFlow 和 Caffe 不同，根据官方声明，Keras 实际上是一个高级的神经网络 API。它需要使用 TensorFlow、Theano（一个深度学习框架，但它的开发人员将停止进一步开发 Theano）或 CNTK（微软用于深度学习的开源框架）作为后端。这是因为 Keras 不处理诸如张量乘法和卷积之类的底层操作，而是使用其他张量操作库，即 TensorFlow、CNTK 或 Theano。Keras 更易于上手，比 TensorFlow 的学习成本低，并提供了出色的可扩展性和完备的中文文档。

2. 概率与推理

在本书中，我们介绍的机器学习模型基本上使用单一的算法，并且被开发人员调试过了，但在现实世界中，许多问题不能简单地用单一的方法解决。所以需要我们使用一些特殊的方法，如概率论。举个例子，我们希望开发一个移动应用程序，它可以根据位置找到最近的共享充电宝。我们可以使用手机内置的全球定位系统模块来获取实时位置，以及加速度传感器和陀螺仪信号。但想想看，如果全球定位系统信号在某时某地丢失（这在现实世界中很常见），或者受到干扰，我们就不能依靠这些设备对用户的位置进行准确判断。因此，我们需要利用概率模型进行推理，计算出设备反馈的各种位置信息的概率，并选择用户最有可能出现的位置。

为了实现上述模型，我们可以使用一些现有的工具，如 Python 中可以直接使用的 PyMC 和支持多种语言的 Stan。其中，Stan 是一个非常前沿的统计建模和高效统计计算平台。现在许多用户在社会、生物、物理、工程和商业场景中使用它进行数据分析和预测，而 PyMC 是一个实现贝叶斯统计模型和马尔可夫链蒙特卡洛方法抽样工具拟合算法的库。它具有良好的灵活性和可扩展性，可以用于解决各种问题。无论是使用 PyMC 还是 Stan，用户都需要对概率统计有一定的了解。

3. **大数据分析的计算引擎**

在现实世界中，大数据的规模远远高于本书中用于试验的数据集，应用程序（如电子商务、社交媒体等）存储在服务器上的数据通常是数百 GB，甚至是 TB。面对如此庞大的数据量，我们的计算机内存无法满足任务的需要，这就需要使用一些额外的数据处理和分析方法，如核心外学习（out-of-core learning）和集群并行计算。

核心外学习是指数据不存储在本地计算机的内存中，而仅由本地 CPU（或 GPU）完成模型的训练，数据通过外部硬盘甚至网络存储。计算机将数据分成若干部分进行读取，然后使用本地存储器进行模型训练。在本书使用的 scikit-learn 中，有几种算法可以支持核心外学习。但是核心外学习使用单个计算机的计算资源，因此模型的训练可能非常耗时，这也是该方法的劣势。

集群并行计算是将数据分布到多台计算机上，这些计算机形成一个所谓的集群。集群中的每台计算机分别处理一部分数据集，使模型训练的速度大大提高。对本部分感兴趣的读者可以了解有关 Spark 计算引擎的更多信息。Spark 是一种用于大规模数据处理的快速通用计算引擎。它可以更好地应用于需要迭代 MapReduce 的数据挖掘和机器学习算法。Spark 支持多种开发语言，除了 Python，Spark 还支持 scala、Java 和 R 等多种语言，目前 Spark 已经成为最流行的分布式计算平台之一。

另外，在数据分析方面，除了 Python 之外，还有一种应用非常广泛的语言，就是 R 语言。和 Python 相同，R 语言是一种完全免费的开源语言。它的语法也很容易理解，即使是初学者也能在短时间内入门。R 语言拥有非常丰富的统计分析工具包和出色的数据可视化能力，对数据分析、统计学感兴趣的读者可以进行一些研究。

总之，数据的世界千变万化，这就需要我们具备去伪存真的能力，通过科学的分析方法，找到问题本质，为创造美好新世界而共同努力。

本章小结

（1）数据科学家的职业前景一片光明。

（2）可以通过各种大赛平台或者是实际工作强化自己的技能。

（3）数据科学家应持续学习，包括但不限于深度学习框架、概率模型和大数据分析框架等。

本章习题

简答题

（1）如何成为一名数据科学家？

（2）要成为一名合格的数据科学家，还需要学习哪些知识？

（3）思考如何进一步提高自己的技能水平。